非标准的建筑拆解书

神奇操作篇

赵劲松　林雅楠　著

广西师范大学出版社
·桂林·

图书在版编目（CIP）数据

非标准的建筑拆解书 . 神奇操作篇／赵劲松，林雅楠
著 . —桂林：广西师范大学出版社，2021.3
ISBN 978-7-5598-3591-8

I . ①非⋯ II . ①赵⋯ ②林⋯ III . ①建筑设计
IV . ① TU2

中国版本图书馆 CIP 数据核字 (2021) 第 025326 号

非标准的建筑拆解书（神奇操作篇）
FEIBIAOZHUN DE JIANZHU CHAIJIESHU〔SHENQI CAOZUO PIAN〕

策划编辑：高　巍
责任编辑：冯晓旭
助理编辑：马竹音
装帧设计：徐　豪　马韵蕾

广西师范大学出版社出版发行

（广西桂林市五里店路 9 号　　邮政编码：541004）
（网址：http://www.bbtpress.com）
出版人：黄轩庄
全国新华书店经销
销售热线：021-65200318　021-31260822-898
恒美印务（广州）有限公司印刷
（广州市南沙区环市大道南路 334 号　邮政编码：511458）
开本：889mm×1 194mm　　1/16
印张：24.5　　　　　　字数：248 千字
2021 年 3 月第 1 版　　2021 年 3 月第 1 次印刷
定价：188.00 元

如发现印装质量问题，影响阅读，请与出版社发行部门联系调换。

序

用简单的方法学习建筑

本书是将我们的微信公众号"非标准建筑工作室"中《拆房部队》栏目的部分内容重新编辑、整理的成果。我们在创办《拆房部队》栏目的时候就有一个愿望，希望能让学习建筑设计变得更简单。为什么会有这个想法呢？因为我认为建筑学本不是一门深奥的学问，然而又亲眼见到许多人学习建筑设计多年却不得其门而入。究其原因，很重要的一条是他们将建筑学想得过于复杂，感觉建筑学包罗万象，既有错综复杂的理论，又有神秘莫测的手法，在学习时不知该从何入手。

要解决这个问题，首先要将这件看似复杂的事情简单化。这个简单化的方法可以归纳为学习建筑的四项基本原则：信简单理论、持简单原则、用简单方法、简单的事用心做。

一、信简单理论

学习建筑不必过分在意复杂的理论，只需要懂一些显而易见的常理。其实，有关建筑设计的学习方法在两篇文章里就可以找到：一篇是《纪昌学射》。文章讲了如何提高眼睛的功夫，这在建筑学习中就是提高审美能力和辨析能力。古语有云："观千剑而后识器。"要提高这两种能力只有多看、多练一条路。另一篇是《鲁班学艺》。文章告诉我们如何提高手上的功夫，并详细讲解了学建筑最有效的训练方法，就是将房子的模型拆三遍，再装三遍，然后把模型烧掉再造一遍。这两篇文章完全可以当作学习建筑设计的方法论。读懂了这两篇文章，并真的照着做了，建筑学入门一定没有问题。

建筑设计是一门功夫型学科，学习建筑与学习烹饪、木匠、武功、语言类似，功夫型学科的共同特点就是要用不同的方式去做同一件事，通过不断重复练习来增强功力、提高境界。想练出好功夫，关键是练，而不是想。

二、持简单原则

通俗地讲，持简单原则就是学建筑时要多"背单词"，少"学语法"。学不会建筑设计与学不会英语的原因有相似之处。许多人学习英语花费了十几二十年，结果还是既不能说，也不能写，原因之一就是他们从学习英语的第一天起就被灌输了语法思维。

从语法思维开始学习语言至少有两个害处：一是重法不重练，以为掌握了方法就可以事半功倍，以一当十；二是从一开始就养成害怕犯错的习惯，因为从一入手就已经被灌输了所谓"正确"的观念，从此便失去了试错的勇气，所以在做到语法正确之前是不敢开口的。

学习建筑设计的学生也存在着类似的问题：一是学生总想听老师讲设计方法，而不愿意花时间反复地进行大量的高强度训练，以为熟读了建筑设计原理自然就能推导出优秀的方案。他们宁可花费大量时间去纠结"语法"，也不愿意花笨功夫去积累"单词"。二是不敢决断，无论构思还是形式，学生永远都在期待老师的认可，而不是相信自己的判断。因为在他们心里总是相信有一个正确的答案存在，所以在没有被认定正确之前是万万不敢轻举妄动的。

"从语法入手"和"从单词入手"是两种完全不同的学习心态。从"语法"入手的总体心态是"膜拜"，在仰望中战战兢兢地去靠近所谓的"正确"。而从"单词"入手则是"探索"，在不断试错中总结经验、摸索前行。对于学习语言和设计类学科而言，多背单词远比精通语法更重要，语法只有在单词量足够的前提下才能更好地发挥矫正错误的作用。

三、用简单方法

学习设计最简单的方法就是多做设计。怎样才能做更多的设计，做更好的设计呢？简单的方法就是把分析案例变成做设计本身，就是要用设计思维而不是用赏析思维看案例。

什么是设计思维？设计思维就是在看案例的时候把自己想象成设计者，而不是欣赏者或评论者。两者有什么区别？设计思维是从无到有的思维，如同演员一秒入戏，回到起点，身临其境地体会设计师当时面对的困境和采取的创造性措施。只有针对真实问题的答案才有意义。而赏析思维则是对已经形成的结果进行评判，常常是把设计结果当作建筑师天才的创作。脱离了问题去看答案，就失去了对现实条件的理解，也失去了自己灵活运用的可能。

在分析案例的学习中我们发现，尝试扮演大师把项目重做一遍，是一种比较有效的训练方法。

四、简单的事用心做

功夫型学科还有一个特点，就是想要修行很简单，修成正果却很难。为什么呢？因为许多人在简单的训练中缺失了"用心"。

什么是用心？以劈柴为例，王维说："劈柴担水，无非妙道，行住坐卧，皆在道场。"就是说，人可以在日常生活中悟得佛道，没有必要非去寺院里体验青灯黄卷、暮鼓晨钟。劈劈柴就可以悟道，这看起来好像给想要参禅悟道的人找到了一条容易的途径，再也不必苦行苦修。其实这个"容易"是个假象。如果不"用心"，每天只是用力气重复地去劈，无论劈多少柴也是悟不了道的，只能成为一个熟练的樵夫。但如果加一个心法，比如，要求自己在劈柴时做到想劈哪条木纹就劈哪条木纹，想劈掉几毫米就劈掉几毫米，那么结果可能就会有所不同。这时，劈柴的重点已经不在劈柴本身了，而是通过劈柴去体会获得精准掌控力的方法。通过大量这样的练习，你即使不能得道，也会成为绝顶高手。这就是用心与不用心的差别。可见，悟道和劈柴并没有直接关系，只有用心劈柴，才可能悟道。劈柴是假，修心是真。一切方法不过都是"借假修真"。

学建筑很简单，真正学会却很难。不是难在方法，而是难在坚持和练习。所以，学习建筑要想真正见效，需要持之以恒地认真听、认真看、认真练。认真听，就是要相信简单的道理，并真切地体会；认真看，就是不轻易放过，看过的案例就要真看懂，看不懂就拆开看；认真练，就是懂了的道理就要用，并在反馈中不断修正。

2017 年，我们创办了《拆房部队》栏目，用以实践我设想的这套简化的建筑设计学习方法。经过三年多的努力，我们已经拆解、推演了三百多个具有鲜明设计创新点的建筑作品，参与案例拆解的同学，无论对建筑的认知能力还是设计能力都得到了很大提高。这些拆解的案例在公众号推出后得到了大家广泛的关注，许多人留言希望我们能将这些内容集结成书，《非标准的建筑拆解书》第一辑出版之后也得到了大家的广泛支持。第二辑现已编辑完毕，这次的版面设计做了全新的调整，希望能有更好的阅读体验。

在新书即将出版之际，感谢天津大学建筑学院的历届领导和各位老师多年来对我们工作室的大力支持，感谢工作室小伙伴们的积极参与和持久投入，感谢广西师范大学出版社高巍总监、马竹音编辑、马韵蕾编辑及其同人对此书的编辑，感谢关注"非标准建筑工作室"公众号的广大粉丝长久以来的陪伴和支持，感谢所有鼓励和帮助过我们的朋友！

天津大学建筑学院非标准建筑工作室　赵劲松

目　录

让 学 建 筑 更 简 单

所有的建筑大师都向你隐瞒了一件事

图1

名　称：MCBA 博物馆（图1）
设计师：Allied Works 建筑事务所
位　置：瑞士·洛桑
分　类：文化建筑
标　签：缝隙空间
面　积：约16 000m²

传说贝聿铭在设计香山饭店时，很不适应甲方提的各种意见，"烦不胜烦"之时，他发现了一个屡试不爽的制胜绝招，那就是——摔凳子。

每当又有甲方对方案指手画脚时，贝先生就立马怒发冲冠，拍案而起，抄起手边的凳子作势要摔，完全一副"你再瞎嘚啵，老子就不干了"的架势。后面的剧情就是，甲方诚惶诚恐地安抚大神，哪里还敢再提意见。当然，他们一定没有看见贝先生放下凳子时微微上扬的嘴角。

这种故事听多了，就容易让我们这种建筑小白产生一种错觉：我现在被领导压榨、被甲方虐待，一定是因为我咖位不够，没有成为大师，绝不是因为我没有解决好问题，或者是因为甲方有个"金主人设"，绝对不是！

对修建建筑这种旷日持久的大型集体活动来说，胜利是一个人的香槟，失败则是所有人的锅。开香槟的人当然只会记得自己的英明神武、乾纲独断，即使有绕不过去的"认输实锤"，也是战略性的忍辱负重、围魏救赵。

换句话说，这帮人永远都不会告诉你：建筑师根本怼不过甲方，想都不要想。正面硬刚的结果除了促使甲方果断换个设计方案以外，没有任何用处。毕竟，三条腿的青蛙不好找，两条腿的建筑师到处有。

话说有一座建筑，叫 MCBA 博物馆，它的建筑师就比较善于自我克制。因为当 Allied Works 事务所拿到任务书的时候，很快就找到了重点：甲方有病。

对不起，说错了。

重点是甲方想在噪声爆表的铁路与杂乱破旧的工业厂房旁建造一个能与周边环境良好对话的安静的博物馆，格调要高，但不要浪费空间（图 2）。

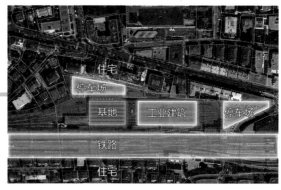

图 2

估计很多建筑师都要开启骂人模式了：甲方智障吧？能和嘈杂的铁路愉快对话的博物馆还待得住人吗？想要安静还怎么开放？不浪费空间还要什么自行车？但骂人是解决不了问题的，请大家克制情绪，反复诵读"建筑师生存法则"：

第一，尽量满足甲方的合理要求。

第二，甲方的要求永远合理。

Allied Works建筑事务所自我克制了一番之后，终于给出了一个同样十分自我克制的建筑方案。看下面这张官方效果图，是不是连设计的建筑在哪儿都快找不到了呢（图3）？

图3

真的十分克制了。

换个角度，建筑长图1和图4这样。

图4

内部长图5和图6这样。

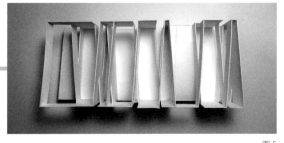

图5

图6

所以，本次拆房的主要目的就是，搞清楚这个建筑是怎样用相对克制的手法去实现空间突破并解决甲方的矛盾要求的。

首先，让我们平复心情，再次安静地阅读任务书，并认真分析建筑周边环境（图7）。我们可以发现，建筑基地紧邻铁路，不仅噪声干扰很大，而且南面的观景效果也很差（图8）。

■建筑基地 ■其他展厅 ■工业建筑 ■居住建筑 ■铁路

图7

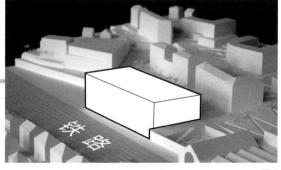

图8

所以，如何设计面向铁路的立面是个人问题——铁路噪声与糟糕的观景效果可以把任何自以为是的神仙立面都按到地上，反复摩擦（图9）。

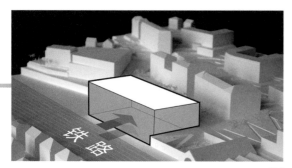

图9

而如果用封闭围合面隔绝铁路与室内空间，则满足不了神仙甲方那个与环境之间良好对话的需求（图10）。

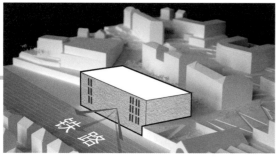

图10

另外，建筑用地进深较大，自然采光也是问题（图11）。

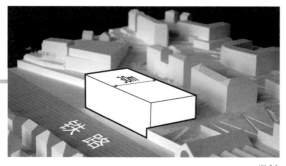

图11

阅读完任务书后，我们根据博物馆的功能面积需求，确定层数为四层。

1.在底层置入辅助功能空间，容纳办公、仓储、设备等功能（图12）。

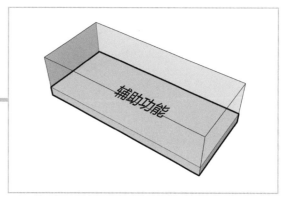

图12

2.进行垂直交通布置（图13）。

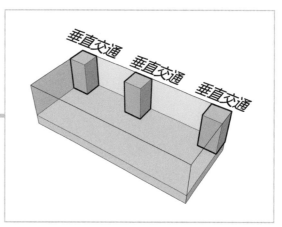

图13

3. 剩余部分用于展览空间（图14）。

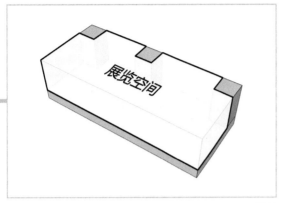

图14

4. 因为用地空间进深较大，引入采光中庭（图15）。

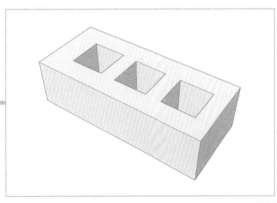

图15

至此，一个普通的博物馆方案就完成了。它满足了使用功能，却没有解决任何问题。

那么，问题是什么？前面已经说了，这个项目最重要也是最矛盾的地方就在于：要与周边环境良好对话，而周边环境是铁轨和厂房。

借用扎哈大神的名言，如果周围都是垃圾，你也要去和垃圾融合吗？

但很遗憾，你我都不是扎哈，所以即使周围是垃圾也要去融合，还要融合得优雅而高级。请克制情绪，我们继续做方案。

如果要与环境对话，最简单的方法就是把中庭改成边庭。但如果要隔绝铁路的噪声，就要保持外墙封闭，最好再弄点绿化带。那么，如果既要对话又要隔绝噪声呢？难道是开边庭又封闭外墙吗？

画重点：这个手法叫作"半限定"。

简单来说，就是边庭开一半。下半部分封闭，隔绝铁路噪声，上半部分开边庭，与环境对话（图16）。

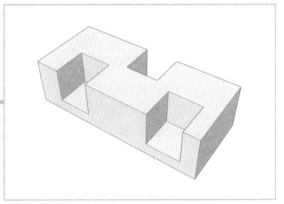

图16

现在我们知道了手法，就像解数学题，知道了公式，但要求算出最终答案，还得把题目里的各种具体条件套进去运算。

在这道题目里，边庭上移后，铁路对室内的视线破坏仍旧较大，无法为室内营造良好的采光与观景体验（图17）。

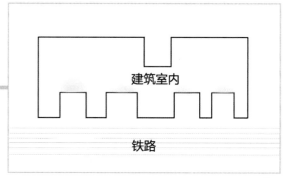

图 17

那么第二个问题就是怎样能既保证采光，又遮挡部分视线。方法是把端部收为尖角，将室内受干扰的区域缩减到极限状态——也就是从片状缩至点状（图18）。

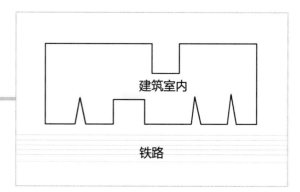

图 18

于是，从半限定的边庭开始，建筑逐步呈现出克制的状态（图19）。

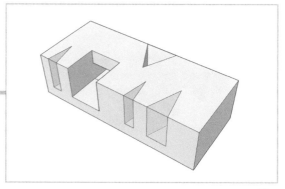

图 19

至此，这个方案基本算是解决了甲方的问题，已经可以交卷了。对我们大部分人来说，设计也就到此为止了，剩下的就是程序化的出图、交图了。

但是，在建筑圈的鄙视链里，解决甲方问题这条连被鄙视的资格都没有——你不给甲方解决问题，甲方凭什么让你把建筑建造起来？

所以，对优秀的建筑师来说，剩下的任务不是出图，而是要来解决真正的建筑学问题了。也就是在鄙视链里常见的：玩空间的看不起玩结构的；玩结构的看不起玩造型的；玩造型的看不起玩表皮的；玩表皮的觉得你们根本不懂高科技。

不管怎样，想进入鄙视链，不说鄙视别人，就算要被别人鄙视一下，也总得玩点儿啥。在这个项目里，建筑师虽然克制，但显然站在了鄙视链的顶端，因为他是玩空间的（图20～图28）。

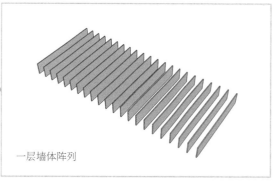

一层墙体阵列

图 20

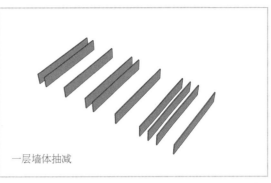

一层墙体抽减

图 21

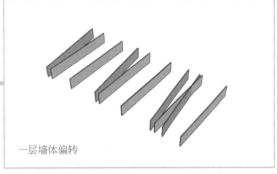

一层墙体偏转

图 22

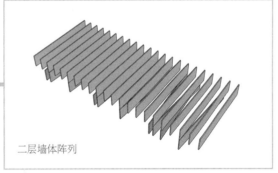

二层墙体阵列

图 23

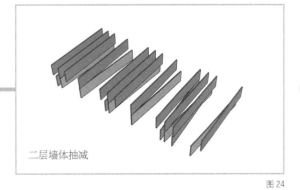

二层墙体抽减

图 24

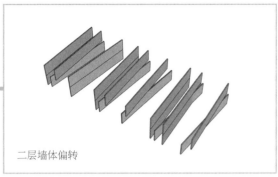

二层墙体偏转

图 25

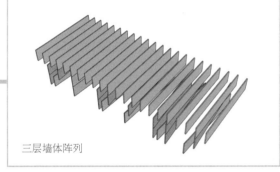

三层墙体阵列

图 26

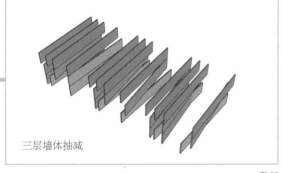

三层墙体抽减

图 27

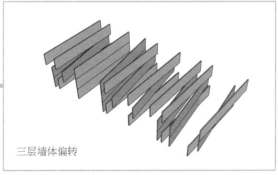

三层墙体偏转

图 28

最后的结果就是，错落复杂的空间和半限定的尖角边庭完美融合，构成了一个"空间有作为"的方案（图29）。

图29

那么，这个空间是怎么有作为的呢？这就是我们要解决的最后一个问题。

可能你还没注意到，这个空间设计是在模数网格的基础上生成的。所以首先要解决的就是模数怎么定。

因为后面不管怎样都要塞入交通核，所以就根据交通核尺寸来定。事实上，交通核作为一个很难改变的独立完整块，在模块建筑设计中会经常被用来当作基本模数（图30）。

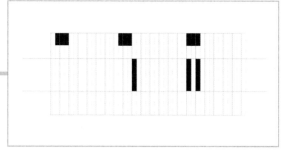

图30

然后根据各功能区所需面积来抽减部分墙体，比如，展厅中的抽减墙体就是最多的（图31）。

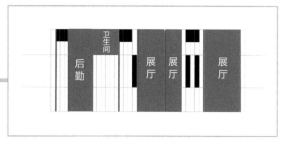

图31

最后就是墙体偏转了。

那么问题又来了：每层墙体偏转多少度？这里涉及空间浪费的问题。偏转角度过大会很难将楼梯塞进去，而且诸多锐角空间也会造成面积浪费（图32）。

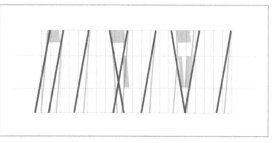

图32

而偏转角度过小，又会影响三角形边庭的采光，而且塞入楼梯后还会产生冗余空间，无法得到充分利用（图33）。

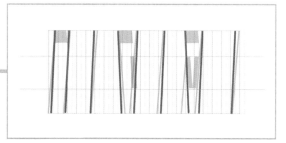

图33

所以，反复试验后获得一个最合适的角度。让我们把整个平面的正确生成方式连起来看一遍（图 34 ~ 图 41）。

模数网格

图 34

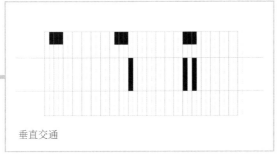

垂直交通

图 35

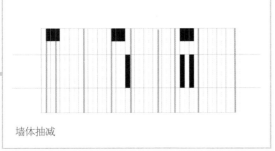

墙体抽减

图 36

墙体抽减

图 37

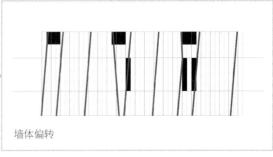

墙体偏转

图 38

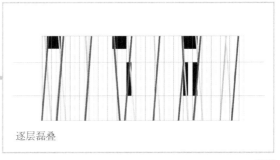

逐层磊叠

图 39

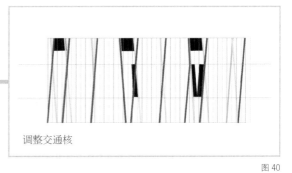

调整交通核

图 40

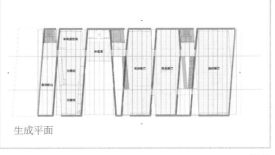

生成平面

图 41

展厅里，自然光反复在墙体间漫射。同时，人们的视线冲破闭塞的盒子，可以从缝隙里窥见展厅之外的其他空间，获得开阔感（图42、图43）。

图 42

图 43

最后的最后，表皮通过墙体偏转直接形成了凹凸和缝隙，室内外的设计逻辑统一而完整了（图 44）。

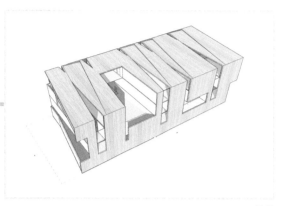

图 44

所有奋斗在设计一线的建筑草根大概都有一个大师梦，倒不是有多向往大师们的名利，更主要的是羡慕大师们可以自由创作、肆意发挥，还有甲方心甘情愿买单。

但大师从来没有告诉我们，他们是怎样在甲方的苛刻要求和自己对建筑艺术的追求中戴着镣铐走钢丝的。此外，他们从来没有忘记对建筑本身的追求：服务好甲方是为了更好地服务于建筑。

甲方是爸不是妈，只会棍棒相加，不会饭菜伺候；大师是人不是神，只能循循善诱，很难为所欲为。

温柔的颠覆才最有力量。

图片来源：

图 1、图 3～图 6、图 29、图 42、图 43 来源于 https://alliedworks.com/projects/musee-cantonal-des-beaux-arts/，图 7～图 11 修改自 https://alliedworks.com/projects/musee-cantonal-des-beaux-arts/，其余分析图为作者自绘。

END

那些老派且过时的设计依然能要钱又要命

图1

名　称：爱尔兰国立都柏林大学未来校园设计竞赛方案（图1）
设计师：斯蒂文·霍尔建筑事务所
位　置：爱尔兰·都柏林
分　类：教育建筑
标　签：几何体，纪念碑
面　积：8000m²

现在这个世道，"学院派"可不算什么褒义词，基本等同于老派、守旧、食古不化，还油盐不进。偏执的年代包容一切离经叛道，只对循规蹈矩不屑一顾，不合时宜的才是时宜。但世界是个圈，离经叛道的白月光看多了，就会怀念胸口的那抹蚊子血。毕竟，那是自己的血。

今天要讲的就是一个老派建筑师的过时设计手法。

都柏林大学举办了一场国际设计竞赛，征集内容包括两部分：首先，规划一个足够明显和受欢迎的入口区，以显示爱尔兰第一学府的调性；其次，构思一个 8000㎡，走向格调巅峰的创意设计中心。功能区包括一个 120 个座位的小报告厅、一个 320 个座位的小剧院，以及建筑工作室、工程实验室、开放办公区等各种可供师生释放想法的地方（图 2）。

图 2

当一个大学校园打算建一个所谓的设计中心的时候，你就应该明白，它需要承载的不仅是创意，更是身份、地位以及野心。

校方的意图已经明显得不能再明显了——我不要低调，不要含蓄，我就要一个体现爱尔兰顶尖大学的方尖碑。

这个方尖碑不是随便提的，因为方尖碑的吸引力就是校方大大们想要的吸引力。拿建筑学的话说就是兼具标志性和纪念性。

标志性大家都懂，唯一的指标就是能打败这条街上所有的小宝贝：人家妖艳你就清纯，人家清纯你就魔幻，实在不行就在身高、体重上碾压它们（图 3）。

图 3

但纪念性这事就真的很掉书袋了。建筑的纪念性和纪念性建筑就像个绕口令似的，拽一堆"意图""象征""隐喻""暗示"乱七八糟的名词也还是傻傻分不清楚。最重要的一点是还得经过时间的考验。简单地说就是，从你爷爷的爷爷到你孙子的孙子都能体会到相同的泪点、笑点、思考点（图 4）。

图 4

同时不要忘记，这是一个创意设计中心，各种报告厅、办公区、工作室都是实实在在要用的。那么问题来了：一个兼具地标性、纪念性与实用性的建筑应该长啥样？这不是选择题，这就是个问题，谁回答得全面谁中标。

老派守旧的斯蒂文·霍尔战胜了偏执的里伯斯金、冷静的 UNStudio 以及跳脱的 Diller Scofidio + Renfro 建筑事务所等各路神仙，给出了得分点最多的答案。

先来看一下霍尔的校园规划：一个 H 形路网加七个院落围合的入口区规划，然后在紧邻校园主入口的位置给自己留出了设计中心的基地，形状为规矩的四边形，面积也足够大——毕竟谁也不会自己刁难自己（图 5）。

图 5

得分点一：纪念性

首先要找到值得纪念的事、物或者人。霍尔发现了两条重要线索。

线索 1：最古老

"巨人之路"是北爱尔兰的著名景点，1986 年被联合国教科文组织列为世界自然遗产。巨人堤道被认为是 6000 万年前太古时代以来火山喷发后，熔岩冷却凝固而形成的，由总计约 4 万根六角形石柱组成了长达 8km 的海岸（图 6）。

图 6

线索 2：最知名

竞赛任务书中明确提到了迄今为止都柏林大学最知名的校友——20 世纪最伟大的作家之一，詹姆斯·乔伊斯（James Joyce）。他的出现标志着英美意识流小说的真正崛起，代表作《尤利西斯》被誉为 20 世纪最伟大的长篇小说，是现代派意识流小说的扛鼎之作（图 7）。

图 7

当然，这两条线索估计是个建筑师都能找到。所以，重点不是挖掘到哪些信息，而是怎么将这些信息使用到建筑设计中。

首先，我们要把这些信息知识点提取转化成建筑中可使用的设计元素。常见的转化方法有三种。

1. 提取组织关系

提取组织关系的典型案例就是《非标准的建筑拆解书·方案推演篇》第226页中拆过的乐高之家，这个案例提取了乐高积木的搭接关系，并将这种关系应用到了建筑中（图8）。

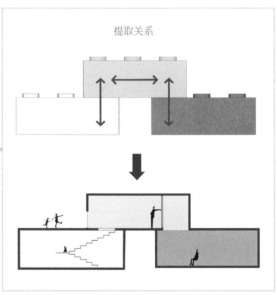

提取关系

图8

2. 提取平面形态

本次竞赛中，选手里伯斯金也挖掘到了爱尔兰的国宝《凯尔经》，并提取了其平面交织的形式，将其应用到了规划部分的组织中（图9）。

提取平面形态

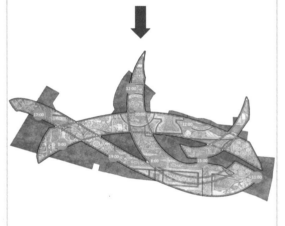

图9

3. 提取寓意

这种提取方式在中国古建筑中常常出现，如天坛中用柱子的数目来象征十二个月、十二个时辰等。在本次竞赛中，里伯斯金选手同样敏锐地抓住了小说《尤利西斯》，并用其中的九个缪斯女神分别象征九个建筑群。

听起来好像有点儿——玄（图10）。

提取寓意

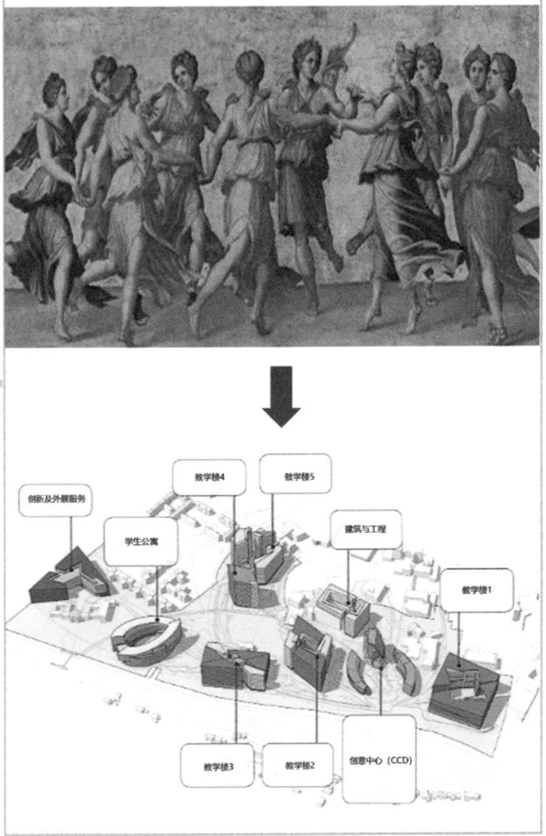

图10

但冠军选手霍尔哪种也没选，他另辟蹊径，提取的是几何形体。这大概也是老派建筑师的执念，对纯粹的几何体有天生的好感——当然，几何体也确实更利于设置功能。

既然明确了要提取几何体，那么问题又来了：提取什么样的几何体呢（图11～图15）？

意象1	
巨人之路	爱尔兰著名景点，玄武岩柱
抽象形式	五边形　　　　六边形

图11

意象2	
纳尔逊柱	她们想从纳尔逊纪念柱顶上眺望都柏林的景色。 ——《尤利西斯》
抽象形式	

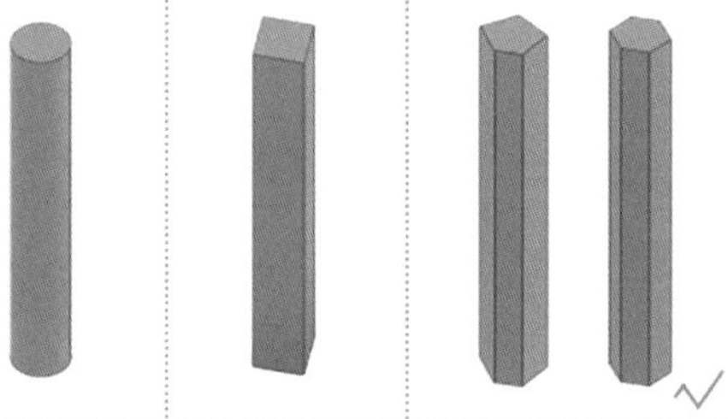

图12

意象 3

牛之眼

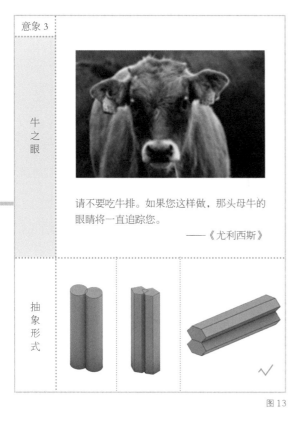

请不要吃牛排。如果您这样做，那头母牛的眼睛将一直追踪您。

——《尤利西斯》

抽象形式

图 13

意象 4

视差或多元角度

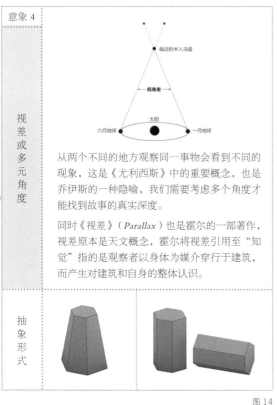

从两个不同的地方观察同一事物会看到不同的现象，这是《尤利西斯》中的重要概念，也是乔伊斯的一种隐喻，我们需要考虑多个角度才能找到故事的真实深度。

同时《视差》（Parallax）也是霍尔的一部著作，视差原本是天文概念，霍尔将视差引用至"知觉"指的是观察者以身体为媒介穿行于建筑，而产生对建筑和自身的整体认识。

抽象形式

图 14

意象 5

都柏林大学水塔

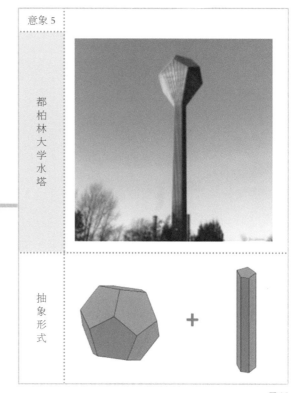

抽象形式

＋

图 15

小伙伴们看到这一步可能会想，这究竟是什么迷惑行为？说来说去他为什么选择了这些六棱柱、五棱柱，而不是方的、圆的或者其他形状的？其实也没什么神秘的，就是两个字：顺眼。

霍尔选他看着顺眼的，你也可以选你看着顺眼的。当然了，作为学院派的霍尔老先生肯定是要给出理论依据的——但理论依据也是来自他自己的书，反正还是自己说了算。

他在《视差》（Parallax）一书中写道："没有光，空间将犹如被遗忘了，光即是阴影，它存在多源头的可能，它的透明性、半透明性与不透明性，它的反射性与折射性，会交织地定义与重新定义空间。光使空间产生了一种不可确定的性格。"[1]

[1] Steven Holl.Parallax[M].Basel: Birkhauser-Publisher for Architceture, 2000.

而在《用建筑诉说》（Architecture Spoken）一书中，他又如此描述："光在一个精致的雕琢结构表面上的反射所表现出的美超越了它的其他特征的美。" ②

简单说就是霍尔十分推崇光在一个结构中的折射与反射，而我们知道，一个几何体边数越多，越容易产生柔和的漫反射。边数无限多就变成了圆形，但纯圆形的空间又不便于功能使用，所以霍尔就是在好用的情况下尽可能选择边数多的几何体（图 16 ~ 图 20）。

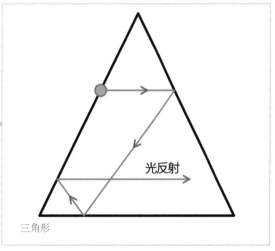

三角形

图 16

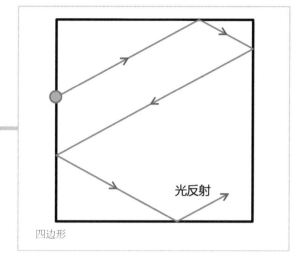

四边形

图 17

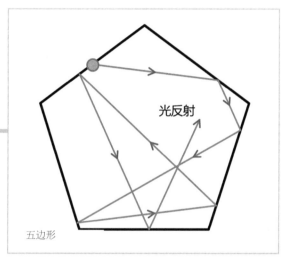

五边形

图 18

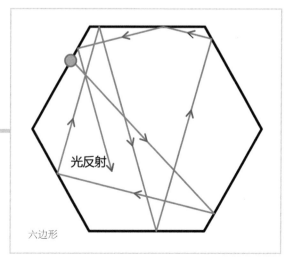

六边形

图 19

②（美）斯蒂文·霍尔著. 用建筑诉说 [M]. 屈泊静译. 北京：电子工业出版社，2012.

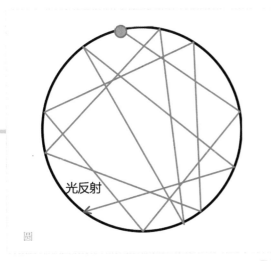

光反射

圆

图 20

而且下面我们也可以看到，霍尔对于自然光，尤其是北向柔和均匀的漫射光的考虑体现在设计的各个方面。

得分点二：实用性

提取好几何体，下面就要把它们搞到建筑中去。虽然是时候展现真正的技术了，但具体的玩法还是有很多种。比如，不上道儿版的玩法就是你费半天劲提取几何体，最后不过就弄个中庭雕塑（图 21）。

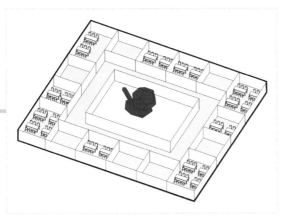

图 21

好一点儿的是进阶版玩法：把这些几何体当作活力空间（informal）用起来，也不赋予它实际功能，只是单纯地在空间中置入一些异质体，或者编造一些有的没的的功能（图 22）。

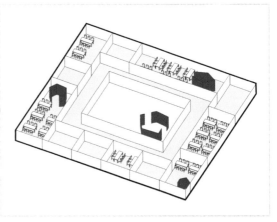

图 22

作为一个既先锋又传统的建筑师，霍尔使用的当然是更高级且更实际的玩法，也就是偏要把这些几何体当作传统空间（formal）来用，赋予它们真实的使用功能。毕竟霍尔要创造的是具有纪念性的实用空间，而不是简单粗暴地让特殊空间负责纪念性、规则空间负责实用性（图 23）。

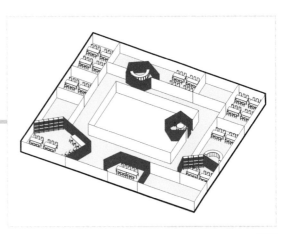

图 23

第一步：整合范围

根据已有的 H 形路网和院落围合的概念，大致确定出建筑在场地中的 L 形轮廓。也就是说，无论各元素怎样组合，大致都在这个 L 形内（图 24 ～图 26 ）。

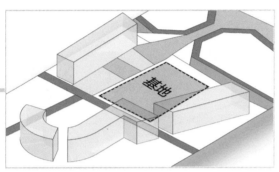

图 24

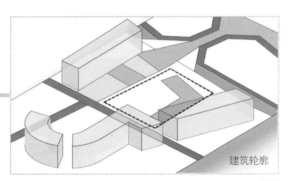

建筑轮廓

图 25

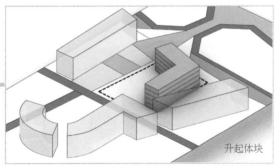

升起体块

图 26

第二步：功能划分

按照常规做法进行功能分区：如将建筑工作室置于采光柔和均匀的北部；带有景观性质的交通核位于 L 形转折处，处于两部分的中心地带；两个报告厅体积较大，且考虑到疏散问题，观众厅向围合院落内部突出，形体相对独立（图 27 ～图 32 ）。

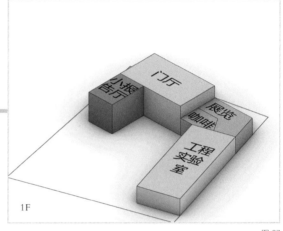

1F

图 27

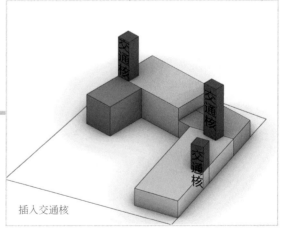

插入交通核

图 28

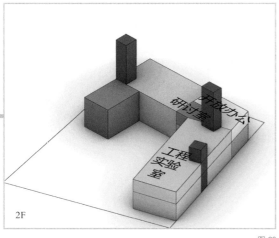

2F

图 29

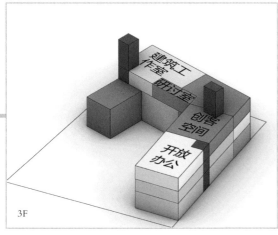

3F

图 30

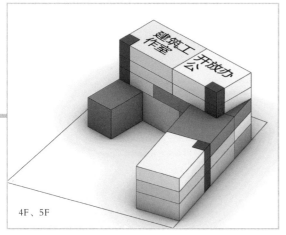

4F、5F

图 31

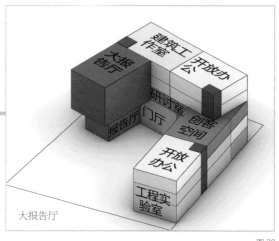

大报告厅

图 32

第三步：功能赋予

水平六棱柱作为门厅大空间置入建筑之中，形成水平向的光通道，贯穿整个建筑（图 33、图 34）。

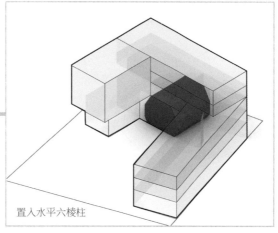

置入水平六棱柱

图 33

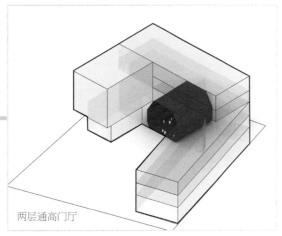

两层通高门厅

图 34

水平向叠合棱体作为建筑工作室置入建筑，自然形成斜向天窗，以获取均匀的北向采光（图35、图36）。

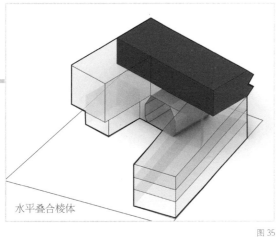

水平叠合棱体

图 35

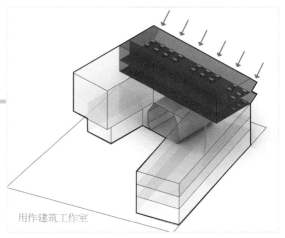

用作建筑工作室

图 36

垂直棱柱体，高度从 3 层至 7 层，截面尺寸较小，作为交通核置入建筑，形成竖向光塔（图37 ～图 39）。

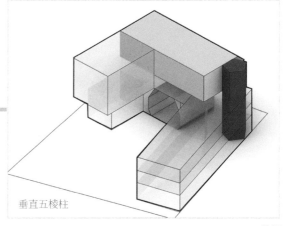

垂直五棱柱

图 37

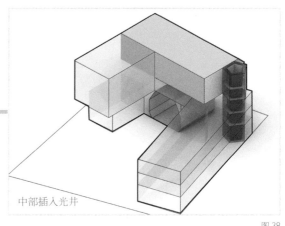

中部插入光井

图 38

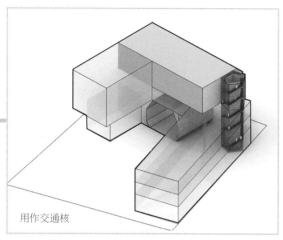

用作交通核

图 39

棱台体量截面尺寸较大，多边形平面也适合作为项目合作室置入建筑（图 40、图 41）。

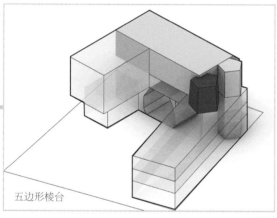

五边形棱台

图 40

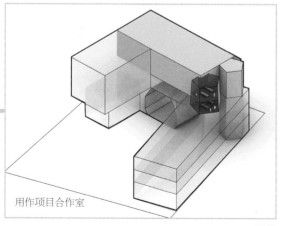

用作项目合作室

图 41

六边形棱台作为天文观察室突出于建筑之上，呼应《视差》中的天体宇宙概念。好吧，有点儿丑，我知道（图 42、图 43）。

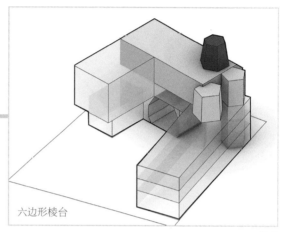

六边形棱台

图 42

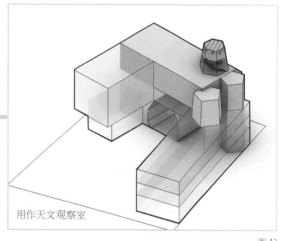

用作天文观察室

图 43

将小型研讨室打散后置于多边形棱柱中，垂直向分布于各层，便于使用（图 44、图 45）。

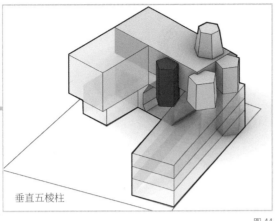

垂直五棱柱

图 44

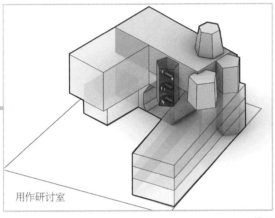

用作研讨室

图 45

十二面体是完整的大空间，且具有良好的声学效果，适合作为大报告厅（图 46、图 47）。

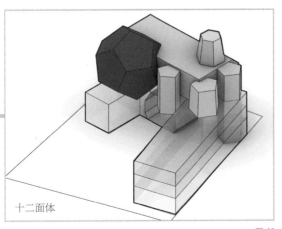

十二面体

图 46

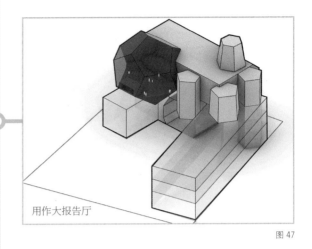

用作大报告厅

图 47

至此，建筑长图 48 这样。

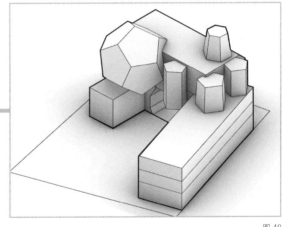

图 48

这说明了一个很重要的问题，就是无论谁都没勇气给甲方看过程稿，霍尔也不行。

得分点三：标志性

我们以前说过，地标建筑有三宝——个儿高、块儿大、长得怪。看来先往高个儿做准没错。整体加高是不可能了，毕竟建筑面积在那儿摆着，所以先尽量将垂直向的几何体加高，这样也有利于获取光线（图 49、图 50）。

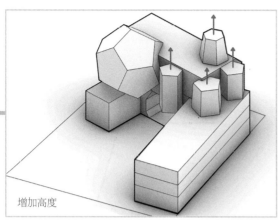

增加高度

图 49

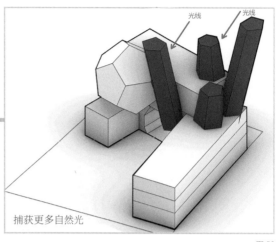

光线 光线

捕获更多自然光

图 52

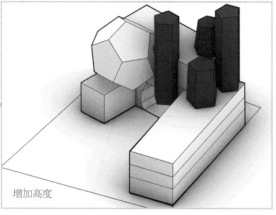

增加高度

图 50

进一步根据功能调整体块（图 53、图 54）。

四个柱体呈放射状散开，减少相互遮挡，以捕捉更多北向的漫射光。主要光塔倾斜角度为 23°，与地球的倾斜角度大致保持一致（图 51、图 52）。

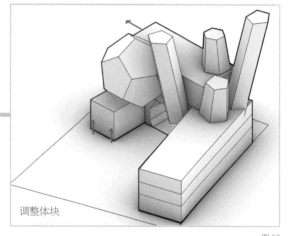

调整体块

图 53

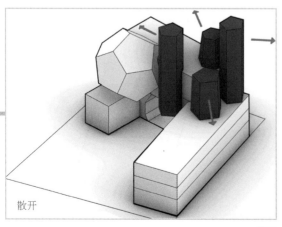

散开

图 51

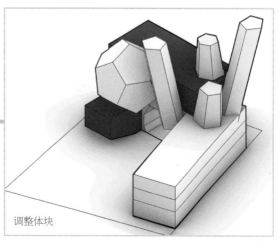

调整体块

图 54

至此，我们基本已经得到一个具有标志性的纪念性实用空间了，下面还要继续深化空间设计。

添加楼板及墙体，深化平面功能（图55）。

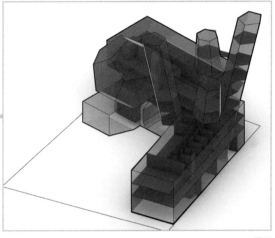

图55

局部扩大形成露台，L形端部加设大台阶，连接地面与露台，加强校园与建筑之间的联系（图56）。

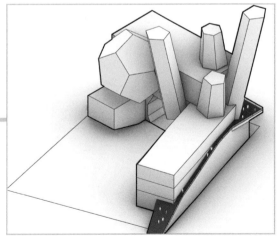

图56

几何体与建筑交接部分的处理有多种方案，可以将空间放大，用作休闲空间（图57~图59）。

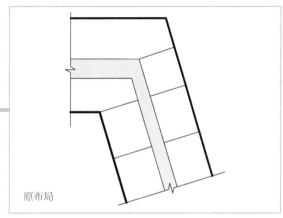

原布局

图57

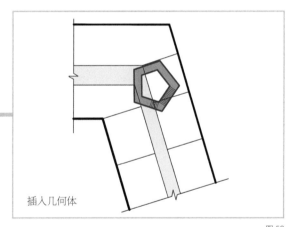

插入几何体

图58

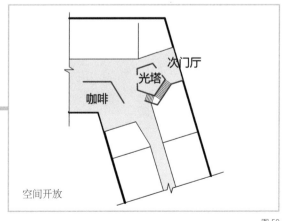

次门厅

光塔

咖啡

空间开放

图59

由于几何体斜插在建筑中，使其在各层平面中位置不同。突出建筑的部分与室外平台结合，增强建筑开放性与可识别性（图60～图62）。

建筑内不规则部分用作辅助空间，如楼梯间、卫生间、设备间等（图63～图65）。

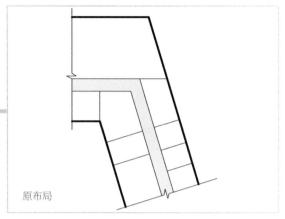

原布局

图60

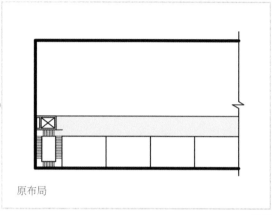

原布局

图63

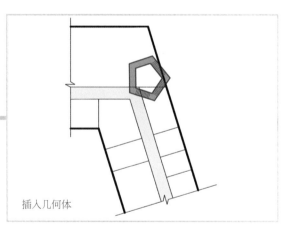

插入几何体

图61

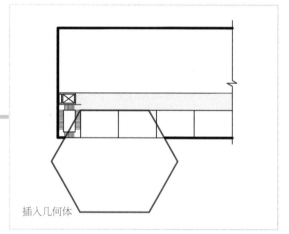

插入几何体

图64

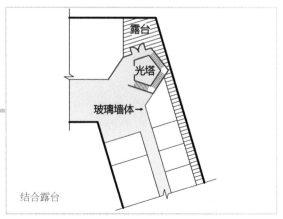

露台

光塔

玻璃墙体→

结合露台

图62

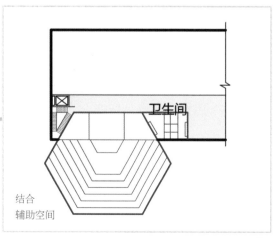

卫生间

结合
辅助空间

图65

在门厅的处理上，用带洞口的墙体将门厅与两侧空间分隔开来。两层通高的门厅获取的自然光在通过洞口时透入两侧形成了光线的晕染，这也是霍尔常用的手法。在洞口处设置楼梯，进一步加强空间渗透（图66～图69）。

图 69

建筑工作室内部增加边庭，加强两层工作室的空间联系（图70、图71）。

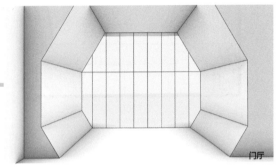

门厅

图 66

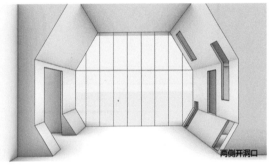

两侧开洞口

图 67

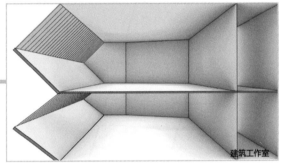

建筑工作室

图 70

加入楼梯

图 68

开边庭

图 71

最后还要解决一些技术性问题。

1. 结构（图72～图74）

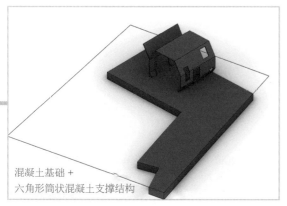

混凝土基础 +
六角形筒状混凝土支撑结构

图72

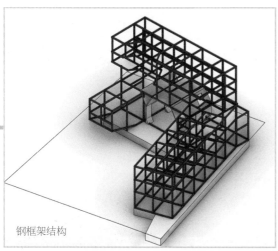

钢框架结构

图73

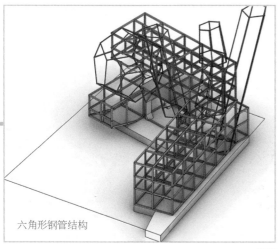

六角形钢管结构

图74

2. 材质

表皮多采用金属材质，利于光线在表面反射，形成光线氤氲之感。

当然，霍尔大师表示这种整体的光感呼应了《尤利西斯》中对爱尔兰的描写："神秘的爱尔兰在黄昏中那无可比拟的半透明光辉，照耀着郁郁葱葱的森林、绵延起伏的田野、和煦芬芳的绿色牧场。所有这些，真是举世无双的……"③（图75）。

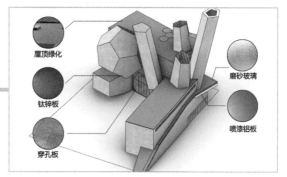

屋顶绿化

钛锌板

穿孔板

磨砂玻璃

喷漆铝板

图75

至此，整个建筑也完全收工了，虽然还是有点儿丑（图76）。

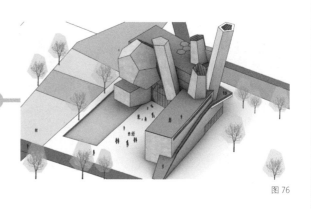

图76

③（爱尔兰）詹姆斯·乔伊斯著. 尤利西斯 [M]. 萧乾、文洁若译. 南京：译林出版社，2001.

这就是斯蒂文·霍尔设计的爱尔兰国立都柏林大学未来校园设计竞赛方案，一个手法传统、结果张扬的纪念碑（图1、图77～图82）。

图77

图78

图79

图80

图81

图82

说实话，我们拆房部队是第三次拆霍尔这个案例了，当然，前两次都失败了。原因很简单：长得诡异且找不到理由。我们以为这只是一个标志性的普通教学楼，最后才明白，霍尔一开始想做的就是一座属于爱尔兰的意识流纪念碑。或者说，这首先是一座纪念碑，然后还能让人顺便进去上个课。

在娱乐至上的快消时代里，纪念碑这种追求永恒的"物种"好像已经过时很久了。然而，过时只是我们心中的判断；合适才是这个世界的标准。再次心疼陪跑普利兹克奖的霍尔一秒。

END

开局不顺，也要笑到最后

图1

名　称：伦敦新音乐中心（图1）

设计师：Diller Scofidio + Renfro 建筑事务所

位　置：英国·伦敦

分　类：观演建筑

标　签：垂直音乐厅

面　积：约 21 000m²

数据显示，2020年春节过后的第一周，全国有近两亿人在家办公。而拆房部队，就是这两亿分之一。从前通勤挤地铁的时候，总幻想着在家躺着工作，忽然梦想就这么猝不及防地实现了，这才恍然大悟：梦想之所以美好，就因为它是个梦。

在家办公真的太难了。开局一张嘴，装备全靠凑，开麦闭麦、视频直播，我一定是个假建筑师，这明明干的都是主播的活儿。唯一的好处是终于不再纠结中午吃什么了——家里做什么就吃什么，没的挑。今天要讲的就是一个开局不顺但咬牙笑到最后的故事。

伦敦交响乐团可以称得上史上最惨的甲方了。他们的老家巴比肯音乐厅音效巨差，即使花了3500万英镑（约3.07亿人民币）改造也于事无补。忍无可忍的他们终于拍案而起，要求建造一个新的音乐厅。

但拍案之后就傻眼了，因为他们一没地，二没钱，三没建设指标。不管怎样，先向政府打个报告吧。于是，关于伦敦是否需要建一座新的音乐厅，以及谁来出钱的问题让伦敦的政客们陷入了长久的"互撕"。

经过漫长的等待，政客大人们终于撕出了结果：可以建，但钱要自己筹。地也暂时没有合适的，需要协调。

又经过努力和漫长的等待，伦敦交响乐团求爷爷告奶奶筹到了2.88亿英镑（约25.2亿人民币），全部来自私人募捐（德国汉堡新音乐厅耗资约合58.7亿人民币，可以看看差距），而建设用地也等来了好消息。

讲道理，政府大人给的这个基地位置还是很不错的：位于寸土寸金的伦敦金融城里，且处于泰特现代美术馆、千禧桥和圣保罗大教堂的文化轴线北端，并连接新伊丽莎白线上的两个主要的车站（图2）。

图2

是不是有种守得云开见月明的感觉？你还是太年轻。

再多看一眼你就会发现，这块形状为不规则梯形的基地中部被道路截断，形成了一个孤立的环岛，剩余部分还被一栋历史保留（意思就是不能拆）建筑占据了（图3~图7）。

图3

道路穿过基地

图4

基地被分为两部分

图5

保留建筑

图6

基地

图7

根据重力加速度公式，天上就算掉馅儿饼也会把你砸晕。目前这个基地上还是伦敦博物馆的老巢，堂堂一个首都的博物馆都已经被挤得心理扭曲了（图8）。

现伦敦博物馆

图8

但现在伦敦博物馆要搬家了——换句话说，人家受够这挤挤歪歪的破地方了，谁爱要谁要吧。当然，这个"谁"就是伦敦交响乐团。他们没的选。

但是这个场地扭曲又没钱的音乐厅依然野心勃勃，要包含一个 2000 座的音乐厅，一个小型的表演空间，以及约 7000m² 的商业空间，用于支撑音乐厅的建造和运营成本——说白了就是自力更生，盖个商场养活自己。

而接手这个又穷又挤又扭曲，还要玩命高雅的可怜的音乐厅项目的是 Diller Scofidio + Renfro 建筑事务所。

先解决场地问题。基地有一部分被割裂成孤立的环岛，周围车辆来往不断，行人稀少，因此需要在规划层面上对场地进行重建（图 9）。

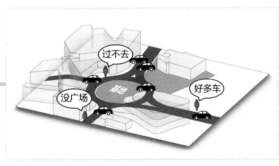

图 9

首先，改造现有环形交叉路口为丁字路口，以隔绝机动车对场地的影响（图 10）。

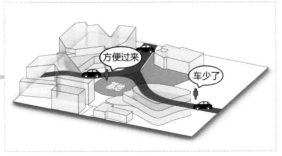

图 10

其次，把原交叉道路南段变为与文化轴线相连的步行街，环岛成为面向文化轴线的开放场地（图 11）。

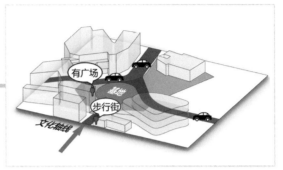

图 11

但这个场地最大的问题不是因被割裂了而不好用，而是根本没法用。减去那些边边角角不能用的，剩下的建筑用地只有 3600m²。要知道，在任何国家，一个作为城市重要公共建筑的顶级音乐厅，广场、喷泉、花花草草啥的都是标配，占地面积起码上万平方米。而咱们这个伦敦交响乐团的新音乐中心也是要包含大小两个音乐厅和能养活自己的大面积的商业空间的，你怎么摆（图 12）？

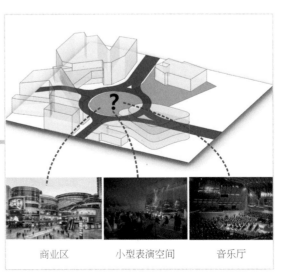

| 商业区 | 小型表演空间 | 音乐厅 |

图 12

一般观演类建筑前应有面积不少于 0.2m²/ 座的集散广场，也就是说，在这有限的场地中还要留出至少 400m² 的广场。

按照常规思路，先把主要功能——大小两个音乐厅及门厅放入场地（图 13 ~ 图 15）。

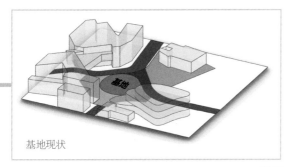

基地现状

图 13

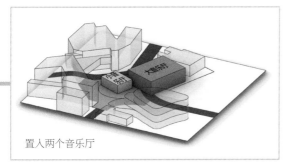

置入两个音乐厅

图 14

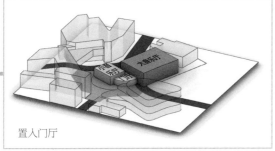

置入门厅

图 15

这时候已经没有任何多余的空间来放置商业空间了，边边角角加起来也无法满足 7000m² 商业空间的需求，更别说广场了（图 16、图 17）。

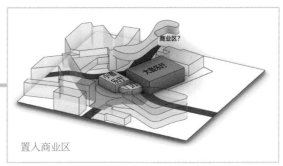

置入商业区

图 16

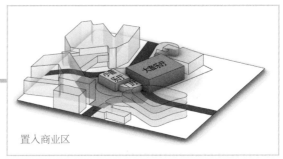

置入商业区

图 17

因此音乐厅只能向高处发展，即形成垂直布局。那么问题来了：垂直音乐厅是个啥？常见的音乐厅一般长图 18 这样。

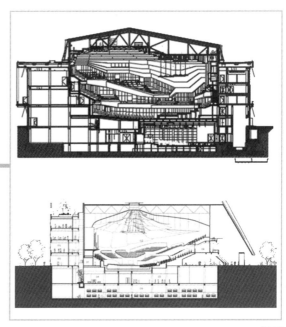

图 18

简单来说就是除音乐厅外的其他空间与音乐厅并置，或位于音乐厅下方（图19）。

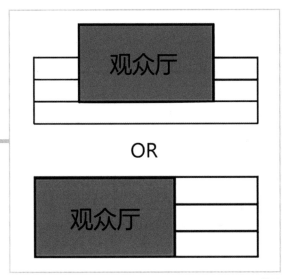

图19

为什么很少有在垂直方向布置的呢？很显然，音乐厅的大跨结构上很难再放其他空间——撑不住啊。但是现在情况特殊，也不得不突破常规了。我们能做到的就是尽量权衡，使空间使用最合理，代价最小。

首先对四个主要功能块进行分析（图20）。

主要功能块	是否有柱	开放性	疏散
商业	有柱	开放	直接通过疏散梯疏散
2000座大音乐厅	无柱	半开放	瞬时人流大，且需出到配套的前厅或休息厅再进行疏散
小型表演空间	无柱	较私密	直接通过疏散梯疏散
门厅	均可	开放	直接对外疏散

图20

然后在垂直方向上进行排列组合（图21）。

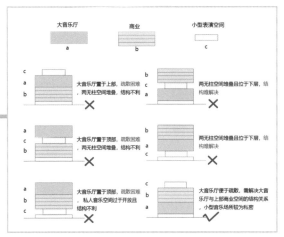

图21

确定好垂直布局后，建议各位建筑师嘴上抹点儿蜜，并对镜练习微笑，因为下面的主要工作就是对结构师低眉顺眼加眉来眼去。毕竟经费有限，要麻烦结构小哥哥选择既合理又常见、花钱又少的结构形式。

首先根据基地确定大体的建筑平面轮廓（图22）。

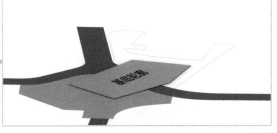

图22

2000座的观众厅与前厅、周边休息厅、设备房等采用观演类建筑常用的框架结构加悬挑楼座的结构形式，音乐厅周边布置厚剪力墙（图23～图25）。

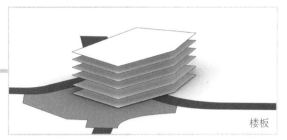

楼板

图 23

结构柱

图 24

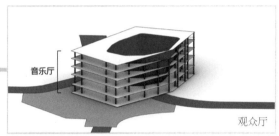

音乐厅

观众厅

图 25

在观众厅周边布置交通核，形成框架核心筒结构体系，同时解决疏散问题（图 26）。

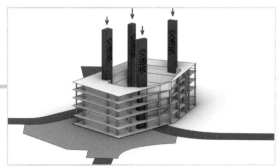

图 26

现在最重要的就是解决音乐厅与上部商业空间的结构关系。

画重点：在高层建筑设计中可以通过设置结构转换层实现结构变化较大的楼层间的荷载传递（图 27）。

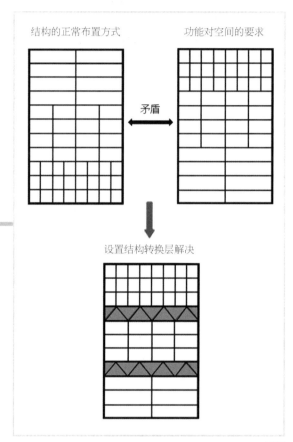

结构的正常布置方式　　功能对空间的要求

矛盾

设置结构转换层解决

图 27

在音乐厅与商业空间之间插入结构转换层（图 28）。

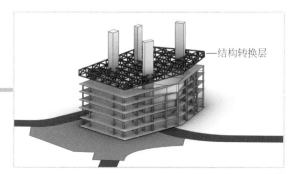

结构转换层

图 28

当下部空间跨度较大时，多采用箱式转换层、桁架式转换层或空腹桁架式转换层等（图29）。

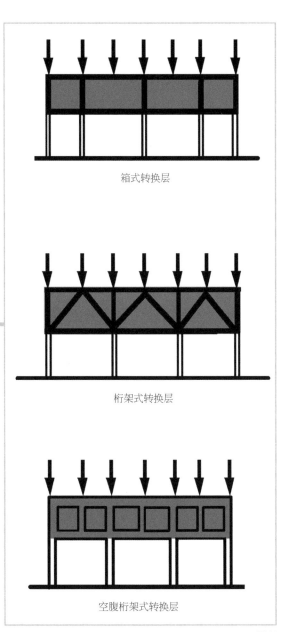

箱式转换层

桁架式转换层

空腹桁架式转换层

图 29

转换层同时作为商业空间的楼板和音乐厅的屋顶。交通核与卫生间等服务设施在音乐厅四周形成四个巨大的墩柱，支撑"转换层屋顶"，屋顶下部悬吊一系列反射装置，提高声学质量（图30）。

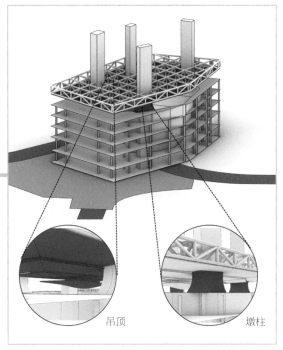

吊顶

墩柱

图 30

转换层是结构的过渡，也是功能的过渡。在转换层下部墩柱之间设置玻璃教室，供现场教学使用（图31）。

图 31

转换层上部正常布置柱网商业空间（图32、图33）。

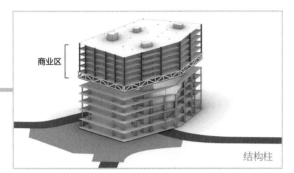

图 32

图 33

顶部表演空间同为无柱大空间，采用钢梁满足跨度要求（图34）。

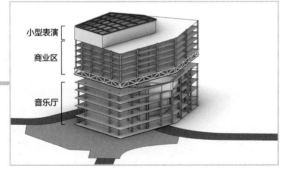

图 34

顶部表演空间尺度较小，根据底部交通核调整其位置，使整个建筑顺应此趋势，形成逐渐内收的金字塔式形体（图35～图37）。

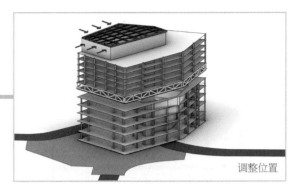

调整位置

图 35

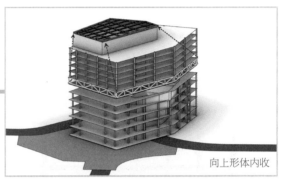

向上形体内收

图 36

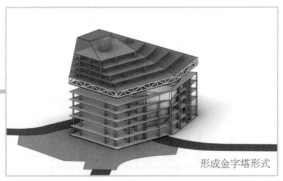

形成金字塔形式

图 37

上小下大的金字塔式形体有利于结构的稳定。同时，顶部内收的形体也进一步减少了狭小场地中的高层音乐厅对各个方向视线的遮挡（图38）。

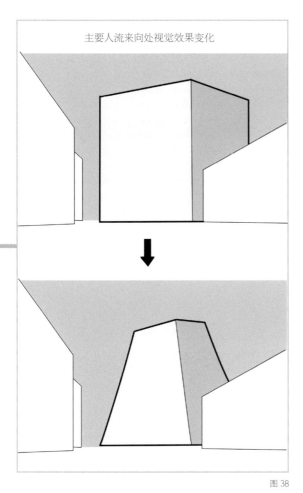

主要人流来向处视觉效果变化

图 38

最后将形体整体扭转一下（图 39、图 40）。

形体扭转

图 39

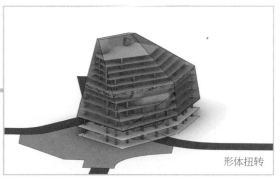

形体扭转

图 40

扭转后可进一步削弱建筑对视线的遮挡（图 41）。

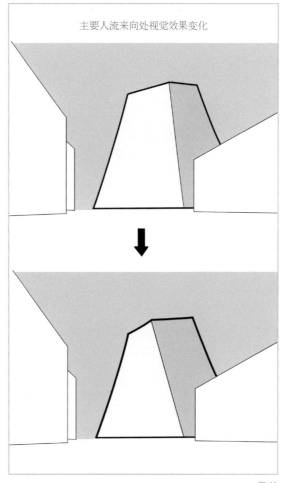

主要人流来向处视觉效果变化

图 41

并且，扭转后自然形成了退台式观景平台，进一步拓展了建筑视野（图42）。

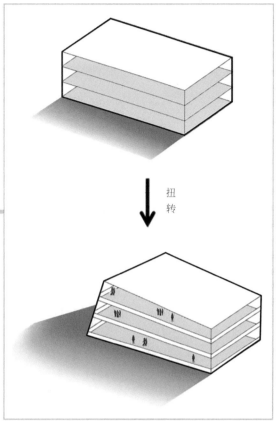

扭转

图42

在结构方面，形体扭转可以很大限度上减小建筑所受的风荷载，且形体扭转后对结构并不会产生很大影响，水平荷载（包括建筑扭转形成的力）主要由核心筒承担，垂直荷载由柱承担。

当然，我们知道DS+R的看家本领不是玩结构，而是玩楼梯。那么在这个音乐厅中是否有必要耗费紧巴巴的预算，打造一套炫酷的楼梯系统呢？

答案肯定是——有必要。

常见的大型观演类公共建筑多为占地面积较大的多层建筑，配套周边文化广场等设施具有很强的开放性与公共性，这就是城市公共文化建筑的本分，不然纳税人的钱那么好花？而伦敦交响乐团的新音乐厅建设费用虽然来自私人募捐，虽然占地面积很小，虽然处于拥挤的街区中心，但那也得尽本分：为城市提供开放的公共空间和标志形象。

所以，一个连续且醒目的楼梯系统可以作为建筑的标志吸引人流，还可以增强音乐厅的开放性，同时也能增强结构稳定性。

一箭三雕，有没有？

1.放大二层平台，使之与巴比肯地区原有的高架步道网络相连（图43、图44）。

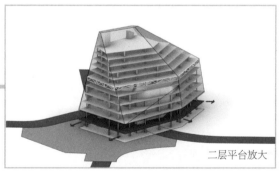

二层平台放大

图43

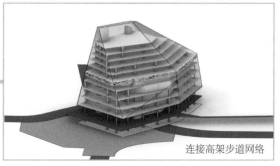

连接高架步道网络

图44

2.在正对南部街道处设置景观休闲台阶，吸引人流（图45、图46）。

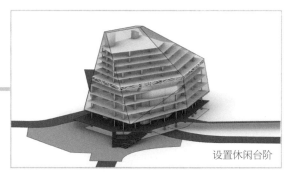

设置休闲台阶

图 45

吸引人流

图 46

3.在首层门厅上空设置直跑楼梯（图47）。

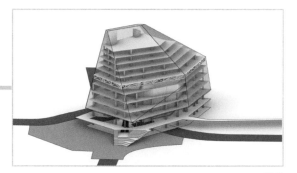

图 47

4.在建筑一侧设置延伸至顶层的直跑楼梯（图48）。

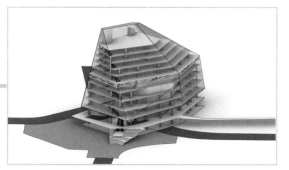

图 48

5.首层及二层平台开放性最强，所以将交通空间放大，变直跑楼梯为双跑楼梯，增加更多停留空间（图49）。

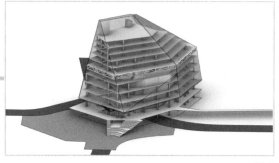

图 49

6.梯段加宽，采用大台阶、正常尺度台阶与手扶电梯结合的梯段形式，中间平台向外挑出，进一步扩展休闲空间，同时更加"吸睛"（图50）。

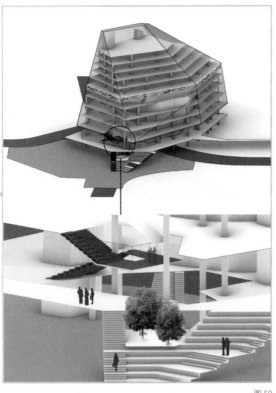

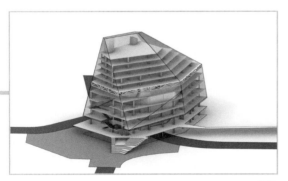

图 50

7.观众厅入口设置在三、四层，六层为音乐教育场所，楼梯系统跨过五层直达六层（图51）。

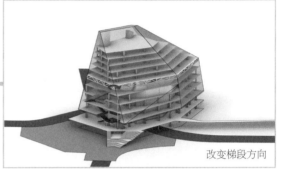

改变梯段方向

图 52

8.为进一步加强楼梯系统的空间可达性及视觉可达性，取得广场或街道方向视线上的开放和贯通，同时为了结合建筑形体的扭转，将原本位于一侧的直跑楼梯在中部改变方向（图52 ~图54）。

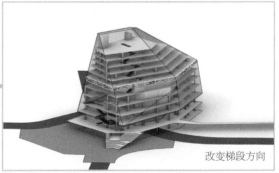

改变梯段方向

图 53

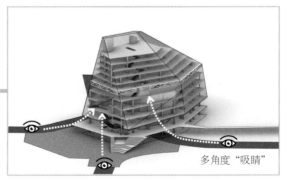

图 51

多角度"吸睛"

图 54

除了连续贯穿的楼梯系统外，室内外见缝插针地设置了台阶，可作为休息与观看小型演出的区域（图55）。

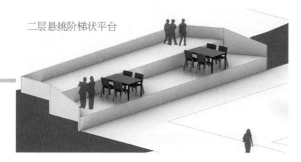

二层悬挑阶梯状平台

首层室内下沉式表演区

中庭悬挑楼座

室内下沉式表演区

图55

最后将建筑首层打通，使道路从中穿过（图56、图57）。

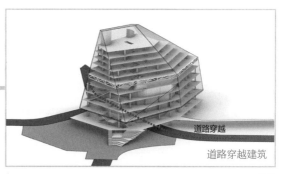

道路穿越

道路穿越建筑

图56

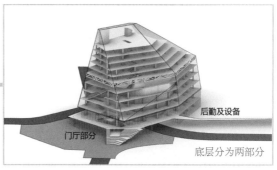

门厅部分

后勤及设备

底层分为两部分

图57

至此，整个建筑的空间部分就完成了，下面再处理表皮。

为不同的功能块添加不同的表皮，从而增强不同功能块的可识别性。音乐厅及前厅部分采用玻璃幕墙加横向格栅，使音乐厅更加开放（图58）。

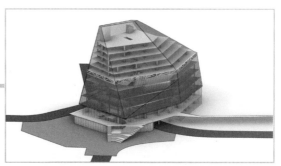

图58

商业部分采用斜向放置的竖直板片（图 59）。

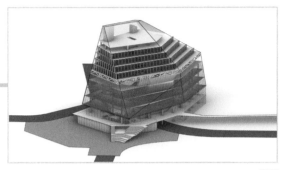

图 59

顶部私人音乐厅为"木盒子"，仅一面开落地窗，
形成朝向远方大教堂的取景器（图 60）。

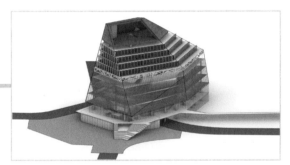

图 60

这就是 DS+R 为伦敦交响乐团这个史上最惨的
甲方设计的伦敦新音乐中心，一个开局不顺但
笑到最后的建筑（图 61～图 66）。

图 61

图 62

图 63

图 64

图 65

图 66

2020 年的开局或许对大多数人来讲都不算顺利，但残了开局不能毁了结局。赛季还长，春天总会到来。

图片来源：

图 1、图 31、图 62 ~ 图 66 来源于 https://dsrny.com/ project/london-centre-for-music?index=false&section=pr ojects，其余分析图为作者自绘。

END

建筑师，跪着活下去

图1

名　称：首尔龙山国际商务区"R6项目"（图1）
设计师：REX建筑事务所
位　置：韩国·首尔
分　类：住宅
标　签：景观，悬挑
面　积：115 500m²

怎样才能表现得像一个成熟的建筑师？最简单的是，无论聊什么都以"现在建筑业不好干啊"开头。注意语调要轻，以聊天对象刚好能听见为准；语气要无奈且坚强，配合眉头紧锁、缓缓摇头，效果更佳。

但说实话，就算把眉毛拧成了麻花，建筑师也很难得到同情，因为我们并不是在食物链的最底端。你抱怨的熬夜加班，你不满的甲方变态、领导冷酷，你愤愤的尾款拖欠、设计费太低，甚至你无奈的大环境不好、小环境疲软，其实都没有让你衣食不保，只不过是没有达到你想象中的暴富目标。毕竟，我们这个行业里最不缺少的就是各种各样的成功传奇，什么顽劣少年一夜爆红、自学成才横扫千军、设计鬼才月入百万等，总有一款适合你。

于是，怎么摆出个销魂的设计姿势，成了比设计本身更令人兴奋的事，没有普利兹克的命，却得了普利兹克的病。OMA 的分析图、妹岛的小黑人、盖里的软件、伊东的模型，特别是再来个哈迪德这种没有建成项目就得奖的，更是一针鸡血直冲脑门。

且不说普利兹克，一千个建筑师里能有一个成名成家的就算不错了，倒下的那 999 个各有各的奇葩死法。说白了，你可以选择怎么死，就是不知道怎么活。

比如，下面这个死亡任务书。

字面看上去很简单：在一个长约 250m、宽约 30m 的基地里设计一栋 500 户的公寓楼（图 2）。

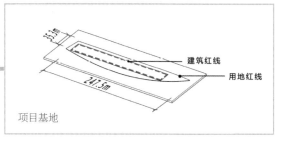

项目基地

图 2

这个世界上的很多东西都不复杂，但致命，就像这个设计。排个单廊式的长成图 3 这样。

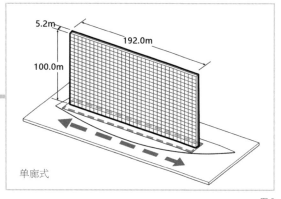

单廊式

图 3

排个内廊式的长成图 4 这样。

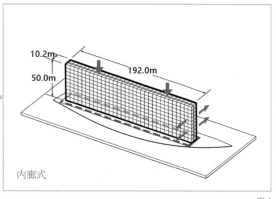

内廊式

图 4

049

这是个什么鬼？不就俩刀片吗？是暗示我一片寄甲方，一片割自己吗？这个时候你说哪个普利兹克姿势能救你吗？围观你怎么死的倒是有可能。

我不是在开玩笑。这个项目位于韩国首尔龙山国际商务区，你要是经常浏览建筑网站就应该知道，韩国人民到底请了多少建筑大师来建设这个 CBD（中央商务区）——总体规划是里伯斯金弄的，在里面盖房子的都是 SOM、MVRDV、BIG 事务所这个水平的——真正的神仙打架系列（图 5、图 6）。

图 5

图 6

而我们的这个死亡地块就位于龙山 CBD 的边缘。连个正经名字都没有，地块编号 R6，于是就叫R6 项目。

虽然不受待见，但里伯斯金大师定的规划条件却样样都得跪，比如，建筑不能低于 100m（图 7）。

图 7

所以，现实就是你做得再好也不过是旁边一群大佬的跟班，但如果你做不好——那就等着被围观群嘲吧。当然，你还可以直接选择放弃——以自杀抵抗他杀。

如果不想死，那就只能跪着活下去。收起所有的理想、理念、理论支撑，这玩意儿现在就一个问题：

怎么在这个刀片地上建个楼，还得至少 100m高（图 8、图 9）。

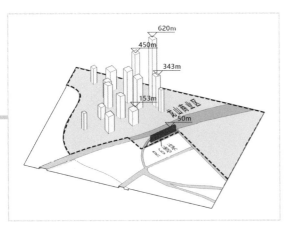

图 8

图 9

首先，让我们把这个刀片立起来，符合了规划要求再说（图10）。

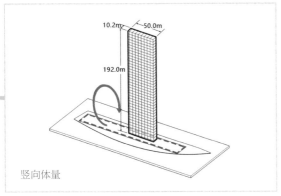

竖向体量

图 10

但现在这个小身板，192m的大个子才10m进深，吹口气就能倒了。那怎么才能吹口气不倒呢？

重点来啦，答案就是您往里面吹气啊。基本原理等同于吹气球，我国民间也管这种行为叫"打肿脸充胖子"（图11～图14）。

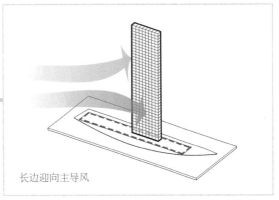

长边迎向主导风

图 11

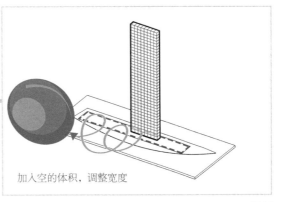

加入空的体积，调整宽度

图 12

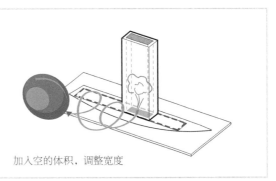

加入空的体积，调整宽度

图 13

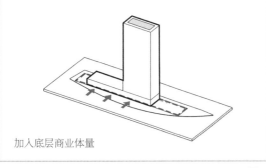

加入底层商业体量

图 14

可吹了气的建筑也只是虚胖，不是强壮。一个高宽比为 20：1 的天井，那不就是个烟囱吗（图15）？

图 15

好了，让我们打起精神，继续为采光和通风奋斗！

如果一个人上下一样粗，有点儿虚胖，身材像个烟囱该怎么办？还能怎么办——游泳健身了解一下，建筑也一样。减掉肥肉，增长肌肉，凹凸有致才是好身材。把建筑分组后再错层拉伸体块，让光线从不同位置进入庭院。为了让建筑身材匀称，东西两侧同时拉动（图16 ~ 图19）。

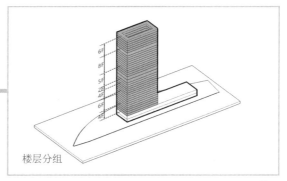

楼层分组

图 16

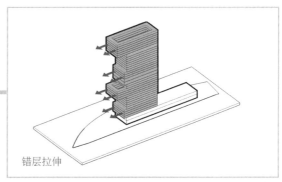

错层拉伸

图 17

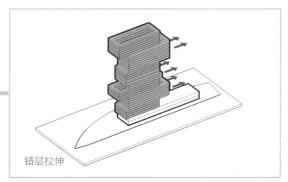

错层拉伸

图 18

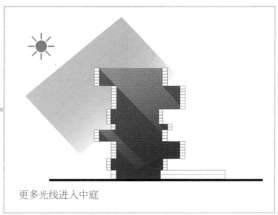

更多光线进入中庭

图 19

拉动后去除建筑侧面部位遮挡的体量，进一步改善通风和采光（图 20 ~ 图 22）。

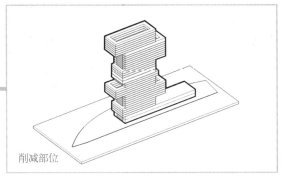

削减部位

图 20

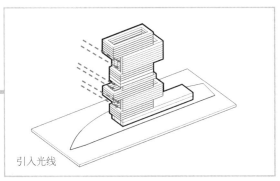

引入光线

图 21

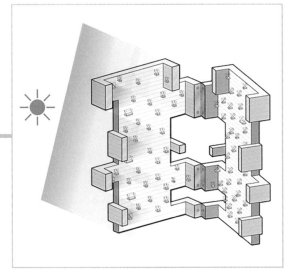

图 22

至此，建筑原有的一个高深庭院被成功划分成了七个多层建筑的浅庭院（图 23）。

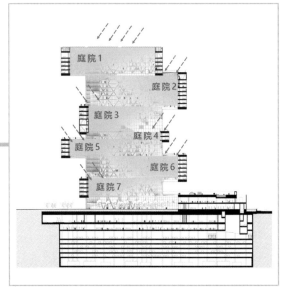

庭院 1
庭院 2
庭院 3
庭院 4
庭院 5
庭院 6
庭院 7

图 23

有了光线充足的庭院，在庭院周围设置促进社交活动的挑台以及屋顶平台——不过这里真的忍不住要吐槽，这些所谓的社交小盒子，真的不是因为户型太小所以搞了点儿公共客厅吗（图 24 ~ 图 26）？

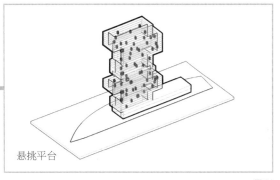

悬挑平台

图 24

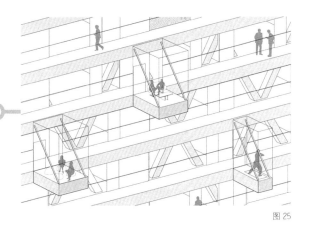

图 25

图 26

不管怎样，不管牺牲了多少想法，跪了多少条条框框，方案总算完成了——这就是由 REX 建筑事务所设计的首尔龙山国际商务区"R6 项目"（图 27）。

图 27

站在一群神仙方案旁边也不算丢人了（图 28）。

图 28

但最后还有一个重要问题没解决——您的好友结构师正提着七尺长刀赶来。

鉴于结构小哥都是严肃正经的理工直男学霸，所以下面这段也很严肃、很正经——请大家谨慎看待。

1. 首先明确建筑的受力分布特点。建筑的造型使建筑体量分成悬挑区和承重区（图 29）。

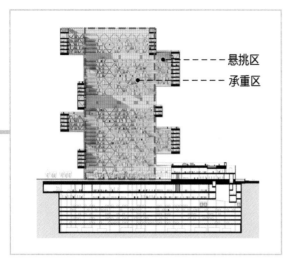

悬挑区
承重区

图 29

2. 悬挑区和主体承重区的交接位置需要承受的负荷非常大，因此，在主体承重区与悬挑区交接处设置竖向核心筒，厚重的核心筒为悬挑体量提供了坚实的支撑（图 30）。

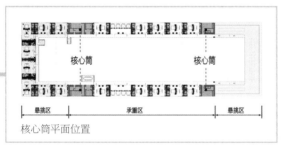

核心筒平面位置

图 30

3. 再结合核心筒布置建筑的竖向交通（图 31）。

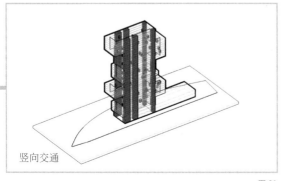

竖向交通

图 31

4. 如何解决巨大的悬挑体量的受力问题成了设计的又一个难题。常规的框架结构无法支撑这么巨大的悬挑，因此需要加入斜向的拉接构件（图 32）。

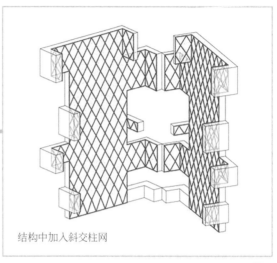

结构中加入斜交柱网

图 32

斜向的拉接构件组合成网格，从建筑主体延伸到悬挑部位，主体拉起每个凸出的体量。为了减少对室内空间的影响，斜交柱网布置在内侧靠近走廊的位置上（图 33）。

斜交柱网布置在走廊边缘

图 33

斜交柱网加核心筒的巧妙布置，共同解决了建筑的悬挑难题。核心筒和斜交柱网的组合逻辑是图 34 这样的。

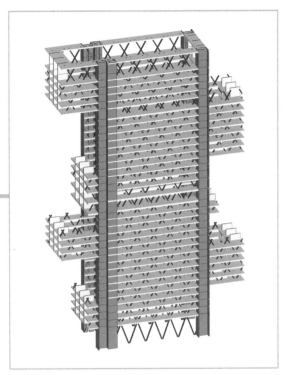

图 34

我们把这个看起来非常复杂的结构组合根据其受力分布进行简化,便于大家理解(图 35)。

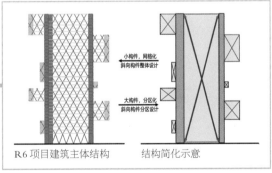

小构件,网格化
斜向构件整体设计

大构件,分区化
斜向构件分区设计

R6 项目建筑主体结构   结构简化示意

图 35

在这栋建筑中,为了增强结构的整体性,建筑师将承重区的斜向结构和悬挑区的斜向结构进行了整合,两者通过核心筒的连接合为一体,斜向结构的网格化缩小了构件的尺寸,减小了对室内空间使用的影响。

还有什么可说的?继续跪吧——让我们跪谢结构师仗义出手。

现在是不是越看这个方案越顺眼啊?其实我一直也想说服自己这是一个完美的设计,可是建筑体块的拉伸和分组,以及结构的网格化都使得每个户型必须严格遵循网格化的平面——换句话说,这栋楼里的户型都是,且只能是个火柴盒。

如果说前面所有的妥协都还算跪着活下去,那对户型的妥协就真的是跪了——只是把分隔卧室和客厅的墙体设计成了可移动和具有收纳功能的形式,象征性地抢救了一下——基本就是放弃治疗了。

这一点是八袋漂白粉也洗不白的(图 36、图 37)。

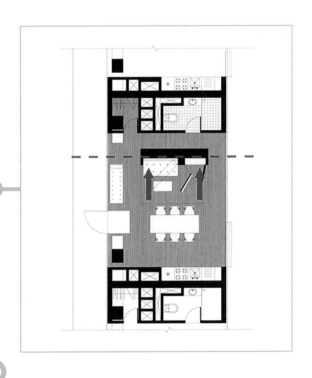

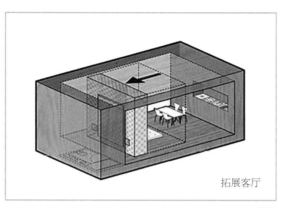

拓展客厅

图 36

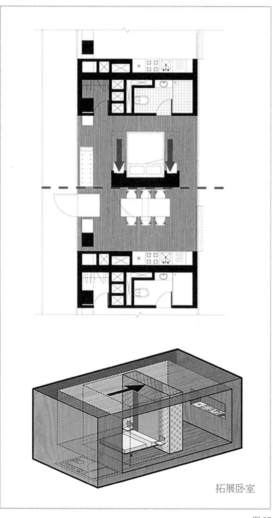

拓展卧室

图 37

这个方案没理念、没理论、没理想，每一步都是在挣扎妥协，唯一的追求就是"活下去"。最终的结果也不是喜闻乐见的成功逆袭，缺点很明显。但这可能就是大多数建筑师的日常：笑着、哭着、跪着、跑着、努力着——坚强地活下去。

恩格斯说："每一种新的进步都必然表现为对某一种神圣事务的亵渎，表现为对陈旧的、日渐消亡的，但为习惯所崇奉的秩序的叛逆。"这大概是所有伟大的艺术家的本质，只有砸掉铁链才能得到全世界。

但不是每一次亵渎都是进步，不是所有的秩序都叫枷锁，也不是所有伟大的建筑师都是伟大的艺术家。让建筑能够被建造起来是每一个设计者的基本素养，再不食烟火的建筑师也得尊重这一点。

毕竟，93 岁的多西和 89 岁的矶崎新已经证明：活下去，才有可能伟大。

图片来源：

图 1、图 6、图 19、图 22、图 25 ~图 27、图 32、图 33、图 36、图 37 来源于 https://rex-ny.com/project/yongsan-tower/，其余分析图为作者自绘。

END

全幼儿园最可爱的仔

图1

名　称：花朵幼儿园（图1）
设计师：Jungmin Nam
位　置：韩国·首尔
分　类：幼儿园
标　签：教育，楼梯
面　积：2165m²

从建筑的本性来讲，任何一个设计都需要为至少两个甲方服务。一个是出钱出地，盖了房子归自己所有，但一年可能也去不了一回的显性甲方，俗称"金主"；另一个是啥也不出，但房子盖了就是给我用，每天都要进进出出的隐形甲方，俗称"当家做主"。

但在商业社会里，建筑也不过是桩生意。金主永远是金主，当家的却不一定能做主。毕竟，甲方乙方的爱情已经是一地鸡毛了，实在有点儿顾不上第三方的意见。除非这个第三方是熊孩子。作为祖国的花骨朵儿，社会主义的接班人，一切要求都是正当合理，且必须满足的。翻译一下就是：在幼儿园设计中，无论金主甲方提供的条件多么苛刻，作为建筑师也要为熊孩子们实现一切日常需求。

像下面这个案例，幼儿园被规划在韩国首尔的一个高密度居住区里。换句话说，这是作为开发商的甲方压根儿就不想建的一个配套设施（图2）。

图2

条件当然不会很美好：场地面积总共只有约600m²，建筑密度要求控制在50%以内，但幼儿园的功能需求却有2100m²，其中还包括10个停车位（图3）。

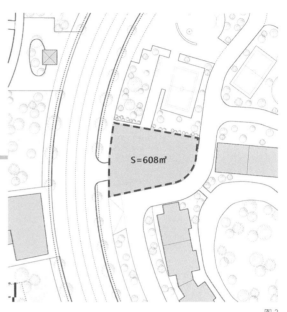

图3

说实话，幼儿园这个物种，你要是想凑合，你家楼下的小卖部也能凑合开一个；你要是不想凑合，"基于儿童生理、心理特征下的当代幼儿园空间布局类型与形态研究"够写一篇博士论文的。矫情一句，凑合不凑合完全取决于建筑师的良心。当然，我们要说的这个建筑师必须有良心。

场地有限不是借口，合格的幼儿园需要的后勤流线和学生流线分离必须要满足。但是，场地只有一条边面向住宅区的主干道，因此，这个唯一的沿街面将要同时包含人流入口和车流入口（图4）。

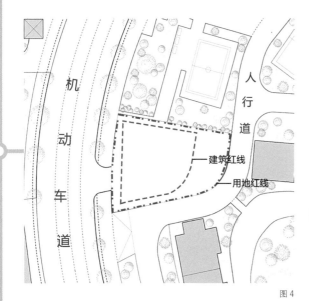

图4

解决方法是将这条边折一下，一条边变两条边。也就是假装互相看不见。

幼儿园的主入口和后勤入口分布在不同的边界上，在视觉上得以分离（图5~图8）。

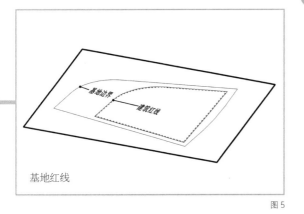

基地红线

图5

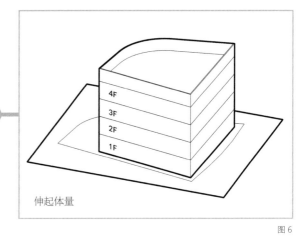

伸起体量

图6

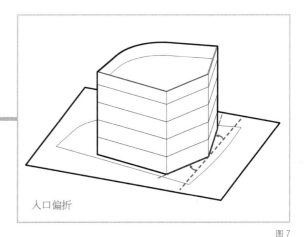

入口偏折

图7

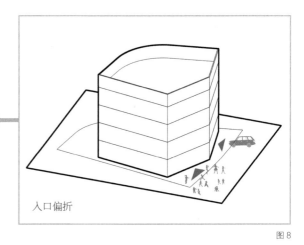

入口偏折

图8

解决完入口，我们再来看功能。

我们说了，对幼儿园来说，面积要求的弹性很大，主要还是看建筑师的良心。简单粗暴的做法是地面以上全为幼儿活动室，办公和后勤空间放在地下。室外活动空间一部分放在地面，一部分可以放在屋顶（图9、图10）。

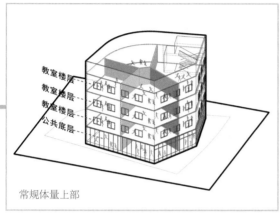

常规体量上部

图 9

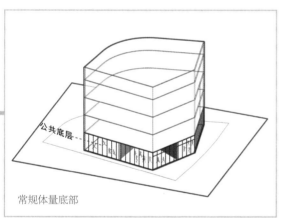

常规体量底部

图 10

这个做法的问题是空间过于狭小，不利于熊孩子们释放天性。所以，我们接下来要做的就是把这个狭小闭塞的幼儿园变得让孩子们可以在其中自由地跑跑跳跳。

第一招：让空间变大

在公共空间和各教室之间加入过渡小门厅，增加空间层次（图11）。

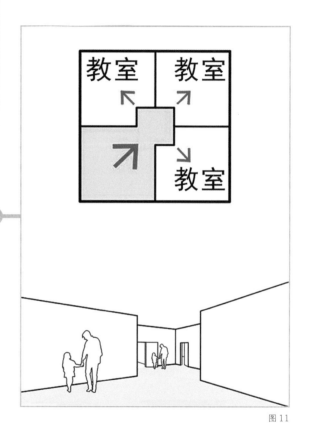

图 11

但是原本狭小的公共空间在感知上并没有被扩大，公共空间依然有着强硬的边界，所有空间依然是互相独立的存在。

格式塔心理学告诉我们，物理属性，如强度、大小、形状等相似的对象易被知觉为一个整体，也就是"完形趋向律"。因此，具有直线边界的空间很容易被感知为独立的空间（图12）。

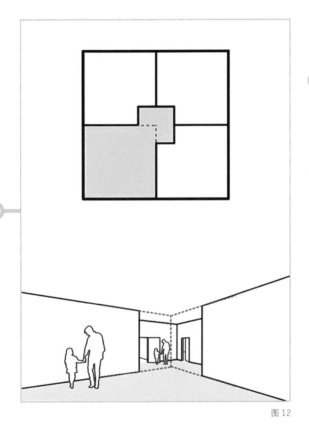

图12

同理，如果不让墙体的两边延长线相交，而是向外延伸，也就没有了两个独立空间的感受，相邻的区域连接成一个整体，空间就被放大了（图13）。

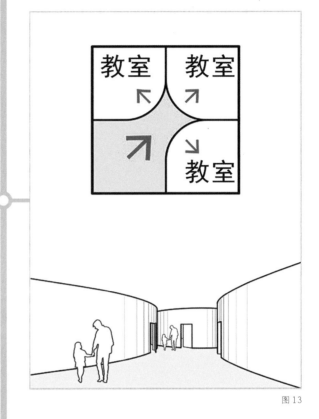

图13

所以我们对公共空间的边界进行倒角，把散布在犄角旮旯的空间连为一个整体，让空间在视线上连续而完整，不再显得闭塞（图14～图16）。

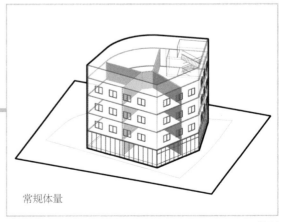

常规体量

图14

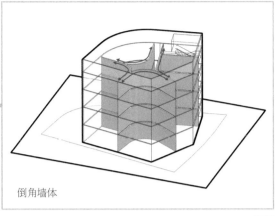

倒角墙体

图 15

图 16

第二招：让空间变连续

我们以前就讲过：破碎的可能比完整的更好用，流动的比整齐的空间更大。所以，建筑师打散原本置于首层的儿童活动空间：既然面积不富裕，那就把打碎的活动空间连续分布到每个楼层——在面积不变的情况下占有更大的空间维度（图 17、图 18）。

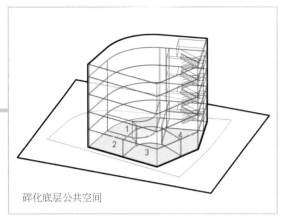

碎化底层公共空间

图 17

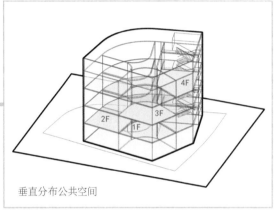

垂直分布公共空间

图 18

通过公共空间的打散，实现了幼儿园每层活动空间的扩大。不管在哪儿，打开教室门就是活动区（图 19）。

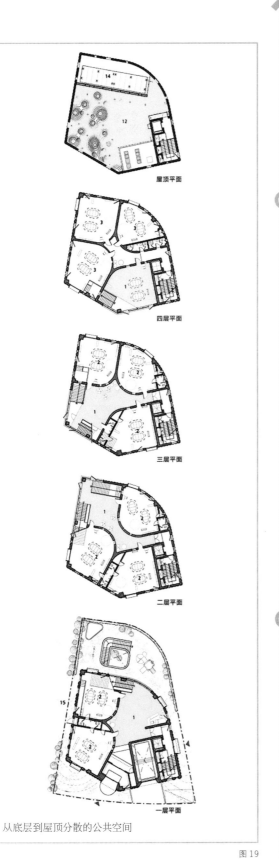

从底层到屋顶分散的公共空间

图 19

分散的公共空间通过活动台阶连接（图 20）。

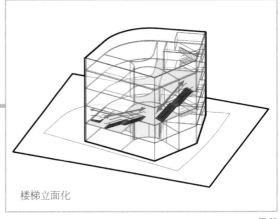

楼梯立面化

图 20

楼梯的连接使各层活动空间成为整体，熊孩子们有了充足的奔跑空间（图 21）。

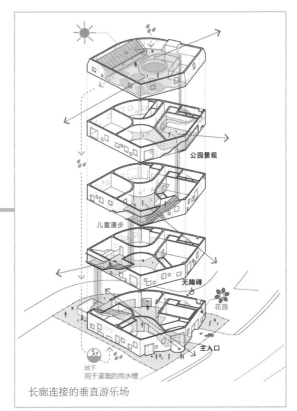

长廊连接的垂直游乐场

图 21

第三招：物尽其用

家中就这么点儿值得炫耀的东西，得让大家都看见才行。于是在立面上沿着各层公共空间开窗，这也是在外围视觉上放大建筑的手法（图22）。

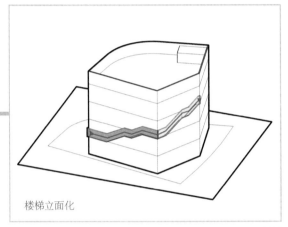

楼梯立面化

图22

联系各层公共空间的楼梯与滑梯相结合，让孩子们打开门就能到达滑梯游乐区（图23、图24）。

图23

图24

第四招：通而不达

延长的流线扩大了体验，但孩子们终究免不了进入各自小小的教室。为了避免重新被打回现实，不如假装到底。教室不仅在朝外的界面开窗，也向室内公共空间开窗，在视线上努力扩大孩子的感知，这样教室和公共活动空间互帮互助，都获得了更多的可以感受的空间。这就是我国古典园林中常说的"通而不达"，对同一个空间来说，"去了"是一种感受，"看得见去不了"又是一种感受，于是空间体验也就加倍了（图25）。

室内空间互相开窗

图25

第五招：缺什么就炫什么

1. 教室数量少

建筑公共空间的打散的确延长了内部活动的流线，但是室内空间依然很有限。长时间待在屋里，熊孩子们还是会想看看外面的世界。那怎样让小小的房间里可以看到更多的世界呢？这里就用到了视线限定的方法（图26）。

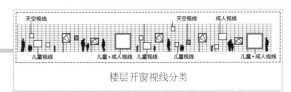

图26

建筑立面的窗户被分为四个尺度：成人视线高度、儿童视线高度、天空视线高度、儿童和成人共用视线高度（图27）。

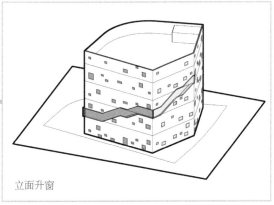

立面升窗

图27

这不仅丰富了建筑内部的视线，也丰富了建筑对外的展示。原本一个尺度的窗口就能搞定的，偏偏要用四个尺度的窗口，模糊了原有楼层的形象，给人一种这里有好多好多教室的错觉。

2. 苗圃基地少

说好的种植苗圃呢？建筑师再厉害也变不出新的空间了吧。

但孩子们的事绝对不能含糊，苗圃的主要作用是为幼儿创造认识自然的条件，新的空间是找不到了，因此，设计师在幼儿能够接触的墙脚设置了垂直苗圃区（图28）。

图28

这样，苗圃就成了展示幼儿园形象的一部分（图29、图30）。

图29

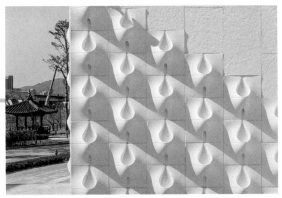

图 30

屋顶花园和墙体苗圃让幼儿园在周围高耸的住宅楼面前一点儿也不输气场，丰富的空间形象让建筑格调满满（图 31）。

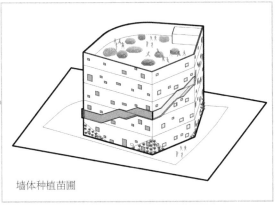

墙体种植苗圃

图 31

这就是由 Jungmin Nam 设计的位于韩国首尔的花朵幼儿园，整条街上最靓的仔（图 32、图 33）。

图 32

图 33

这个设计实在说不上有什么了不起的理念、理论和想法，就是细细碎碎地把能为孩子们想到的都想到了而已。有些设计靠智商，有些设计靠情商。靠智商可以考第一，而靠情商，会得到幼儿园的小红花。

图片来源：

图 1、图 2、图 16、图 21、图 23、图 24、图 26、图 29、图 30、图 32、图 33 来源于 https://www.archdaily.com/782889/flower-plus-kindergarten-oa-lab?ad_medium=gallery，其余分析图为作者自绘。

END

建筑大师也躲不过的职业危机

图 1

名　称：瑞士阿罗萨健康中心（图 1）
设计师：马里奥·博塔建筑事务所
位　置：瑞士·阿罗萨
分　类：公共建筑
标　签：自由平面，三角形
面　积：5300m²

建筑师的职业特点不是歹，而是老。你觉得还挺先锋的建筑大师们其实都已经到了可以跳广场舞的年龄了。库哈斯 76 岁，妹岛阿姨 64 岁，还像个孩子的大 B 哥比亚克·英格尔斯芳龄 46 了，而最新一代的藤本壮介也已经 49 岁了。

出名要趁早，但对建筑师来讲，年龄不是问题，年薪才是距离，反正 30 岁和 70 岁长得也没啥大区别。老年人 C 位走花路更精神，大不了就在咖啡杯里多放几颗枸杞。所以，年龄危机不可怕，可怕的是年龄大了又被时代抛弃了，俗称：过时。

在"过时"面前，人人平等，再神的大师也无法裹挟潮流，逃过时代的洪水，比如马里奥·博塔，这位真的是教科书里经典的必考大师了。我们熟悉的博塔的设计作品是图 2 这样的。

图2

红砖，红砖，还是红砖，全是红砖，以及各种对称。说真的，这些房子搁在当代别说是马里奥·博塔设计的，就是超级马里奥设计的也是妥妥的过时了。所以，摆在博塔先生面前的有两条路：一、做个安静的美大师，教教书、讲讲课，享受人生；二、赌上半辈子的名声继续做设计。

其头博塔先生并没有纠结多久，因为甲方又来了。

瑞士一个相当高档的酒店 Tschuggen 想盖一个健康中心，流行的说法叫水疗中心。中心以水疗为主打项目，还包括室外桑拿、日光浴室、泳池以及所有五星级酒店都有的健身设施和护理美容室。

基地位于森林环绕的自然山地之中，附近一圈也都是非常非常高档的酒店（图 3）。

图3

高档甲方："知道这一圈酒店为啥这么贵吗？卖的就是周围这一片带树的奢侈山景房，夏天是快乐氧吧，冬天能快乐滑雪，所以咱们这个 SPA（水疗中心）得低调，不能挡住我的酒店和后面的那片山，你说是吧？但话又说回来，花了钱总得听个响儿，也得让客人来了一眼就看出俺们酒店和旁边的都不一样，能把人都吸引来，这钱才花得值啊。"

总结：我要一个既低调又高调的五星级 SPA。

第一步：强行低调

为了不挡住珍贵的山体，把大部分房间隐藏在地下，要非常真诚地把建筑伪装成山体的一部分（图4、图5）。

图4

图5

把功能顺着坡地排布进去（图6）。

图6

加上建筑内部的交通（图7～图9）。

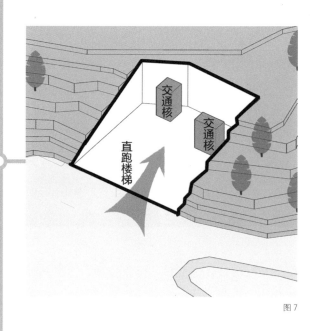

图7

图 8

图 9

新建筑可以通过玻璃走廊与现有酒店连接（图10）。

图 10

最后把退台式屋顶稍作调整，保持从上到下贯穿的视线（图11）。

图 11

再加上覆土层，种上花花草草。够低调了吧。真正做到了山长啥样我啥样，坚决不能挡着甲方赚钱（图12、图13）。

图 12

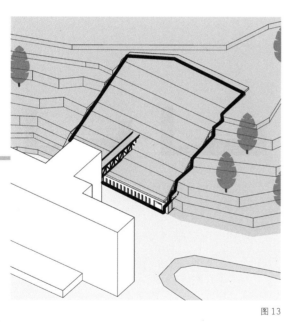

图 13

第二步：开始高调

任何建筑实体的出现都会阻挡酒店建筑和环境的交流，不挡是不可能的，但要高调，也不可能不让人看见。所以，我们要做的就是既得让人看见，又不让人反感，最好还觉得树林更美了才好。

策略 1：

根据视觉心理学的说法，形状和方向会产生视错觉。同样在面前挡个东西，三角形的膨胀感最小，让人觉得对视线的遮挡最小（图 14、图 15）。

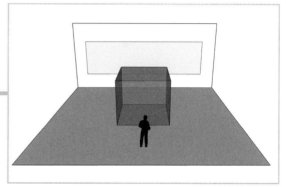

图 14

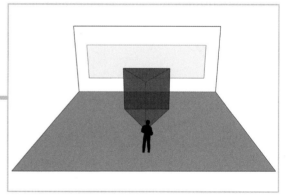

图 15

所以，在坡地切面处画三角形作为采光天窗，获得最大进光量（图 16）。

图 16

策略 2：

怎么才能让人不反感还觉得树林更美了呢？答案就是把自己变成森林里最靓的树（图17～图20）。

图 17

图 18

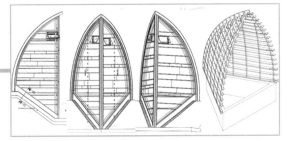

图 19

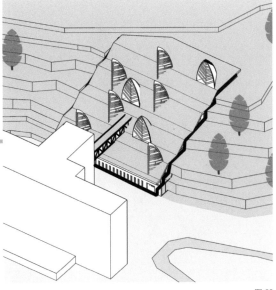

图 20

第三步：解决设计产生的问题

等一等，提个策略就甩手走了还算什么大师？不会填坑的建筑师不是好厨子。为了支撑起巨大的三角形天窗结构，把内部的柱网也调节成三角形（图21）。

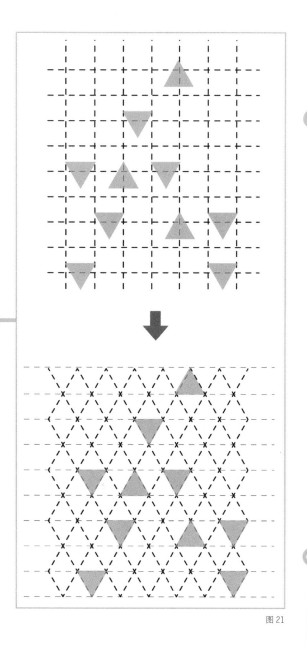

图 21

但把柱网搞成三角形的，房间怎么用？

策略1：
直接做一个大空间，大家随便用，别客气（图22）。

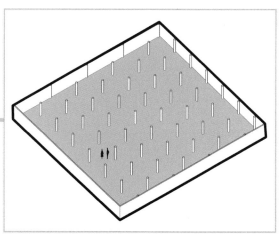

图 22

清醒一点儿，这是五星级 SPA，不是你家门口大澡堂子，要的都是单独服务。

策略2：
顺着柱网排房间，和上面天窗的结构逻辑一致（图23）。

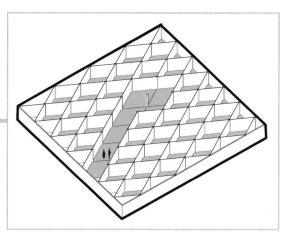

图 23

但空间全是各种锐角啊！锐角空间真的很难用啊，朋友！

策略 3：
三角形柱网和长方形房间真的不兼容吗？是时候让你们见识一下现代主义大师真正的技术了（图 24 ～图 27）。

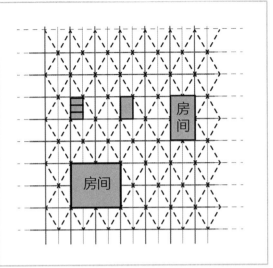

图 26

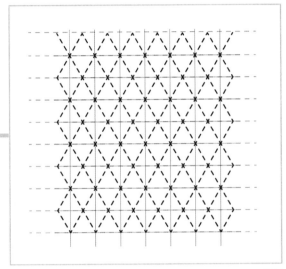

图 24

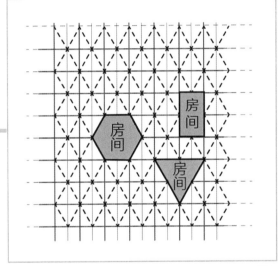

图 27

其实想怎么连就怎么连，这就叫自由平面，懂吗？忘了的同学请自行抄写柯布西耶"新建筑五点"一百遍。

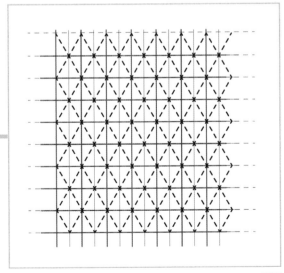

图 25

小房间可以连成规整的方形，大空间保持开放，结合上部的三角形采光天窗，围合成采光井（图28）。

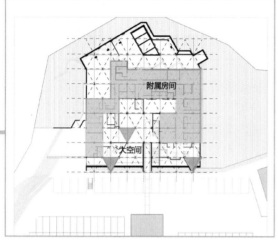

图28

灵活搭配，干活不累（图29～图33）。

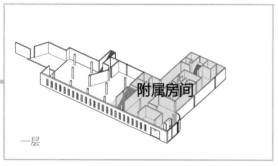

一层

图29

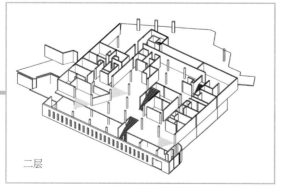

二层

图30

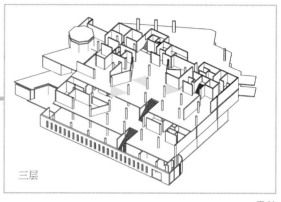

三层

图31

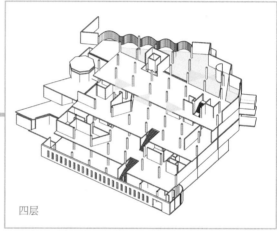

四层

图32

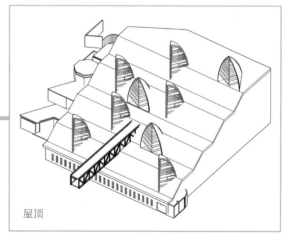

屋顶

图33

这就是马里奥·博塔建筑事务所设计的瑞士阿罗萨健康中心。有点儿让人不敢相信，这么"网红脸"的建筑，竟然是马里奥·博塔老爷爷设计的（图34～图36）。

图 34

图 35

图 36

由此看来，面对面前的两条路，博塔先生还是选择了第二条，继续做设计，并且成功转型。

一个建筑师"转型"的前提是要"有型"。博塔先生之所以能成为大师，是因为他有一套风格鲜明的个人建筑语言：对称的平面布局、简洁的几何形体、封闭而厚实的墙、用于采光和选景的狭缝、置于中轴上的垂直交通、顶部的天窗等。这次的网红建筑看似是360°转型，其实处处都是过去的影子。

好的空间永远不会过时。内部退台加连续变化的天窗，在哈廷办公大楼等建筑内都不知道用过多少次了，现在依然可以拿来继续用（图37）。

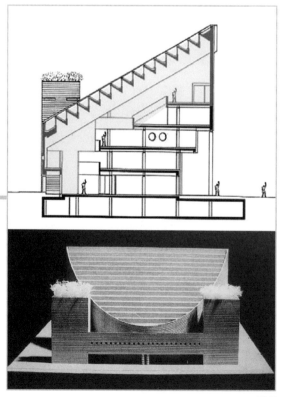

图 37

顶层的窄缝结合采光天窗，和下面砖砌的弧墙横向线条形成丰富的光影效果（图38）。

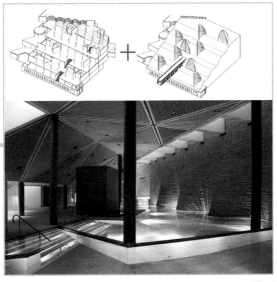

图 38

但也有与时俱进的改变，比如，依然保留了几何中心对称的建筑美学观点，只不过把他用在了更小的尺度上，也就是把原来形态布局上的大对称，变成了局部细节的小对称。大对称是理念，小对称是趣味（图39）。

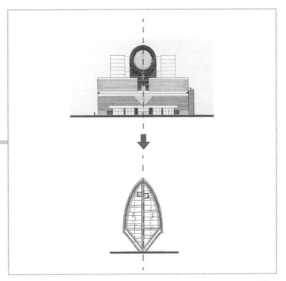

图 39

建筑材料上减少了已经没有时代性的单一的红砖，而是以当代建筑中常见的流线型钢筋和玻璃结构代替（图40）。

图 40

做建筑，人可以老，心不能老。

美是不会过时的，转型也不是要完全抛弃过去的自己，而是随着时间的推移尝试更多的可能性。博塔先生在保持自己原有水平创作的同时，也在不断进行新的尝试（图41）。

图 41

在一个激荡的时代，有时候不是你做错了什么
会被淘汰，而是你不去做什么，转眼就被淘汰
了。但时间不会为谁放慢节奏，我们只能打起
精神，抹着泪，踉跄着追上时代的步伐。

图片来源:

图 1 来源于 https://mymodernmet.com/mario-botta-
tschuggen-berg-oasewellness-centre-spa/，图 17 来源
于 https://www.pinterest.com/pin/188517934372182808/，
图 19 来源于 http://fachowydekarz.pl/zagle-swietlne-
na-zboczu/，图 34 来源于 http://www.botta.ch/en/
SPAZI%20RICREATIVI?idx=5，图 35、图 36 来源于 https://
mymodernmet.com/mario-botta-tschuggen-berg-
oasewellness-centre-spa/，其余分析图为作者自绘。

END

学校烧了怎么办？接头暗号：麦金托什

图1

名　称：新格拉斯哥艺术学校索纳雷德大楼（图1）
设计师：斯蒂文·霍尔建筑事务所
位　置：英国·格拉斯哥
分　类：学校
标　签：光线
面　积：11 250m²

月黑风高时，熬夜赶图天。算算口了，明天交了图就可以准备毕业典礼开启"嗨皮"时刻啦！英国格拉斯哥艺术学校的毕业生们正在这最后一个通宵夜里兴高采烈地讨论着即将到来的幸福生活——究竟是先补一下睡眠，还是先补一下美剧呢？

然而，一场大火从天而降（也不知从哪里冒出的火）为所有的纠结画上了句号。当大家发现着火的时候，已经控制不住火势了，只能纷纷逃离，先保住小命要紧。

所幸，这场大火并没有造成人员伤亡。但是，人跑了，图还在！"图纸们"损失惨重，第二天要交的毕业设计几乎都葬身火海。于是，就出现了数千学子看着大楼燃烧哭天喊图的悲惨景象（图2）。

图2

当然，光哭是没啥用的。校长当机立断，全部学生延期毕业重新画图。这真是一个比悲伤更悲伤的故事。

同时，学校还发起了新格拉斯哥艺术学校国际设计竞赛。对，就是国际竞赛，因为烧掉的这座教学楼可不是一般的教学楼，而是相当不一般（图3）。

图3

时间回到120多年前的1896年，格拉斯哥市一位28岁的年轻小哥接到了他人生中的第一个大型建筑项目，为当地的艺术学校建一个新校舍。当时的欧洲正处于新旧变革的激荡时期，工业革命恨不得对封建社会的一切斩草除根，而旧时代的遗老遗少瘦死的骆驼比马大，也决不认输。但我们这位28岁的设计师对这一切都不在乎，因为他都不喜欢：新的工业风格太蠢笨，而老的古典风格又太繁复。于是，小哥琢磨着能不能搞一个新的风格，既运用新技术、新材料，又强调手工艺，最好还有点儿小清新。

这一琢磨不要紧，直接琢磨出个格拉斯哥风格，跑步进入当时最红的"新艺术运动"圈，并成为"英国群"的群主。这位小哥就是现代艺术史上大名鼎鼎的麦金托什。而这座他初试牛刀的格拉斯哥艺术学院校舍也成了新艺术运动在英国的建筑代表作，也就是前面一把火烧了的那个（图4）。

图4

这样一个有身份的经典建筑被烧毁自然令人痛心疾首，所以校方对新格拉斯哥艺术学校索纳雷德大楼设计竞赛的唯一要求就是——致敬。

新建筑一定要表达出对老建筑的充分敬意，其他的就随便吧，我们实在太伤心了，也想不出什么要求了。好吧，那我们就先来看一下麦金托什的建筑有什么特点。

首先是装饰上，为了响应工业化时代材料和大规模生产的需要，门窗等构件全部采用铁制直线元素（图5）。

图5

工业革命早期，玻璃仍未普及，人们对光的运用还不太多。而麦金托什创造性地采用三角形玻璃天窗和侧高窗进行采光，堪称运用玻璃的典范和先锋，为自己在建筑史中留下了浓墨重彩的一笔（图6、图7）。

玻璃天窗

图6

屋顶侧高窗和大面积玻璃窗

图7

这些我们现在看来稀松平常的设计在当时可是石破天惊的手笔。所以，一切脱离时代背景的建筑评价都是耍流氓。

那么问题就来了：无论当时多么石破天惊，今日也是寻常，怎么能把这些现在随处可见的东西设计出闪闪发光的敬意呢？

新大楼就选址在被烧毁的老格拉斯哥艺术学校正对面，基地长76m，宽28m（图8）。

基地尺寸

图 8

基地里有一栋幸免于火灾的属于老格拉斯哥学院的三层小楼（图 9）。

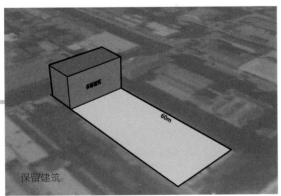

保留建筑

图 9

致敬 1.0：模仿

我们致敬一位歌唱家，会去模仿他的唱腔；致敬一位书法家，会去模仿他的字体。那么致敬一座建筑，也是同理，我们可以模仿它的空间布局（图10）。

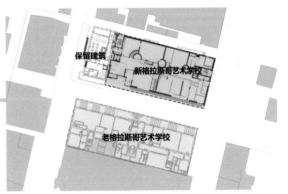

图 10

所以，我们根据以前的平面布局方式在走道的两端布置交通核，在走道的两边布置功能用房，创造布局的熟悉感（图11）。

083

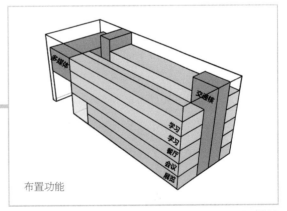

布置功能

图 11

致敬 2.0：创造

功能排好后，形体内就只剩下一个很窄的中庭空间（图12）。

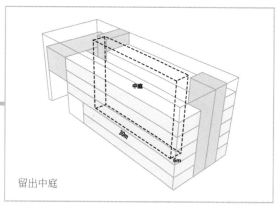

留出中庭

图12

我们前面说了，麦金托什在当时的时代背景下对光线有了创新性的运用，那么，在我们这个时代对光线的创新性运用又是什么？

如果说麦金托什是将自然光大面积地引入空间，类似于给千家万户装上了电话；柯布西耶、路易斯·康、安藤忠雄等人就是将光塑造成了空间符号，也就相当于进入了手机时代，电话成为身份的象征（图13）。

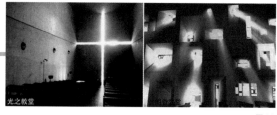

光之教堂

图13

那么我们这个时代，光就应该成为智能手机，随时随地与你互动，成为你认识世界的主要工具。

第一步：在中庭加入三个新功能区——交流区（图14）

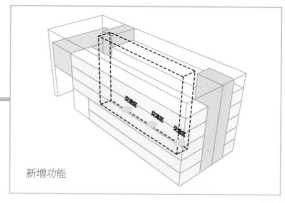

新增功能

图14

第二步：在新功能区中引入光线，将光转译为空间，创造出光庭（光线驱动器）（图15）

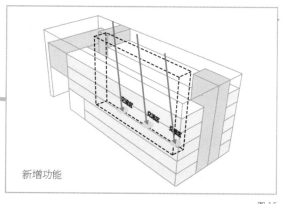

新增功能

图15

引入光线并不困难，困难的是让光线被感知。<u>画重点</u>，我们要对光线形态进行限定。换句话说，安藤忠雄这些大师们是对光进行了二维形状上的限定，而我们现在要对光进行三维形态上的限定。

第三步：将光庭封闭

封闭光庭这个点很重要，它将光的空间与其他空间分离，自身组成了一个独特且完整的系统。拿小本本记好了，按需使用（图 16）。

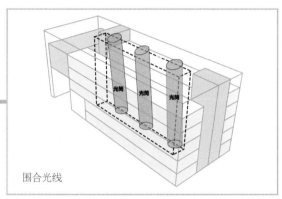

围合光线

图 16

用反光能力和聚光能力强的白色来进行封闭表皮的涂刷，增强光的感知力（图 17）。

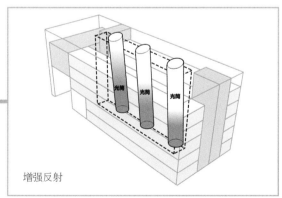

增强反射

图 17

我们知道，在一天中的不同时刻，随着天空中太阳照射角度的变化和云层的变化，光线的明暗会发生变化，同时，随着空间的逐渐深入，有光线射入的部分会越来越少。所以，为了增强光的存在感，一种反光能力强的材质必不可少（图 18）。

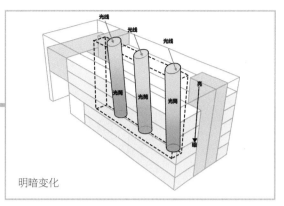

明暗变化

图 18

第四步：用光线驱动流线

如何全方位地在这个只有 6m 进深的中庭里体验光空间的变化是流线设计的重点。这个时候，我们可以想象一下江南园林，虽然有的很小，但行走其中却是步移景异。但如果把所有遮挡去掉，一切景观一览无余，你还会觉得有意思吗？就是因为植物、假山等小品的遮挡和阻隔，让你绕啊绕，时而能看到，时而看不到，在每一个场景里都有新的体验，我们才觉得有意思。同理，这里运用的手法也主要是隔和露。

按照自然层将光庭分割（图 19）。

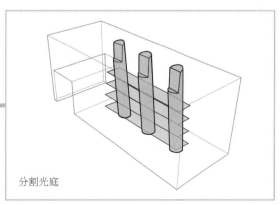

分割光庭

图 19

层与层之间用楼梯连通（图 20 ）。

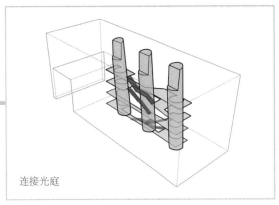

连接光庭

图 20

然后开洞，让光线来引导流线的行进，从而
产生桃花源般的体验——仿佛若有光。人在行
走的时候不仅可以感受到光线的明暗变化，同
时也可以与两侧的功能空间产生视线交流（图
21 ～图 31 ）。

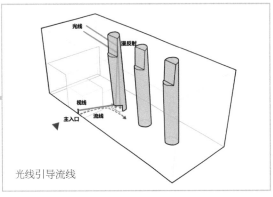

光线引导流线

图 21

图 22

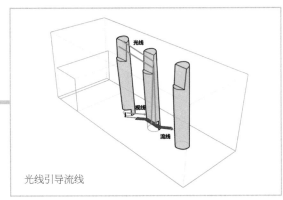

光线引导流线

图 23

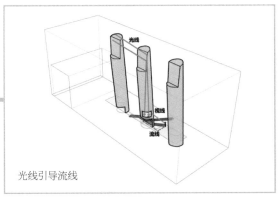

光线引导流线

图 24

图 25

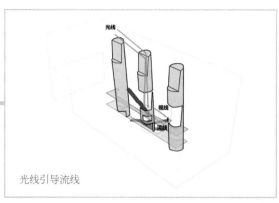

光线引导流线

图 26

图 27

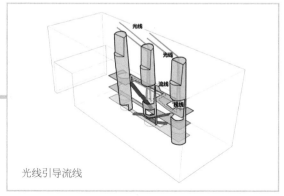

光线引导流线

图 28

图 29

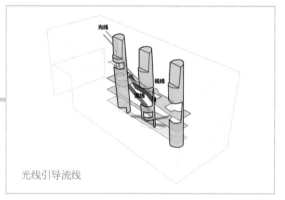

光线引导流线

图 30

087

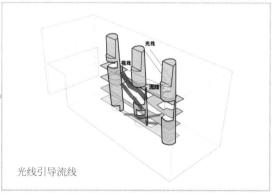

光线引导流线

图 31

当然，在光庭上开洞还有一个好处，就是通风（图 32）。

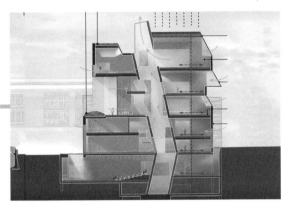

图 32

物理知识点：光筒（烟囱）的顶上气压大，底下气压小，在光筒的下部开洞与建筑内部连通起来，整个建筑就会形成一个通风回路。风从建筑的表皮窗户进入建筑，会通过光筒流出，从而形成一个能够源源不断送风的系统。

第五步：立面设计

根据功能块的布置将建筑包裹起来（图 33）。

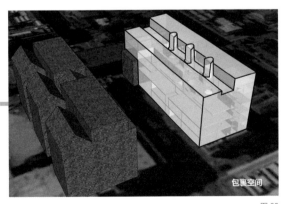

图 33

在保留建筑与新建筑连接处创造玻璃界面，一方面柔化连接方式，另一方面具有观景的效果（图 34、图 35）。

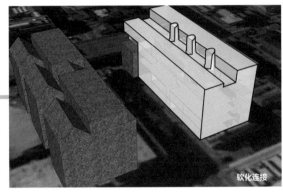

图 34

图 35

在面向老建筑的地方，使形体内凹，创造最佳观赏距离（图 36）。

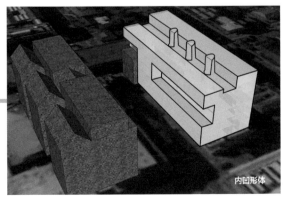

图 36

将北面墙体开窗的位置倾斜，增加北面空间的采光量，也顺便致敬麦金托什的高侧窗（图37、图38）。

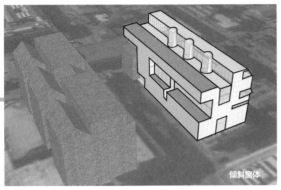

图37

图38

这就是斯蒂文·霍尔设计中标的新格拉斯哥艺术学校索纳雷德大楼（图39、图40）。

图39

图40

但要我说，霍尔也算有心机，"光线引导流线"本就是他的惯用套路，借着致敬的名义再次给自己打了广告。所以，打铁还得自身硬。只要你方案做得厉害，就有人排着队帮你来解释设计。

另外，2014年的大火之后，校方在建造新楼的同时也修复了麦金托什的老楼，修了整整5年，本打算赶在2018年9月纪念麦金托什诞辰150周年的时候重新开放，然而，老楼在同年6月却又突遭大火，烧得只剩框架。

这世上大概不会有永恒的建筑了，但好在还可以有永恒的建筑师。

图片来源：

图1、图10、图22、图25、图27、图29、图32、图35、图38～图40来源于 https://www.archdaily.cn/cn/775843/ge-la-si-ge-yi-zhu-xue-yuan-zhi-suo-na-lei-de-da-lou-steven-holl-architects?ad_source=search&ad_medium=search_result_all，其余分析图为作者自绘。

END

做一个躺平任嘲的建筑师，到底有多难

图 1

名　称：爱可泰隆商务中心（图 1 ）
设计师：赫尔佐格和德梅隆建筑事务所
位　置：瑞士·巴塞尔
分　类：办公建筑
标　签：形式自由，搭接
面　积：27 470m²

俗话说，只有渣建筑师，没有渣建筑。水平再差的"画图狗"都不会承认自己的方案差。我拼了命、熬了夜、秃了头，你们知道我有多努力吗？你可以侮辱我的人格，但不能侮辱我的设计！

但人无完人，图无完图。每个建筑师都有自己擅长和不擅长的方面，这本是客观事实。擅长的就好好发挥，不擅长的就好好藏起来——见面还能故作谦虚地互相捧着聊，其乐融融，天下太平。

然而，有人的地方就有朋友圈，有朋友圈的地方就有鄙视链。

就如我们前面提到过的那样，在建筑师这里，就是玩空间的看不起玩结构的；玩结构的看不起玩形态的；玩形态的看不起玩表皮的；玩表皮的觉得你们根本不懂高科技。

所以，一旦你擅长的正好是处于鄙视链底层的表皮，就算玩得再花里胡哨，心里总归还是会有点儿虚。

就像赫尔佐格和德梅隆，明明在表皮界已经呼风唤雨、出神入化、名利双收，普利兹克奖都得了，还要什么自行车（图2）？

图2

可赫尔佐格和德梅隆这俩硬核大兄弟觉得，自行车可以不要，但空间界还是要闯一闯的。那么问题来了：怎么闯？走心还是走肾？总不能只走嘴吧？硬核兄弟就是决定先走嘴——先搞出一个空间概念来。

好，快问快答。

问：你觉得建筑是奢侈品还是日常品？

答：日常品吧。

问：日常品什么样的状态最舒服？

答：随便堆放。

这就是硬核兄弟的空间概念：堆叠原则。

既然随便堆放的东西让人们感觉舒服，那么随便堆放的空间也可以（图3）。

图3

但是要闯荡空间界，光有一个概念还远远不够，更重要的是你要有一个愿意花钱让你折腾的甲方，这才是刚需。

好在硬核兄弟出道多年，粉丝一大把。很快就有一个资金充裕、场地充裕，什么都不要就要他们签名的小粉丝甲方找上了门。

瑞士巴塞尔郊区爱可泰隆集团总部要新建一个商务中心。爱可泰隆集团是瑞士著名的制药企业，财大气粗，盖这个商务中心最主要的目的就是上热搜，营销软文都买好了：硬核兄弟再出奇招，爱可泰隆华丽转身（图4）。

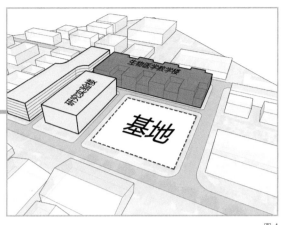

图4

既然是要上热搜，那就注定不能走寻常路了，所以那些排房间、掏中庭的套路可以直接忽略了（图5～图8）。

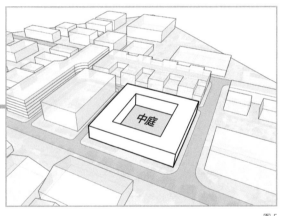

图5

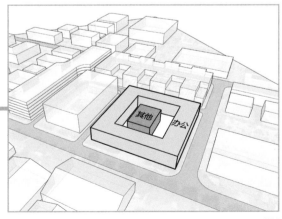

图6

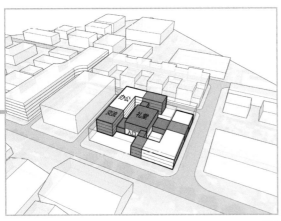

图 7

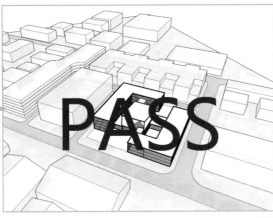

图 8

于是，硬核兄弟也没含糊，开局就放大招——
直接拿出了修炼多时的堆叠大法。

要想随便堆放，先得摆放整齐。硬核兄弟设计
了两种摆放方式：一种是"井"字摆放（图9）；

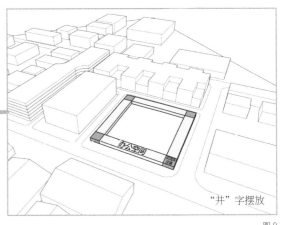

"井"字摆放

图 9

另一种是"十"字摆放（图10）。

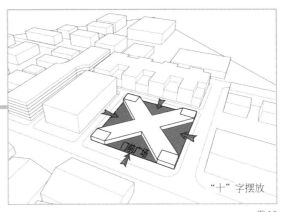

"十"字摆放

图 10

组合两种连接方式，交接处为交流和交通空间
（图 11 ～图 16）。

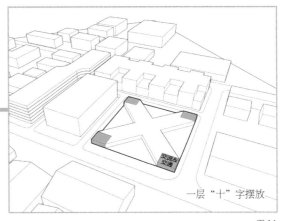

一层"十"字摆放

图 11

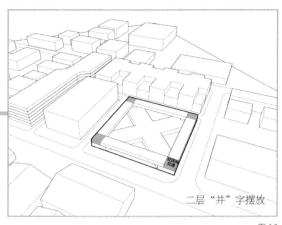

二层"井"字摆放

图 12

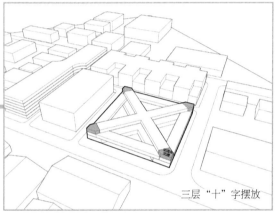

三层"十"字摆放

图 13

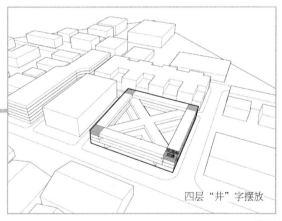

四层"井"字摆放

图 14

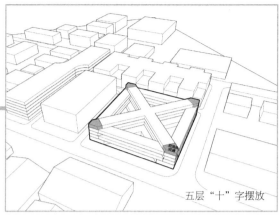

五层"十"字摆放

图 15

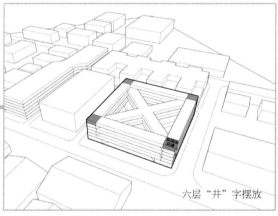

六层"井"字摆放

图 16

然后就是核心操作：灵魂扭动！怎么扭都行，随心情扭。

因为在锚点（交流空间＋交通空间）和连接方式的控制下，怎么扭都扭不出如来佛的手掌心（图 17 ~ 图 19）。

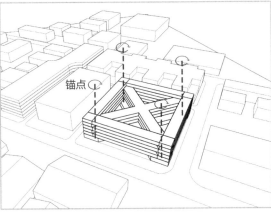

图 17

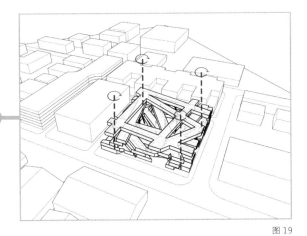

锚点

图 18

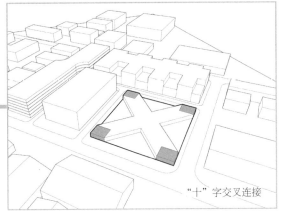

图 19

来看一下具体是怎么扭的。

1. 首层平面（图 20 ～ 图 23）

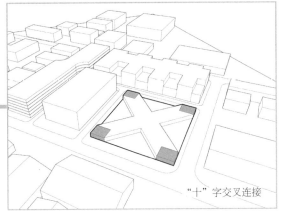

"十" 字交叉连接

图 20

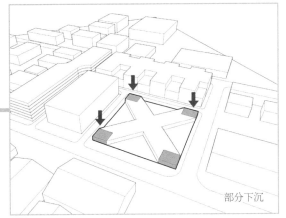

部分下沉

图 21

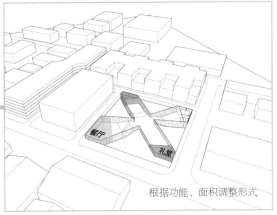

门厅

礼堂

根据功能、面积调整形式

图 22

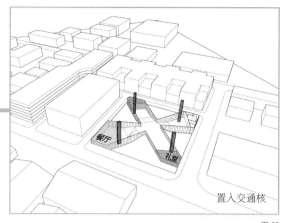

置入交通核

图 23

然后确定锚点——交通核。每层的扭动都要保证核心筒的贯穿（图 24 ～图 29）。

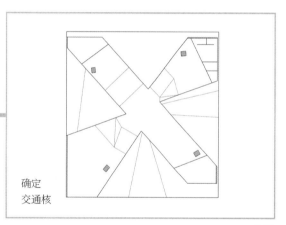

确定
交通核

图 24

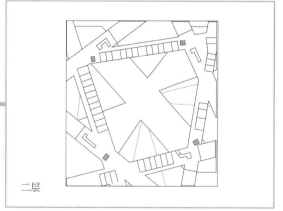

二层

图 25

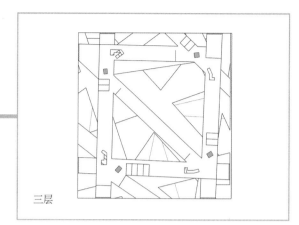

三层

图 26

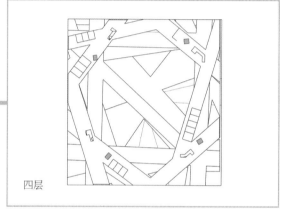

四层

图 27

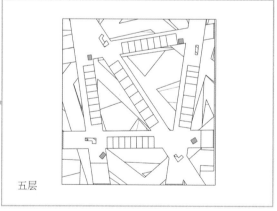

五层

图 28

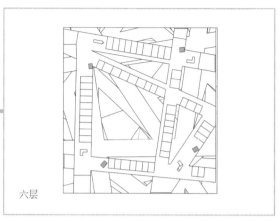

六层

图 29

然后逐层扭动。其实就是做平面文章了，不过是一些旋转、偏移、拉动的手法的反复应用。

2. 二层

"井"字连接—初步旋转—再次扭动—增加体块（图 30 ~ 图 35）。

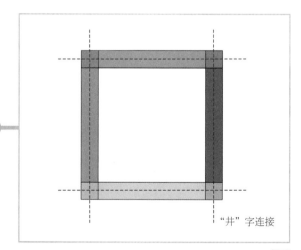

"井"字连接

图 30

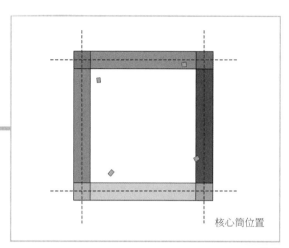

核心筒位置

图 31

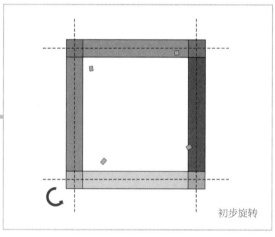

初步旋转

图 32

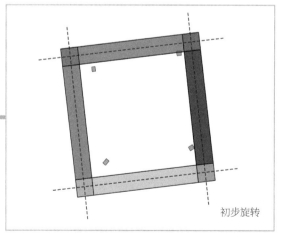

初步旋转

图 33

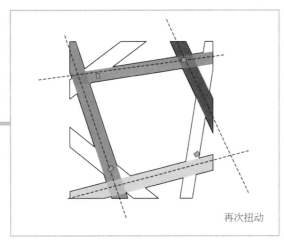

再次扭动

图 34

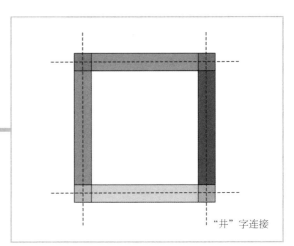

"井"字连接

图 36

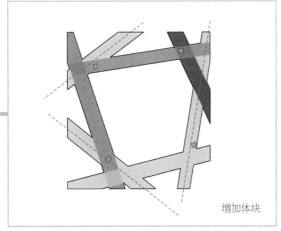

增加体块

图 35

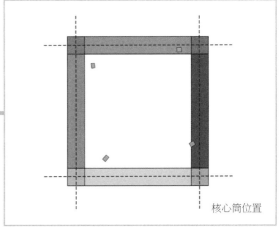

核心筒位置

图 37

3. 三层

"井"字连接—反向旋转—向内收缩—对角连接—增加体块（图 36 ~ 图 42）。

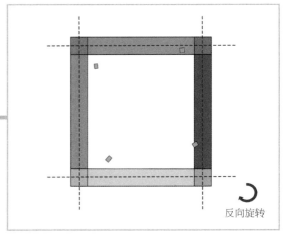

反向旋转

图 38

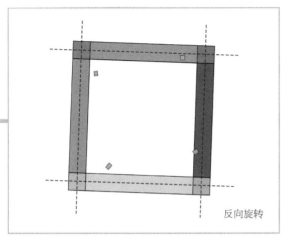

反向旋转

图 39

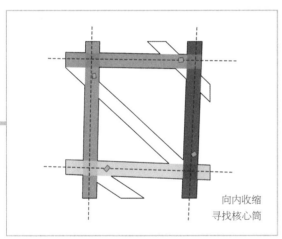

向内收缩
寻找核心筒

图 40

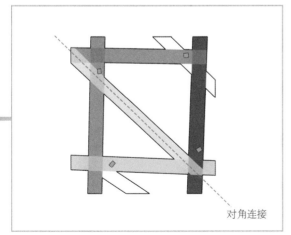

对角连接

图 41

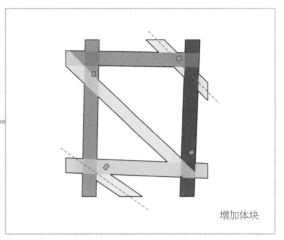

增加体块

图 42

4. 四层

"井"字连接—插入新锚点—拉动新锚点—再次调整（图 43 ~ 图 47）。

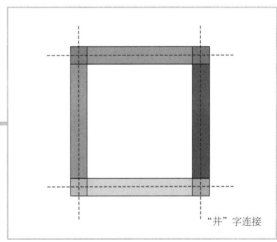

"井"字连接

图 43

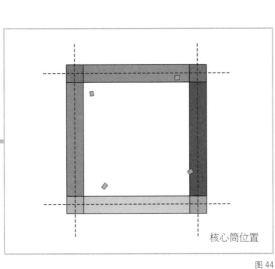

核心筒位置

图 44

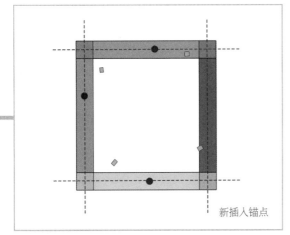

新插入锚点

图 45

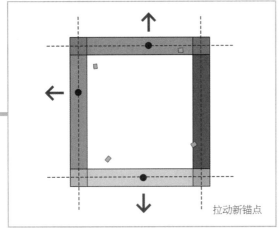

拉动新锚点

图 46

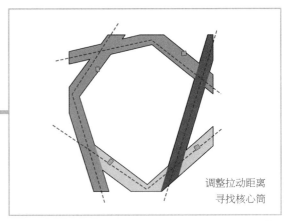

调整拉动距离
寻找核心筒

图 47

5. 五层

"井"字连接—拉动轴线—调整角度—增加体块（图 48 ~ 图 52）。

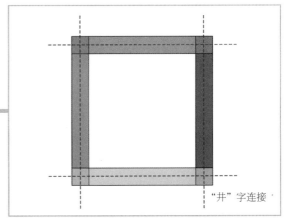

"井"字连接

图 48

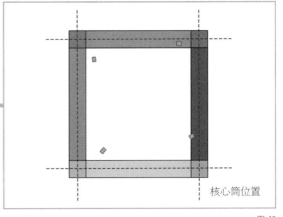

核心筒位置

图 49

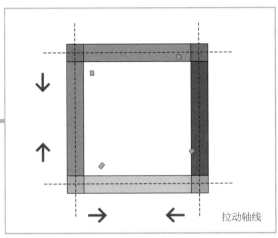

拉动轴线

图 50

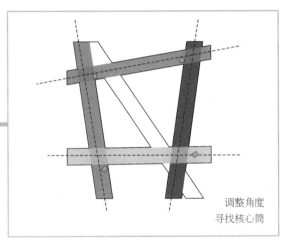

调整角度
寻找核心筒

图 51

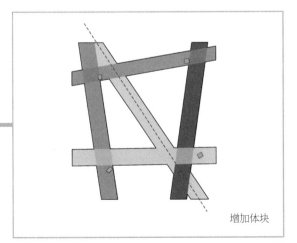

增加体块

图 52

6. 六层

"井"字连接—初步旋转—进一步调整—增加
锚点—与其他锚点连接（图 53 ~ 图 59 ）。

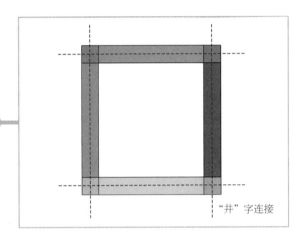

"井"字连接

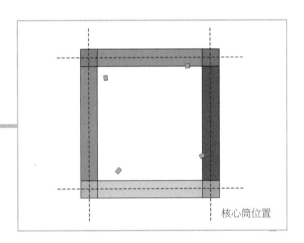

核心筒位置

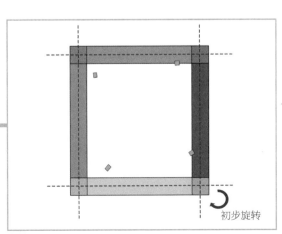

初步旋转

图 55

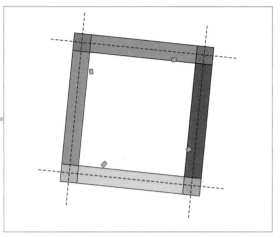

图 56

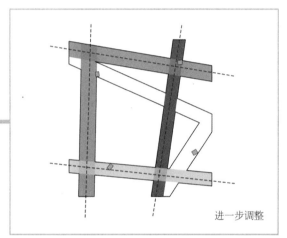

进一步调整

图 57

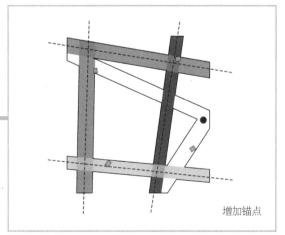

增加锚点

图 58

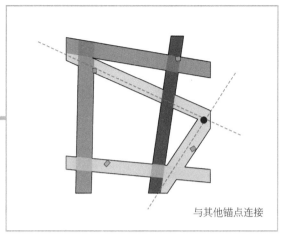

与其他锚点连接

图 59

扭动完毕，然后摞起来（图 60 ~ 图 65）。

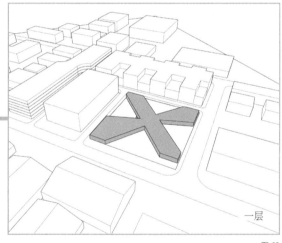

一层

图 60

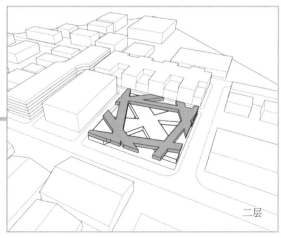

二层

图 61

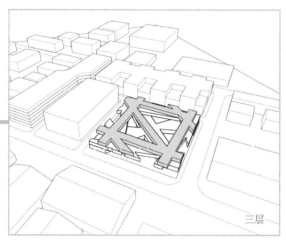

三层

图 62

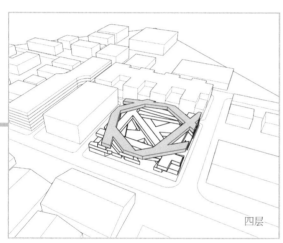

四层

图 63

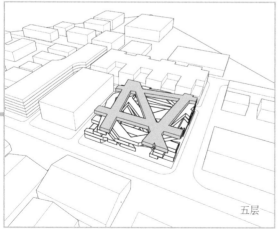

五层

图 64

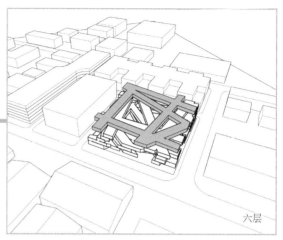

六层

图 65

好了，可以鼓掌了。

值得一提的是，交流空间产生于体块穿插的交点处，那么为了增加交流空间，就可以采用增加交点的方式。比如四层和五层，不仅增加了交流空间，还自然地划分了办公空间（图 66）。

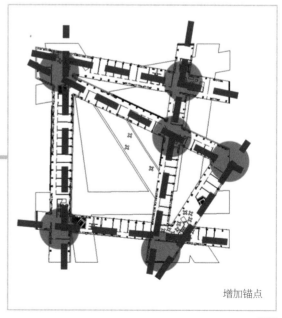

增加锚点

图 66

最后再加上楼板和幕墙表皮，设计就完成了（图67 ~ 图69）。

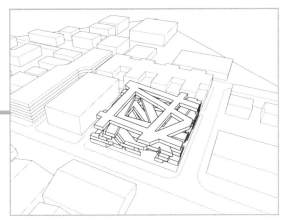

图 67

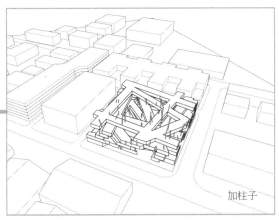

加柱子

图 68

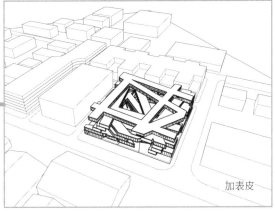

加表皮

图 69

结构上，整个建筑就像是数个"桥梁结构"堆叠在一起（图70）。

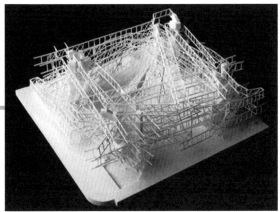

图 70

为了保持结构稳定，也增加了一些竖向斜柱（图71）。

图 71

方案虽然做完了，但问题却没完。如果仅仅是为了一个空间概念就这么兴师动众、劳民伤财地扭来扭去，说破大天也不可能服众。

所以，扭动产生了什么影响呢？

1.扭动之后，上下体量之间必然有了错动，为了避免错动影响下楼梯，楼梯就有了轻微的变形。现在最流行的网红社交楼梯就这么悄咪咪地出现了（图72～图77）。

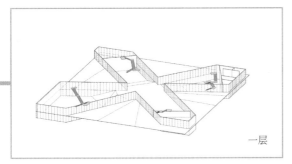

一层

图 72

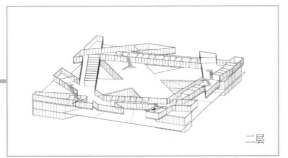

二层

图 73

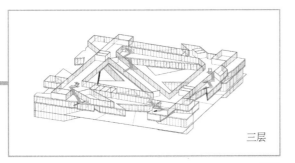

三层

图 74

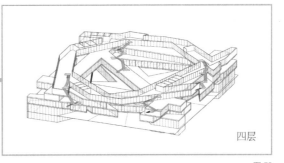

四层

图 75

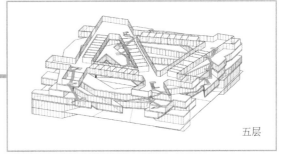

五层

图 76

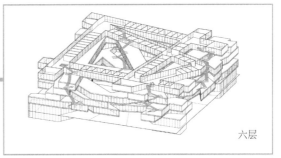

六层

图 77

楼梯增强了端头交流空间的吸引力，同时起到引导、分散人流的作用（图78～图84）。

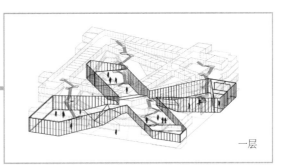

一层

图 78

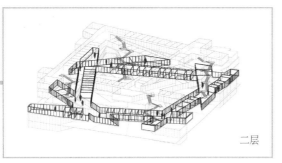

二层

图 79

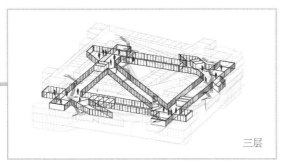

三层

图 80

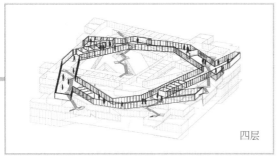

四层

图 81

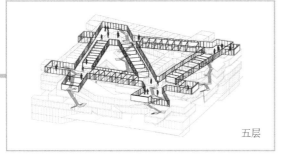

五层

图 82

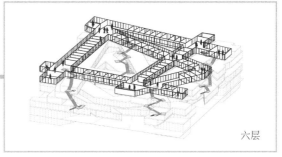

六层

图 83

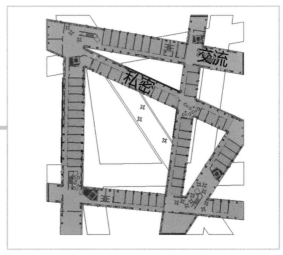

交流

私密

图 84

2. 扭动导致了"桥梁空间"的出头，出头的部分较堆叠的部分相对私密，可用来布置会议间（图 85 ~ 图 92 ）。

交流&交通

会议间

图 85

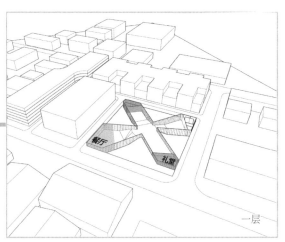

餐厅

礼堂

一层

图 86

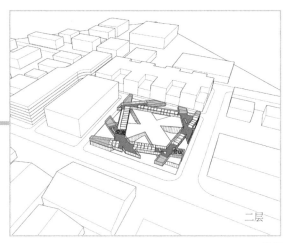

交流

会议

二层

图 87

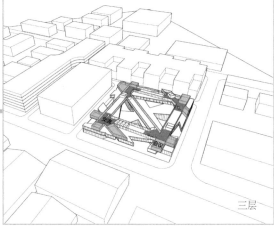

交流

会议

三层

图 88

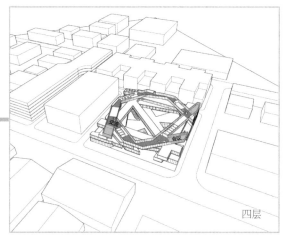

交流

会议

四层

图 89

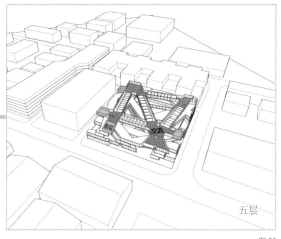

交流

会议

五层

图 90

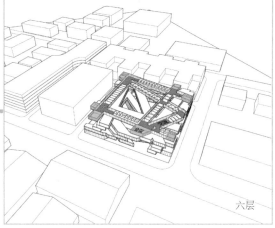

会议

交流

六层

图 91

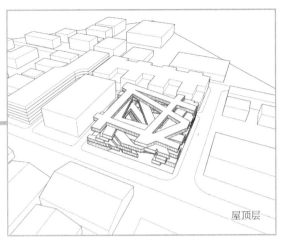

图 92

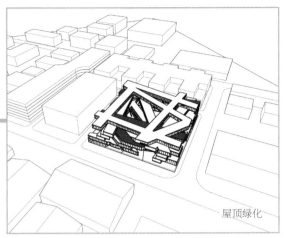

屋顶绿化

图 94

3.将中庭空间"碎化",完整的中庭被"桥梁空间"限定成不同层高的小中庭和小边厅,进一步丰富了空间层次。一些屋顶还可以开放成为上人屋顶或者在上面种植绿化(图 93 ~ 图 96)。

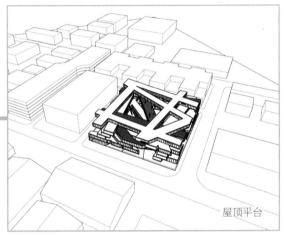

屋顶平台

图 95

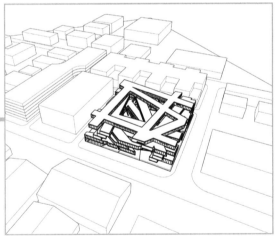

图 93

流动中庭

图 96

4.增加了半限定的外部空间

和通常思路中的紧凑布局相比,堆叠手法编出的篮子无形中为建筑纳入了更多的室外空间(图 97、图 98)。

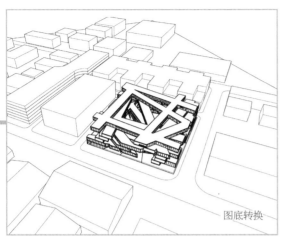

图底转换

图 97

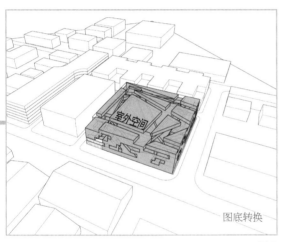

室外空间

图底转换

图 98

这就是赫尔佐格和德梅隆设计的瑞士爱可泰隆商务中心（图 99、图 100）。

图 99

图 100

在有些建筑师那里，承认自己的设计短板，躺平任嘲是永远都不会去想的事。目标能不能实现不知道，力还是要象征性地"努一努"的。因为，努力并不是为了堵住别人的嘴，而是为了不忘记自己的心——一颗与建筑共同跳动的心。

END

承认吧，所谓空间设计很多时候都是无病呻吟

图1

名　称：2020 年迪拜世博会德国馆（图1）
设计师：LABORATORY FOR VISIONARY 建筑事务所（LAVA）
位　置：阿拉伯联合酋长国·迪拜
分　类：展览建筑
标　签：人工智能
面　积：4500m²

在建筑师的鄙视链中，站在顶端傲视群雄的确定、一定，以及肯定是——玩空间的。

在空间建筑师眼里：玩形式的没内涵，玩材料的太肤浅，玩构造的基本都是自娱自乐，至于玩参数化的——你自己高兴就好。

只有空间才是"无之以为用"的真理之剑，是虚实相生里的高岭之花，是影响人类生理与心理行为的终极杀器！这要怪就怪现代主义"四大天王"（柯布西耶、密斯·凡·德·罗、格罗皮乌斯、赖特）在空间之路上跑得太快、玩得太猛，一不小心就给我等后代子孙造成了自古华山一条路的错觉。如果说柯布西耶、密斯当年对空间的追求还是发自肺腑地对战后人民群众物质极大不丰富而产生的爆棚的英雄主义，那么在物质过剩的今天，很多所谓的创造行为、以人为本的空间设计，就真的是无病呻吟了。俗称没事儿找事儿。

比如，已经红到出圈烂大街的立体盒子漫游空间。

简单说就是 n 个小盒子外面再罩一个大盒子，打完收工（图 2 ~ 图 5）。

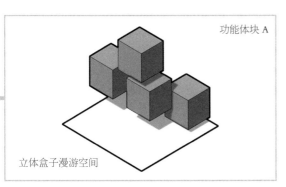

功能体块 A

立体盒子漫游空间

图 2

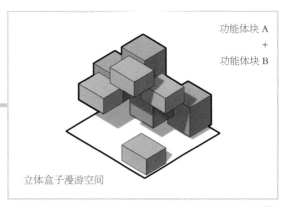

功能体块 A
+
功能体块 B

立体盒子漫游空间

图 3

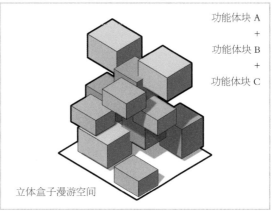

功能体块 A
+
功能体块 B
+
功能体块 C

立体盒子漫游空间

图 4

111

套盒子

立体盒子漫游空间

图 5

但这事儿也是有说法的，我们可以追溯到阿尔多·罗西的《城市建筑学》或者库哈斯参与写作的《S,M,L,XL》。反正就是用规划城市功能的方法来规划建筑功能，从而期望建筑空间内也产生如城市空间内一样闪瞎眼的街角邂逅，转角遇到爱。

理想中有多少恩爱的情侣，现实中就有多少单身狗。友情提示：您的好友杠精已上线。

城市空间中之所以可以不断涌现出复杂的漫游流线与浪漫的邂逅，主要是因为同一条大街上每个人的目的地都是不同的，还有可能随时变化。

8点钟出现在街角咖啡厅的两个人，有可能一个刚上班，一个刚下班（图6）。

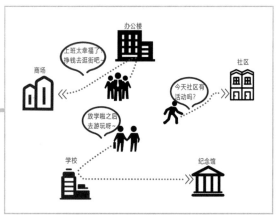

图6

而当我们把这种空间模式复制到建筑中以后就会发现，不管把空间搞得多复杂，想象中的漫游与邂逅似乎都很难出现。因为在同一个建筑中，我们最难实现的不是复杂的空间，而是复杂的目标。

我们拿展馆来举例，将相同使用功能的空间分成几个盒子，只不过是在人们脑中形成了同等级的目标，唯一剩下的问题就是怎么走（图7）。

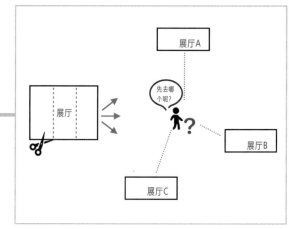

图7

还能怎么走？大部分人都只会选择跟着路标走或者跟着人群走（图8）。

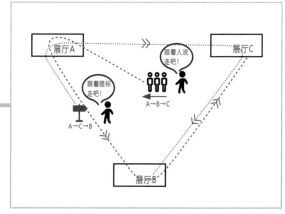

图8

而在这样的情况下，空间设计得越复杂，人们就会越焦虑。路痴们在不断找路，强迫症们则会不断地自我拷问：我真的走过所有房间了吗（图9）？

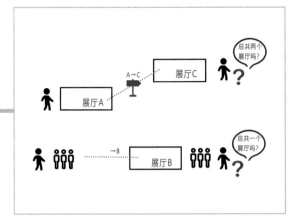

图 9

这就好比你想写一篇特别华丽、特别深刻的歌颂雪花的诗歌，奈何却生活在赤道几内亚。怎么办？最简单的，就是买张机票直飞大兴安岭啊。

这张机票的名字叫作——IAMU。这是德国人最新研究的一项智能信息架构技术，他们本打算在 2020 年迪拜世博会上进行全球首秀。迪拜世博会虽然已经推迟，但准备工作依然进行得如火如荼。为世博会兴建的展览城占地总面积约 438hm²，世博会以"沟通思想，创造未来"为主题，分为三个子主题：机遇、流动和可持续性。德国馆位于"可持续"分区，建筑面积约为 4500m²，是这次世博会中的重点场馆之一（图 10）。

图 10

既然土豪国这么给面子，啤酒国也得展示点儿真正的技术，也就是前面提到的 IAMU。

IAMU 实际上作为一个情报辅助系统已经应用多年，这次是其面对公众使用的全球首秀。德国政府说，IAMU 基于实时定位系统（RTLS），当参观者在展览入口处"登记"时，只要佩戴上他们的姓名徽章，系统就会被激活。这些徽章里将有一个内置的发射器，使 IAMU 能够对每个访问者的实时位置进行探测，随后将与额外收集的数据相结合。例如，参观者在获得他们的徽章后，IAMU 会收集参观者在展馆及其实验室参观的展品数量、兴趣等数据。经过人工智能的分析，人们可以使用这些信息来实现对空间及其交互元素（媒体、光、声音、动力学等）的不同探索。也就是说在德国馆中，这项技术会成为每个参观者的隐形伴侣，根据大家的身高、体重、兴趣爱好、吃没吃饱、上不上厕所等信息定制不同的参观体验方案。

至此，德国世博会场馆建筑竞赛的设计要求就很明显了：就是来秀技术的！

竞赛一经发布，德国政府就放出话来：即使场馆在世博会后会被拆除，也要让全世界知道这项技术是在德国馆首秀的！

4500m² 的德国馆要求有文化实验室、能源实验室、未来城市实验室和生物多样性实验室四个展厅。但这些展厅都不是重点，重点是要体验 IAMU 技术啊。

至此，大家应该也都看出门道了。

敲黑板：IAMU 定制的个人参观方案解决的正是
建筑空间中无法实现的多目的问题。

换句话说，前面提到的立体盒子漫游空间模式
有了 IAMU 这张"直飞大兴安岭"的机票后，就
从无病呻吟进化到有病呻吟模式了（图 11）。

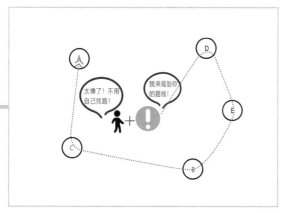

图 11

第一步：空间模块

首先根据功能需求对每个空间进行定制。每个
功能空间生成一个独立存在的盒子，成为同等
级的空间节点（图 12）。

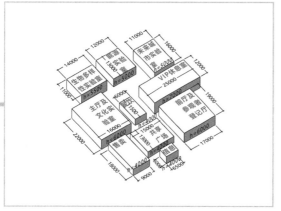

图 12

第二步：套娃空间

对每个功能盒子再次进行功能细分。

针对参观者行为对不同空间尺度的需求，将每
个空间的内部进行不同形式的分割。这样参观
者在盒子内部也可以拥有不同私密度的空间体
验。说白了，就是巧妇难为无米之炊，所以要
尽可能多地提供不同的空间节点，这样才能让
IAMU 计算出更多不同的参观方案。不然总共
就一个展厅，人工智障也会算啊（图 13 ~ 图
17）。

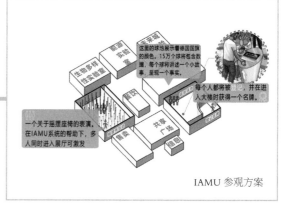

IAMU 参观方案

图 13

IAMU 参观方案

图 14

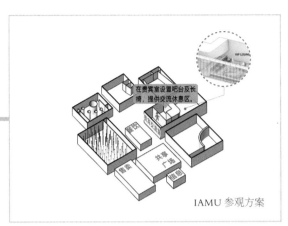

图 15

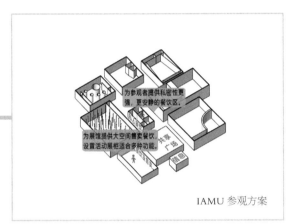

图 16

图 17

再将这些定制模块装进一个大空间里，使参观者在漫步的同时能够随时进行信息共享和交流。用建筑学的话说就是，盒子与盒子之间也是空间。这些空间既增加了空间体验的层次，也增加了技术体验的层次。

第三步：流线定制

根据基地轮廓生成大盒子空间，将空间模块进行三维的分布排列（图18、图19）。

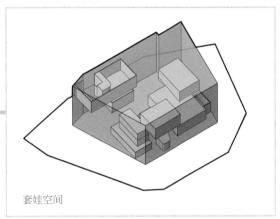

套娃空间

图 18

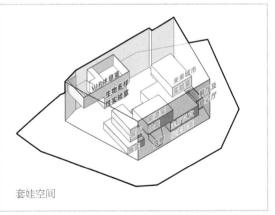

套娃空间

图 19

同时注意将盒子错开，以实现发散的空间分布。同时增加空间内部盒子造型的错落感，以强化每个空间模块的定制特点（图20）。

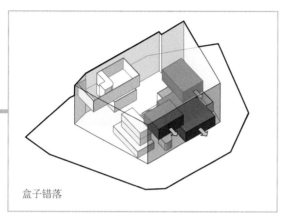

盒子错落

图20

将参观者触不到的工作区插入建筑底层的空隙中，并在工作区上方加入垂直交通（图21、图22）。

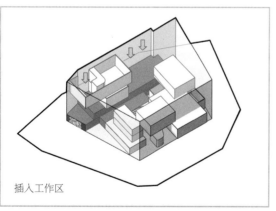

插入工作区

图21

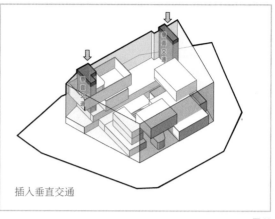

插入垂直交通

图22

堆叠盒子完成后对空间模块进行排列组合，将每两个空间模块之间联系起来，这样盒子之间同样的排列组合就可以形成多条可推荐的路线（图23～图28）。

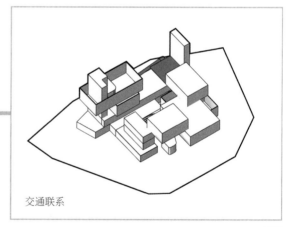

交通联系

图23

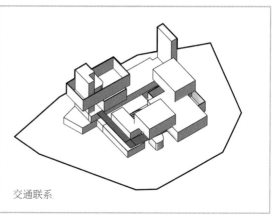

交通联系

图24

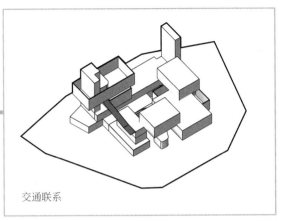

交通联系

图 25

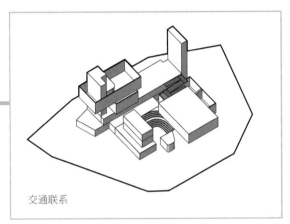

交通联系

图 26

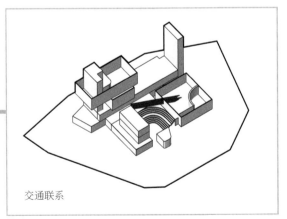

交通联系

图 27

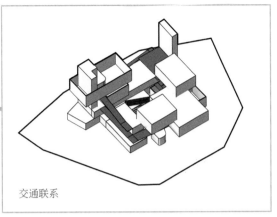

交通联系

图 28

在错落的盒子周围，平台可以生成交流和等候空间，人们在进入盒子前后都处于公共空间中，这样能够加强对信息交流的体验，使技术得到充分发挥（图 29）。

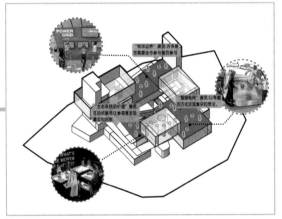

图 29

比如说，一个 23 岁的建筑小哥 Jony 来迪拜做毕业旅行。上午 9 点，他吃过早饭后来到迪拜世博会德国馆，进门就会拿到自己的名牌，开始了拥有 IAMU 技术的个人定制化参观漫游。吃饱喝足的他体力好，但钱不多，又不是相关技术专业人员，所以 IAMU 会给他定制尽可能多的展厅参观，并避开所有纪念品商店，只在结束参观时安排一个快餐节点（图 30 ~ 图 36）。

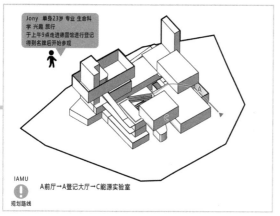

Jony 单身23岁 专业 生命科学 兴趣 旅行
于上午9点走进德国馆进行登记得到名牌后开始参观

IAMU
规划路线

A前厅→A登记大厅→C能源实验室

图 30

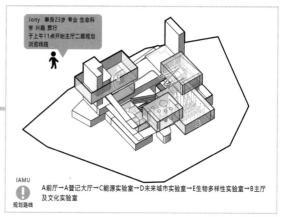

Jony 单身23岁 专业 生命科学 兴趣 旅行
于上午11点开始主厅二层规划浏览线路

IAMU
规划路线

A前厅→A登记大厅→C能源实验室→D未来城市实验室→E生物多样性实验室→B主厅及文化实验室

图 33

Jony 单身23岁 专业 生命科学 兴趣 旅行
于上午9点走进德国馆进行登记得到名牌后开始参观

IAMU
规划路线

A前厅→A登记大厅→C能源实验室→D未来城市实验室

图 31

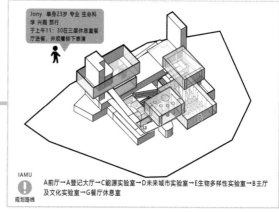

Jony 单身23岁 专业 生命科学 兴趣 旅行
于上午11:30在三层休息室餐厅进餐,并观看楼下表演

IAMU
规划路线

A前厅→A登记大厅→C能源实验室→D未来城市实验室→E生物多样性实验室→B主厅及文化实验室→G餐厅休息室

图 34

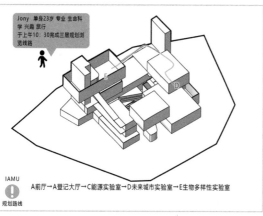

Jony 单身23岁 专业 生命科学 兴趣 旅行
于上午10:30完成三层规划浏览线路

IAMU
规划路线

A前厅→A登记大厅→C能源实验室→D未来城市实验室→E生物多样性实验室

图 32

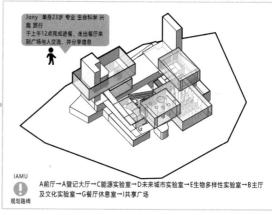

Jony 单身23岁 专业 生命科学 兴趣 旅行
于上午12点完成进餐,走出餐厅来到广场与人交流,并分享信息

IAMU
规划路线

A前厅→A登记大厅→C能源实验室→D未来城市实验室→E生物多样性实验室→B主厅及文化实验室→G餐厅休息室→I共享广场

图 35

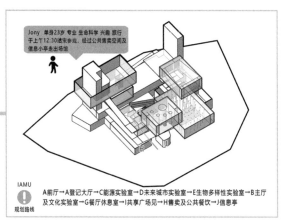

图 36

又比如，结伴同行的 35 岁的 IT 精英 Anna 和 Jolin，两人都是人工智能的崇拜者，她们提前约好了其他重要客人，于上午 10 点到达展馆开始参观。IAMU 为她们避开了不感兴趣的城市文化展厅，并出于对女人是天生购物狂的理解，在参观路线里掺杂了高级餐厅和购物区（图 37 ~ 图 44）。

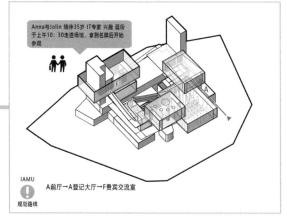

图 37

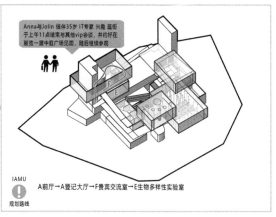

图 38

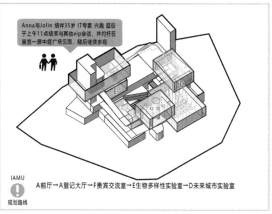

图 39

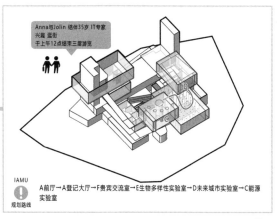

图 40

119

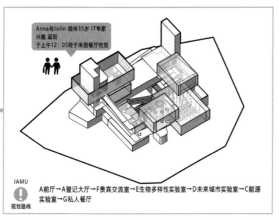

Anna与Jolin 结伴35岁 IT专家
兴趣 逛街
于上午12:05终于来到餐厅吃饭

IAMU
规划路线
A前厅→A登记大厅→F贵宾交流室→E生物多样性实验室→D未来城市实验室→C能源实验室→G私人餐厅

图 41

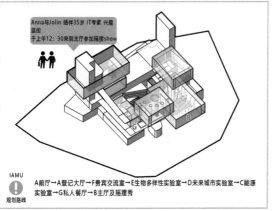

Anna与Jolin 结伴35岁 IT专家
兴趣 逛街
于上午12:30来到主厅参加摇摆show

IAMU
规划路线
A前厅→A登记大厅→F贵宾交流室→E生物多样性实验室→D未来城市实验室→C能源实验室→G私人餐厅→B主厅及摇摆秀

图 42

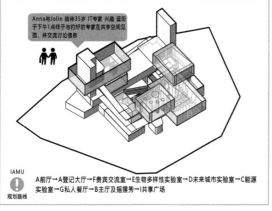

Anna与Jolin 结伴 IT专家 兴趣 逛街
于下午1点终于与约好的专家在共享空间见面,并交流讨论信息

IAMU
规划路线
A前厅→A登记大厅→F贵宾交流室→E生物多样性实验室→D未来城市实验室→C能源实验室→G私人餐厅→B主厅及摇摆秀→I共享广场

图 43

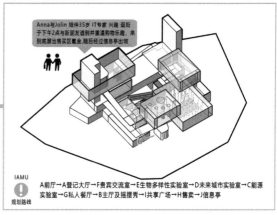

Anna与Jolin 结伴35岁 IT专家 兴趣 逛街
于下午2点与新朋友逛到并置温购物乐趣,来到底层出售区黄金,随后经过信息亭出馆

IAMU
规划路线
A前厅→A登记大厅→F贵宾交流室→E生物多样性实验室→D未来城市实验室→C能源实验室→G私人餐厅→B主厅及摇摆秀→I共享广场→H售卖→J信息亭

图 44

像这样的排列组合存在无数种。IAMU 通过对进馆后每个个体参观者的行动以及其既有身份和兴趣点的分析,给出不同的参观路线。当然,听不听你说了算,但这项技术本身确实在客观上充分激发出了建筑空间的潜能。

完成内部空间后,开始处理建筑造型。

为了使建筑适应中东气候,并使内部空间在外部可见,建筑师将整个建筑打开,用曲面楼板将建筑分为上下两部分。裁剪底部曲面楼板,以适应底层阶梯广场的空间,并选择流动的楼板形态,使得交通空间更加简化,增大公共空间的利用率(图 45 ~ 图 47)。

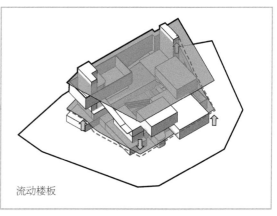

流动楼板

图 45

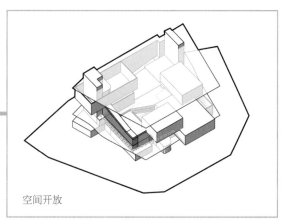

空间开放

图 46

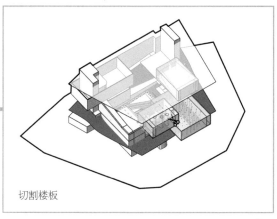

切割楼板

图 47

选择钢管网架结构支撑流动楼板，钢管随着弯曲的网架错落开，将建筑中间丰富的盒子空间裸露在外（图 48）。

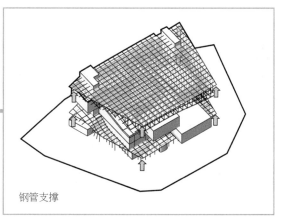

钢管支撑

图 48

选取中庭上方的楼板，按网架分割成碎片状天窗，同时将建筑周边的空间加上透明窗，使得建筑从内到外的采光浑然一体（图 49）。

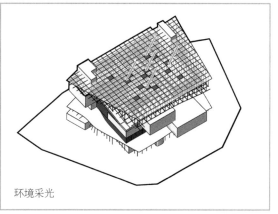

环境采光

图 49

最后利用建筑内部平台充实内部绿色空间，并在场地周边铺满绿植，增强建筑与场地的联系，使建筑内外流通，再加上表皮就可以收工了（图 50）。

融入环境

图 50

这就是德国建筑事务所 LAVA 中标的迪拜世博会德国馆方案（图 51 ~ 图 58）。

图 51

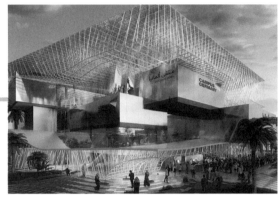

图 52

图 53

图 54

图 55

图 56

图 57

图 58

如果没有 IAMU 这个技术外挂，整个德国馆的
方案真的只能说是平平无奇。它不是建筑中最
出彩、最炫酷的设计，却是最适合这项新技术
体验的方案。

我们一直坚信技术的变革会推动建筑的变革，
却忽略了当代技术的发展早已突破专业壁垒，
下沉到了生活。或许不只是技术推动建筑，建
筑也应该要为技术服务了。

图片来源：

图 51 ~图 58 来源于 https://www.l-a-v-a.net/projects/
german-pavilion-expo-2020/，其余分析图为作者自绘。

END

建筑越搞越复杂，你们考虑过路痴的感受吗

图1

名　称：天普大学查尔斯图书馆（图1）
设计师：Snøhetta 建筑事务所
位　置：美国·费城
分　类：文化建筑
标　签：社交，引路空间
面　积：21 000m²

世界上最遥远的距离不是生与死，而是明明在同一栋楼里，我却找不到你。

作为一个路痴，我简直太难了。以前上街要靠GPS（全球定位系统），现在上楼都要靠GPS。建筑师们可能看了条假新闻：是人类要进入AI（人工智能）时代，不是人类要进化成AI——出厂自带八核处理器的GPS，可以在您设计的800条立体交通加800个功能复合的建筑里自由穿梭，高效对接。

就比如说图书馆。自从西雅图中央图书馆C位出道，走出了一条社交型图书馆的网红之路，这条路就被走歪了——只有社交，没有书。准确地说，是没有真书。铺天盖地的书架上装饰着铺天盖地的假书，仿佛只要拍照好看，图书馆就完成使命了。什么时候开始，人类的精神食粮沦落为人类的照片背景了？这年头读书也能靠画饼充饥吗（图2）？

图2

网络时代，图书馆能成为社交话题自然是好事。但迷宫一样的网红图书馆有时候却真心令人尴尬：在举着手机直播的小姐姐旁边你能安心读书吗？同样，在认真读书的学霸旁边你能安心聊天吗？

比安静读书更困难的是找书。跋山涉水闯迷宫，历经九九八十一难你也不一定能找到你需要的那本书，如果碰巧你还是一个路痴，那你猜找路和找书哪个先让你崩溃？

安全生产抓源头。那么问题来了：这个既找不到书，又找不到路的锅该谁背？反正建筑师应该有点儿责任。至少，Snøhetta 建筑事务所觉得他们是可以做点儿什么的。

天普大学是美国著名的研究型公立大学，而著名大学一般都会有一个同样著名且藏书丰富的图书馆，天普大学也不例外。建于 20 世纪 60 年代的佩利图书馆位于校园核心地带，藏书近 100 万册（图 3）。

图3

50 年过去了，老图书馆肯定是满足不了现在的需求了。于是，校方打算拆了老馆建个新的：藏书量得翻一番，至少 200 万册起步。地还是这块地，面积也不能增加——不是不想增加，主要是没钱增加。最后还有一个要求，现在都流行网红图书馆，劳驾建筑师大人也考虑一下。

Snøhetta 点了点头，但又默默在本子上加了几个字：一个"路痴友好型"的网红图书馆。

Snøhetta 的策略其实很简单，甚至有点儿老套，可以称之为"一个萝卜一个坑"设计法。也就是说，每个方向上只有一条路，每条路上只有一个功能。这您要是还能迷路，估计是不太适合生活在地球上。

1. 找书不迷路

很明显，Snøhetta 没有认为人类自带 GPS，而且很可能连 GPS 也看不懂。所以，GPS 不管用，Snøhetta 这次使用的智能系统叫 ASRS（Automatic Storage & Retrieval System），中文译作自动化立体仓库。

简单地说就是，传统的借书流程是"检索—去书架上找书—拿着书去借阅处登记借阅"，而使用 ASRS 系统后，这个过程就简化为"检索—书过来找你"两步。没有东南西北，也不用上下左右，你只要原地不动划划屏幕，就可以直接取到由机器送过来的书（图 4）。

图4

更重要的是，原来需要整个老图书馆才能容纳的 100 多万本书，现在通过这样一个占地不到 900m²、高 17.3m 的"黑箱空间"就能轻松收纳了，而且还很富余。该空间共计能容纳 200 万册的藏书。

这样一个"黑箱"的体量，若做成一般的闭架书库，按 300 ~ 350 册 /m² 的藏书能力来计算，只能藏书不到 100 万册（图 5）。

图 5

甭管黑箱白箱，能节省空间的都是好箱子。

2. 找什么都不迷路

节省的空间用来干吗？当然是用来浪费啦。所谓网红建筑，就是名正言顺地浪费空间。

为了关爱路痴，Snøhetta 这次打算设计一个能检索空间的空间来浪费空间，即"引路空间"。不出意外的话，这个"引路空间"也会成为新的网红空间。

首先，我们要确定一下把"引路空间"放在哪里。考虑到"黑箱空间"太沉，只能置于建筑底部，而"引路空间"肯定要结合入口布置，所以也放在底层。而大学图书馆一般具有自习室的功能，所以在顶部加设一个开架的普通空间用于自习（图 6、图 7）。

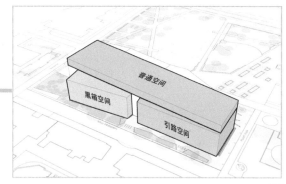

图 6

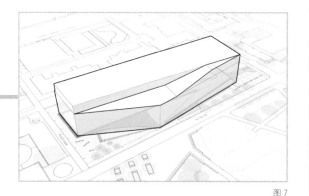

图 7

接下来重点来了：如何设计引路空间呢？

引路空间应当能让一个刚进来的路痴就知道建筑里有哪些空间,它们分布在何处,如何到达,并与建筑内的各层都建立视线上的对望关系。

说到这里,大家很容易就想到入口门厅的通高中庭。不过,普通中庭空间是均质的,虽然连通了各层的视线,本身却并不具有任何方向指示性。对路痴来讲,就像东南西北一样——这到底是哪儿跟哪儿啊(图8)。

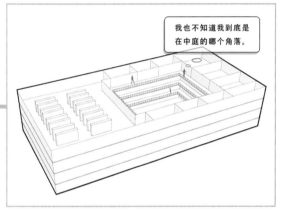

> 我也不知道我到底是在中庭的哪个角落。

图8

所以引路空间需要根据其所指示的方向进行辐射状的延伸与变形(图9)。

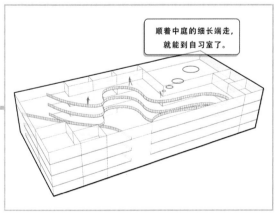

> 顺着中庭的细长端走,就能到自习室了。

图9

其次,引路空间自身需要具备鲜明的识别性,就像锚点一样,人们从任何地方看向它,都能以它为参考,意识到自己究竟在哪里。因此,引路空间还需要进一步异质化,打破空间本身的均质结构。

Snøhetta的选择是用包括球体、圆柱体、椭球体等多种形体组合形成的异质体来切削建筑空间,以形成具有指向能力的腔体空间,并采用颜色不同于普通白墙的木材,进一步在视觉上做出强调(图10)。

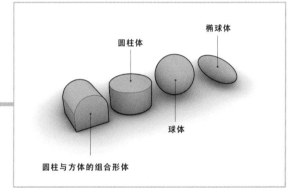

椭球体

圆柱体

球体

圆柱与方体的组合形体

图10

①入口门厅

我们以入口门厅为锚点置入半椭球体,且使其长轴沿着建筑较长的两端布置,进行切削后形成穹顶状的大厅空间(图11、图12)。

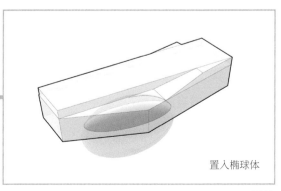

置入椭球体

图11

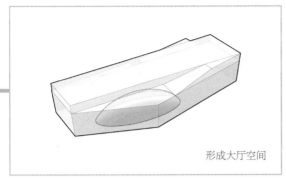

形成大厅空间

图 12

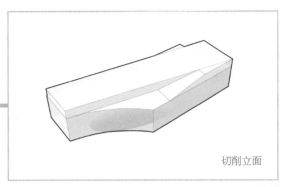

切削立面

图 15

②指示入口

接着，用圆柱体切削人流量最大的立面，提醒人们主入口在这一侧（图 13 ~ 图 15）。

为了指示出主入口的具体位置，再一次用巨大的球面切削主入口处，形成高达两层的主入口灰空间（图 16、图 17）。

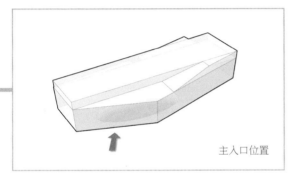

主入口位置

图 13

置入球体

图 16

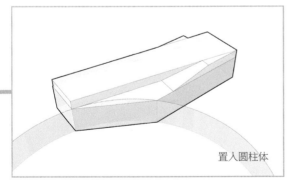

置入圆柱体

图 14

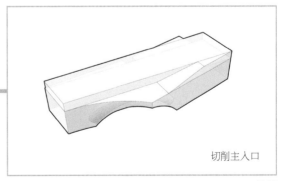

切削主入口

图 17

同理，再用较小的球面切削次入口处，形成高度为一层的次入口灰空间（图18～图21）。

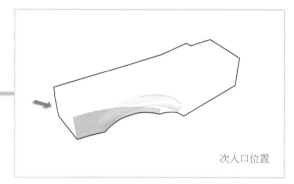

次入口位置

图18

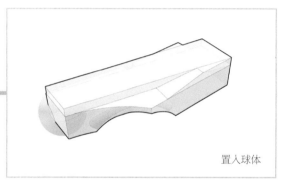

置入球体

图19

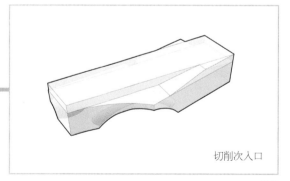

切削次入口

图20

图21

③连通异质体

在两者之间建立半圆柱体块的副厅，连接门厅的椭球体与次入口的球体（图22、图23）。

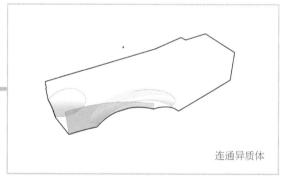

连通异质体

图22

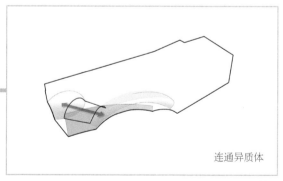

连通异质体

图23

之所以采用半圆柱体，是为了产生更加鲜明的导向性，便于在这几个体块的交界处建立垂直的玻璃分隔面（图24、图25）。

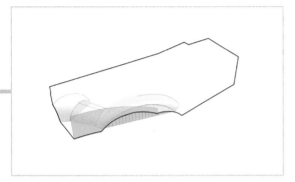

图24

图25

而副厅两侧同样用圆柱体开洞，形成类似耳房的空间，提供疏散流线（图25）。

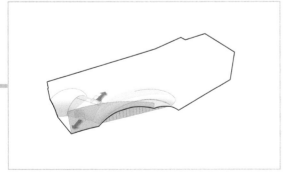

图26

④指向顶层

另外，由于门厅处的椭球体并没有直通顶层的自习空间，因此在球的顶部添加一个打通顶层的圆柱体，形成圆形中庭，改善大厅的自然采光（图27～图29）。

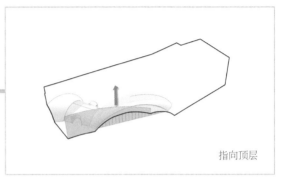

指向顶层

图27

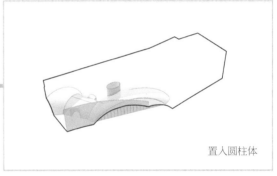

置入圆柱体

图28

图29

再在圆柱体的中间，即第三层的位置开设窗口，建立大厅与第三层的视觉联系（图30、图31）。

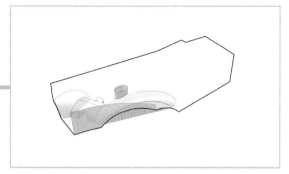

图 30

图 31

⑤指向黑箱空间
最后再用一个圆柱体截断大厅的球面，打通从门厅通往黑箱空间的区域（图32）。

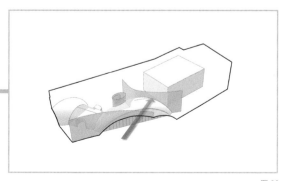

图 32

至此，引路空间就初步形成了。

虽然由此形成的异质体看似形状怪异，但逻辑很简单，就是为了指引并连通各个方向。换句话说，拿什么东西切都行，能引路就行（图33）。

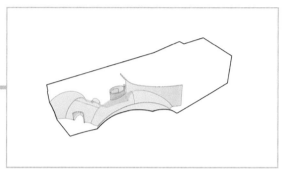

图 33

3. 选结构

不管切还是捏，在建模软件里搞出一个奇怪的形体都不是什么难事，难的是搞出来之后怎么落地。一般这个时候，结构师已经提着40m长的大刀在赶来的路上了，然后就是几百回合的拉锯战。

其实，建筑师明明有两种方案可选。

一种就是冒着被结构师打死的风险做成真结构，虽然风险大，但是格调也高。还有一种就是完全跳过结构师，"勾结"室内装修做个"假结构"完活儿。没什么风险，当然也不能拿出去吹牛。

作为一个品味甚高的著名建筑事务所，Snøhetta
果断选择了第二种方案——只把落地的拱作为
结构，而薄壳本身则依赖于装饰装修的方式来固
定（图34）。

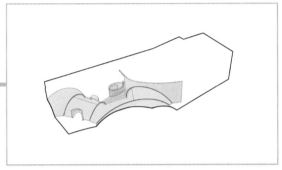

图 34

而建筑本身主要还是依靠柱网支撑（图 35）。

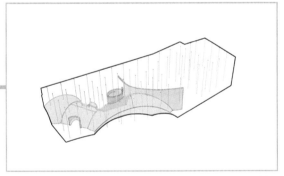

图 35

然后再逐层铺设楼板（图 36）。

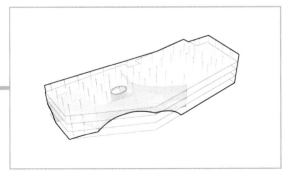

图 36

这时可以注意到，建筑内部依旧还有很多地方
无法看到引路空间。因此需要继续挖通视线上
的联系。Snøhetta 通过在每层挖更多的中庭，
来进一步实现视线上的畅通无阻（图 37 ~ 图
39）。

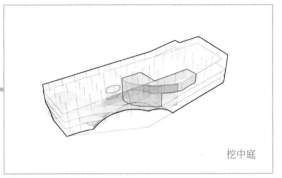

挖中庭

图 37

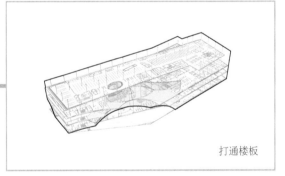

打通楼板

图 38

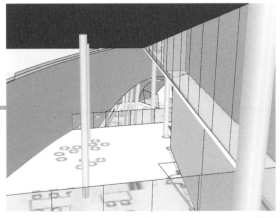

图 39

根据疏散添加交通核（图40）。

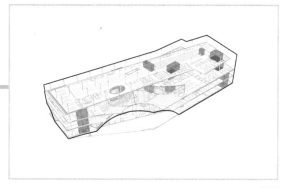

图 40

在引路空间旁的中庭里设置"之"字形的开敞楼梯，贯通上下流线：依次连接到二层的写作中心与电脑机房、三层的学生座谈中心与工作坊，以及四层的开架阅览与自习空间（图41～图44）。

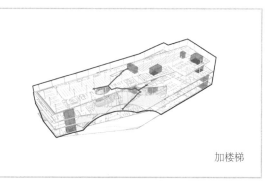

加楼梯

图 41

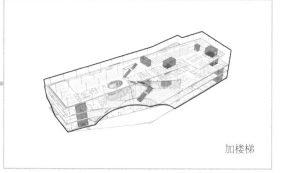

加楼梯

图 42

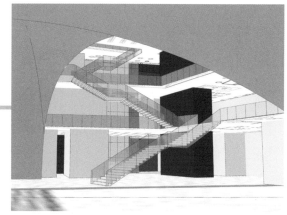

图 43

图 44

最后添加墙体，并完善建筑外立面（图45）。

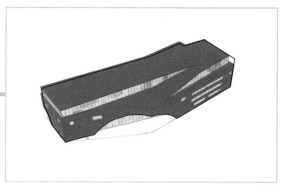

图 45

这就是 Snøhetta 建筑事务所设计的天普大学查尔斯图书馆，一个用空间检索空间的图书馆（图 46、图 47）。

图 46

图 47

设计的本质是解决麻烦，而不是制造麻烦。复杂的设计的目标应该是用户能简单使用，而不是以复杂设计对应复杂使用。我们消耗了那么多脑细胞设计建筑，就算不能照亮别人，也千万别烫伤了别人。

图片米源：

图 1、图 4、图 5、图 21、图 25、图 29、图 31、图 44、图 46 来源于 https://www.archdaily.cn/cn/925236/cha-er-si-tu-shu-guan-xue-zhu-zi-yuan-yu-jian-duan-ke-ji-de-wan-mei-rong-he-snohetta-jian-zhu-shi-wu-suo?ad_content=925236&ad_medium=widget&ad_name=featured_loop_main，图 47 来源于 https://www.gooood.cn/new-library-for-temple-university-in-philadelphia-by-snohetta.htm，其余分析图为作者自绘。

END

你画过的图，99%都是一次作废

图1

名　称：Consensys 伦敦新总部（图1）
设计师：Neiheiser Argyros 工作室
位　置：英国·伦敦
分　类：办公改造
标　签：App 空间
面　积：1400m²

图2

名　称：塞蒂斯大学研究生研究中心（图2）
设计师：Studiohuerta 建筑工作室
位　置：墨西哥·墨西卡利
分　类：校园
标　签：App 空间
面　积：4400m²

别人是涂最贵的眼霜，熬最深的夜，建筑师是熬最深的夜，画最没用的图，还没钱买眼霜。

我们熬的不是夜，也不是寂寞，我们熬的就是图，永远画不完的图。因为 99% 的图从画完那一刻起基本也就作废了，剩下的 1% 在没画完时就作废了。

那些绞尽脑汁想的分析图、吹毛求疵修的透视图、太阳升起时才刚刚排好的文本图册，都逃不过在几小时后的评图（汇报、投标）中一次作废的命运。就算有幸中标，得到甲方青睐，也不过是将作废时间延长几个月罢了。在垃圾都要分类、回收利用的年代，建筑师的设计成果却像有病态洁癖似的坚持日抛型——一次性使用。

第二次世界大战以后，建筑设计和其他艺术以及现代设计领域不知怎么的就莫名其妙地分道扬镳了。其他艺术和设计领域去玩心理学、人类学、社会学，玩营销、玩传达、玩信息科技、玩数学，而建筑学又绕回去扮演中世纪的手工匠人了。每个新项目都从白纸开始一笔一画去推敲，想吃白米饭就从耕地播种开始慢慢耕耘，等到枯藤老树昏鸦米还没下锅，就不能去餐馆直接点一碗吃吗？还能再配个鱼香肉丝下饭。何况，现在大家都是 App（应用程序）下单，等外卖小哥送饭到家。

如果，我是说如果，我们把组成完整建筑空间的某些可独立的部分也抽取出来，设计成一个插件，就像手机 App，然后在遇到需要它们的甲方（机主）时，直接安装进去，是不是就可以节省很多时间去做点儿更有意义的事情？比如睡个觉或者刷个剧。

1 号 App——ConsenSys 伦敦新总部

这是一个办公楼的翻新设计。区块链软件初创公司 ConsenSys 买了在伦敦街角的这座五层小楼，作为他们的新总部。

不要指望创业初期的小公司能拿出多少钱来大兴土木，联想到程序员们万年不变的格子衬衫，就知道其实他们对外观设计的要求也并不高（图 3）。

137

图 3

他们只希望将 2 ~ 5 层的办公空间改造得更适合互联网公司自由多变又不拘一格的工作方式（图 4 ~图 6 ）。

内部结构很简单，每层情况都相同：只有必需的柱子以及交通核、储物间和卫生间（图 7 ~图 10 ）。

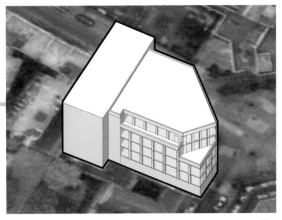

图 4

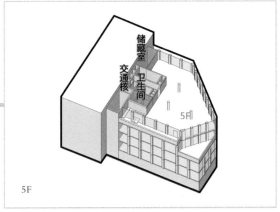

5F

图 7

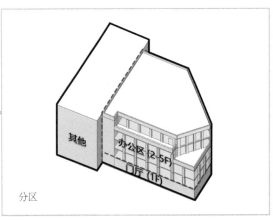

分区

图 5

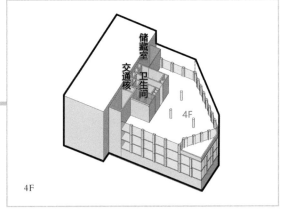

4F

图 8

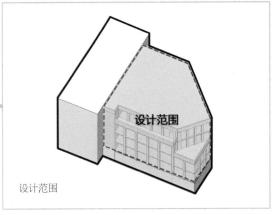

设计范围

图 6

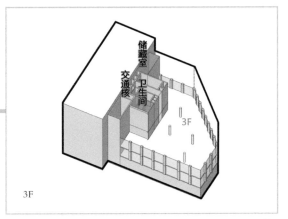

3F

图 9

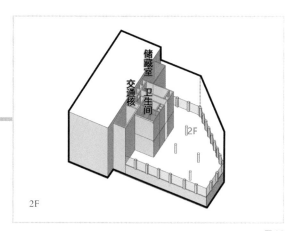

图 10

现在的平面状态是完全开放的，这对建筑师来讲相当友好，基本可以恣意地去玩转空间——不客气地说，换个空间感好的室内设计师，这活儿也能干了，横竖就是怎么加隔断的问题（图11）。

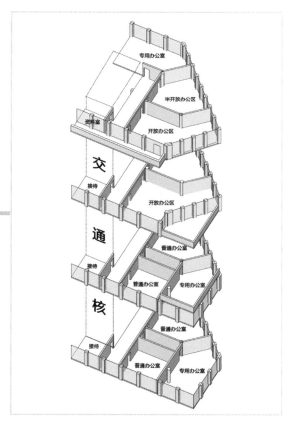

图 11

但不论建筑设计师还是室内设计师，都不可避免地会踩入同一个坑：无论现在把空间做得多花哨、多时尚，其实都只是多个选择中的一种，而办公方式却是不断改变和更新的。几年前还在流行格子间，如今就都在玩开放办公了，再过几年鬼知道又能翻出什么花样（图12）。

公园　地板　椅子←桌面→吧台　街道　操场

图 12

如果把一部分可以灵活使用的办公空间独立成App 空间，可以随时更新、安装、卸载，是不是听起来很完美？更完美的是，不但甲方可以随时更新、卸载这些 App 空间，建筑师也可以随时将其安装到别的项目上。比如，我们就可以在这个办公楼里加入玩乐 App（办公室）、自闭 App（办公室）、闲聊 App（办公室）（图13）。

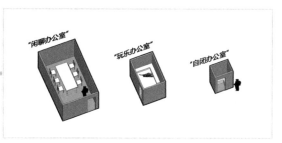

图 13

为了让以上 App 空间可以顺利安装，首先要改变死板的正交分区方式来提高不规则形体的利用率。这里选择从中心点沿斜线划分出办公区 A、办公区 B、办公区 C，以及接待休闲区和入口缓冲区（图 14）。

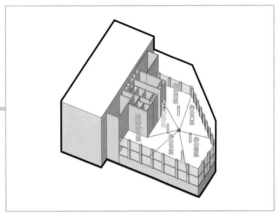

图 14

在分区线上将设计好的 App 空间置入其中（以 3F 为例）。这种布局方式在把不同类型的封闭空间隔离的同时，也划分了开放空间（图 15）。

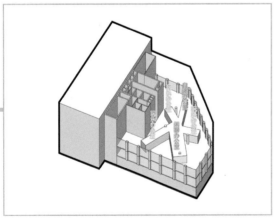

图 15

形态微调，打开中心入口及门窗（图 16、图 17）。

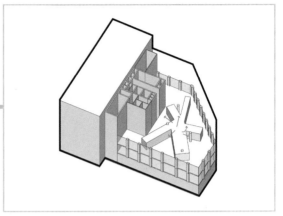

图 16

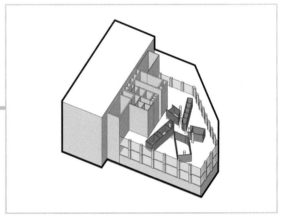

图 17

剩余楼层的基本做法与上述逻辑相同，根据每层功能分区不同对插件 App 进行适应性调整。

二层（图 18 ~ 图 20）。

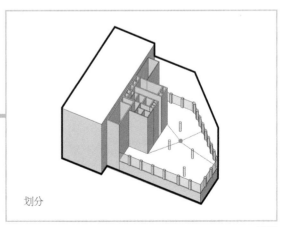

划分

图 18

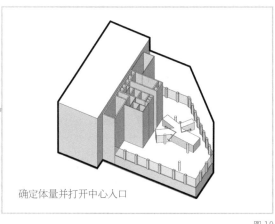

确定体量并打开中心入口

图 19

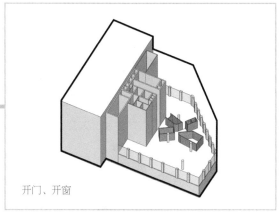

开门、开窗

图 20

四层（图 21 ～图 23 ）。

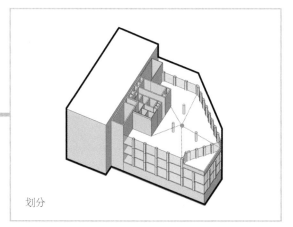

划分

图 21

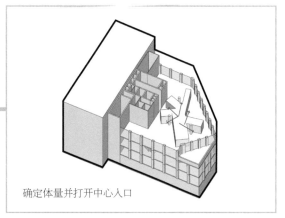

确定体量并打开中心入口

图 22

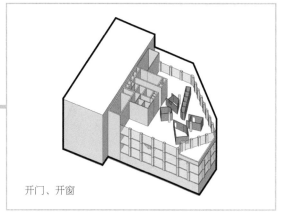

开门、开窗

图 23

五层（图 24 ～图 26 ）。

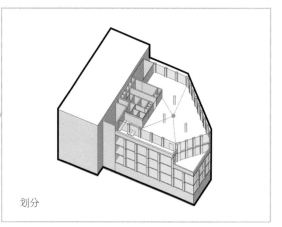

划分

图 24

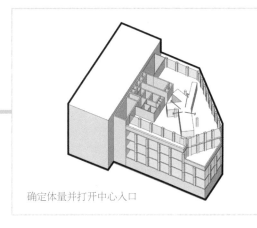

确定体量并打开中心入口

图 25

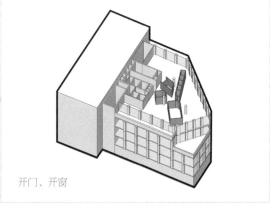

开门、开窗

图 26

从最终得到的结果来看，与其说建筑师设计了一组空间，不如说设计了一组大型家具。看心情，喜欢就用，不喜欢就换。今天这个甲方买，明天那个甲方也可以买（图 27）。

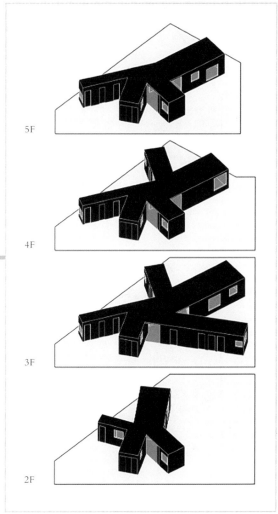

5F

4F

3F

2F

图 27

这就是由伦敦 Neiheiser Argyros 工作室设计改造的 Consensys 伦敦新总部（图 28～图31）。

图 28

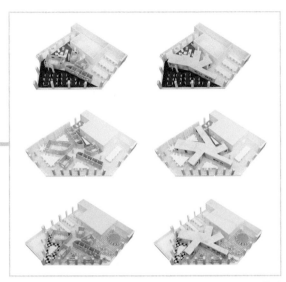

图 29

图 30

图 31

肯定有小伙伴会问：小体量简单空间当然怎么样都可以，毕竟就算真摆圈沙发估计也行。如果是体量更大的复杂空间，也能设计个 App 空间直接插上去用吗？

2 号 App——塞蒂斯大学研究生中心

墨西哥墨西卡利市的塞蒂斯大学打算新建一个研究生研究中心，其实就是一个给研究生使用的教学楼，包括教室、实验室、办公室、研究室等功能（图 32）。

图 32

教学楼这个"物种"最近也是越长越放飞自我了，现在设计教学楼不搞出个花里胡哨的互动交流空间都不好意思大声说话。但教学楼毕竟又不同于那些根正苗红的城市公共建筑，你要真是苦心孤诣地去玩点儿空间花样，估计甲方校长第一个跳出来不同意。更重要的是，一个教学楼项目的设计周期是不允许建筑师花费太多时间在空间花样上的。

那么问题来了：空间想玩点儿花样但又不想花费时间怎么办？亲，这边推荐你使用一款 App 空间呢，即插即用，无限续航。

比如，我们可以把空间使用较灵活且无论哪个教学楼都能用上的自习室、活动室以及各种休闲空间开发成一个独立的空间插件（图 33）。

"胡思乱想自习室"

"杂七杂八活动室"

"随心而坐休闲空间"

图 33

具体到这个项目上，可以先根据功能面积确定 App 空间体量及可以被安装的位置。一般来说，放在中心地带可以更好地服务于周边（图 34）。

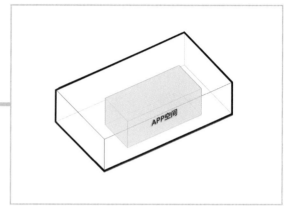

图 34

然后具体设计 App 内部空间。大致划分并确定每个功能的位置：活动室为方便单独使用放在一层；自习室放在教室最多的二层；剩下会议室放在顶层（图 35）。

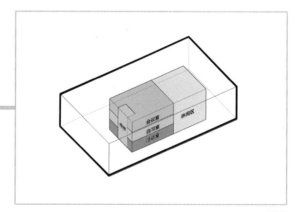

图 35

底部和顶部的会议室和活动室为适应大型活动直接用大房间处理；中间层的自习室分隔成几个小隔间，方便管理；休闲区直接用开敞的休闲大台阶，从底部引入并通高，顺便也承担交通联系的功能（图 36 ~ 图 39）。

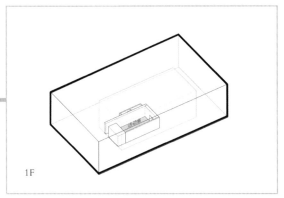

1F

图 36

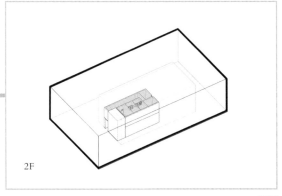

2F

图 37

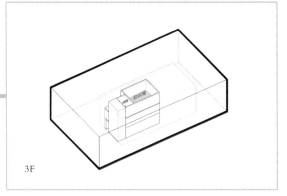

3F

图 38

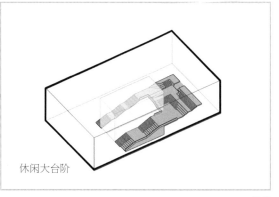

休闲大台阶

图 39

至此，App 空间基本完成。这部分本身独立而完整，可以放到各种教学楼里使用（图 40）。

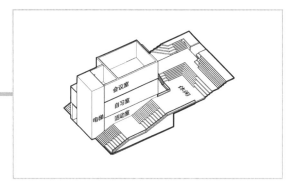

图 40

接着按照常规做法设计 App 空间周围正常的教室空间（图 41）。

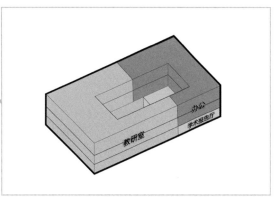

图 41

正常排房间就可以（图42～图44）。

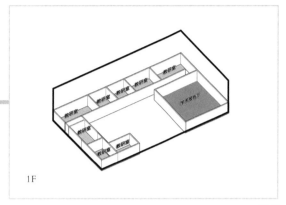

1F

图 42

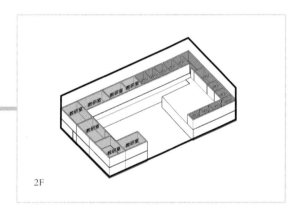

2F

图 43

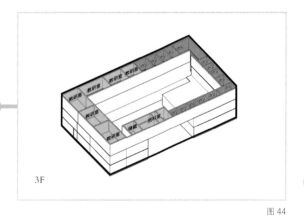

3F

图 44

加入楼梯间和卫生间（图45）。

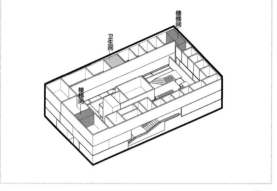

图 45

再进行 App 插件空间与建筑连接处的细部设计，你可以理解成怎么把这个 App 安装到建筑上。打开进入插件的通道，把插件底部向外延伸直到端部，并放大作为门厅（图46、图47）。

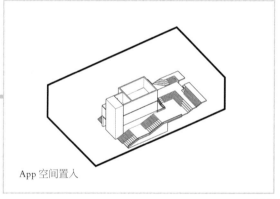

App 空间置入

图 46

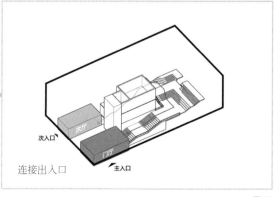

连接出入口

图 47

适配 App 空间与正常空间接口（图48～图50）。

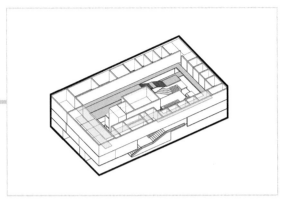

图 48

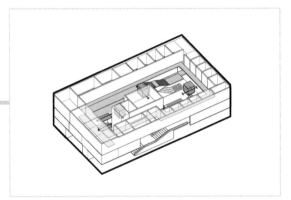

图 49

图 50

再往垂直方向上开洞延伸，在顶部开天窗补充自然采光（图 51 ～图 53）。

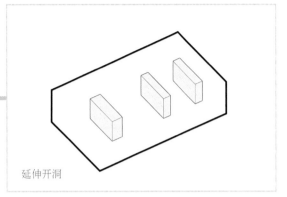

延伸开洞

图 51

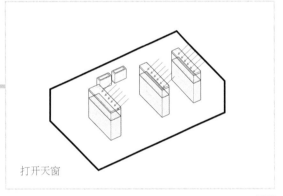

打开天窗

图 52

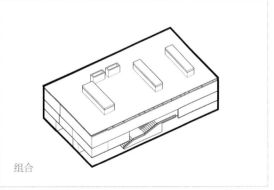

组合

图 53

最后在 App 空间表面根据用光量不同开大小不
同的方洞（图 54 ～图 58）。

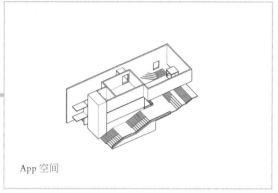

App 空间

图 54

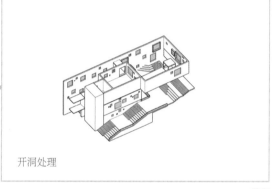

开洞处理

图 55

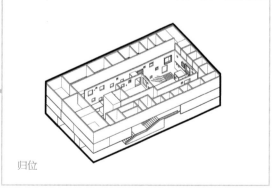

归位

图 56

图 57

图 58

至此，我们就建立了完整的 App 与系统空间（图
59）。

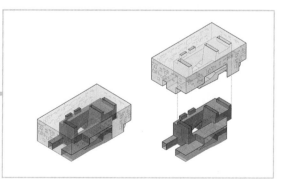

图 59

最后包装一下，加入结构与外表皮（图 60 ~ 图 64）。

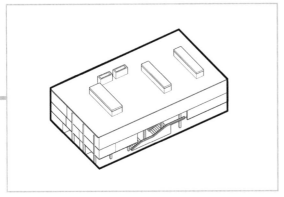

图 60

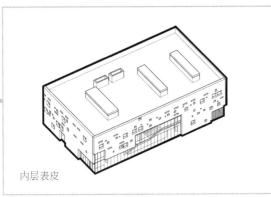

内层表皮

图 61

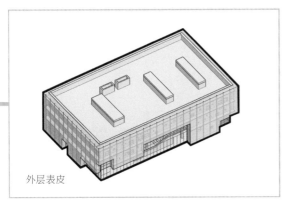

外层表皮

图 62

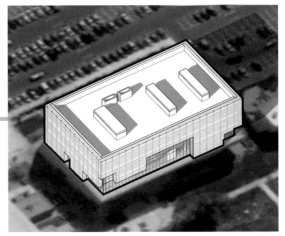

图 63

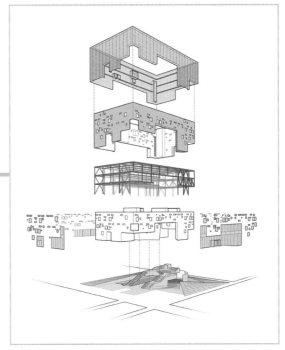

图 64

149

这就是 Studiohuerta 设计的塞蒂斯大学研究生研究中心（图 65~图 69）。

图 65

图 66

图 67

图 68

图 69

每个精彩的空间设计都是建筑师辛辛苦苦熬出来的，就算不能建成，但用过一次就作废也实在是浪费。粮食不能浪费，才华更不能。

这两个案例看起来简单，其实暗示了一个对建筑师来说很重要的思维转变——不再拿手工匠人的思想去从无到有地打造一件艺术品，而是从产品开发的角度去生产一件可适应不同场景、反复使用的商品。说白了，你到底是想让你的设计进艺术展馆还是上超市货架？

艺术馆的枝头太高，飞不上去还容易摔死自己，我等凡人不如做点儿小本买卖，还能繁荣市场经济。

图片来源：

图 1、图 28 ~ 图 31 来源于 https://www.archdaily.cn/cn/925136/consensys-ban-gong-shi-gua-ying-duo-yang-hua-ban-gong-mo-shi-neiheiser-argyros，图 2、图 50、图 57 ~ 图 59、图 64 ~ 图 69 来源于 https://www.archdaily.com/795182/center-for-postgraduate-studies-studiohuerta，其余分析图为作者自绘。

END

全城整容时代：
你到底是建筑师还是『托尼老师』

图1

名　称：动视暴雪总部改造（图1）
设计师：REX建筑事务所
位　置：美国·圣莫尼卡
分　类：商业建筑
标　签：建筑改造
面　积：13 300m²

看脸的时代，变美是刚需，颜值就是生产力。一个喊着"好看的皮囊千篇一律，有趣的灵魂万里挑一"的灵魂说不定下一秒就出现在整容医院门口，为了好看的皮囊一掷千金。毕竟，能用钱买来的美丽，为什么不买？

疗程短、见效快是浮躁世界的万能广告，一个人想变美多半会从化妆或整容开始，一个城市想变美多半会拿立面改造开刀。

老旧建筑改造是城市更新的经典课题。本意是在保护城市文脉、保留城市记忆、保持城市个性的同时赋予老旧建筑新的社会职能和功能属性，使之适应并融入新的时代节奏与生活方式。说白了，这本应该是一个教爷爷奶奶用手机上网的长线任务，结果却被急功近利地玩成了大型夕阳红美容整形现场（图2）。

图2

改造前是老旧，改造后是又丑又老又旧。改造前是因为熟悉凑合着用，改造后是最熟悉的陌生楼，不得不凑合着用。好了，吐槽不是目的，我们需要知道的是，如果不做形象方面的改造，又该怎样让老旧建筑变时髦呢？

"动视"曾经是 家名不见经传的小破游戏公司，在一栋旧写字楼里租着几间办公室，操着拯救世界的心。世界没拯救却不小心拯救了自己，合并了维旺迪游戏后成立了"动视暴雪"（后文简称暴雪）。后面的事儿就不用多介绍了吧，伴随了你整个青春的《魔兽世界》《星际争霸》《使命召唤》都是他家的（图3）。

图3

发达后的暴雪结结实实地炫了一把富。他们买下了整栋原来租用的旧写字楼，把其他租户都赶走后一家独自称王。吃柠檬吧，有钱人的快乐就是这么朴实。

暴雪买下的这栋楼建于20世纪70年代，风格保守、设施陈旧，1994年还经历了一场地震。除了能在曾经一起交房租的小伙伴面前抖威风之外，实在想不出什么其他购买理由（图4、图5）。

图4

图 5

但买了就得用，不好用可以改。反正暴雪不差钱，最重要的是把世界排名第一的游戏公司的威风抖到底。

原有平面是常见的"8"字平面，多租户细分造成了混乱的布局，还在中庭里加了两部楼梯（图 6）。

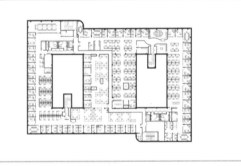

图 6

但现在这栋楼既然已经全归暴雪了，首先要做的就是把其他租户的痕迹统统抹掉，中庭外挂楼梯也去掉，重新梳理交通流线（图 7 ~ 图 9）。

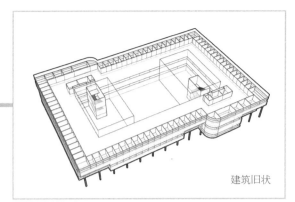

建筑旧状

图 7

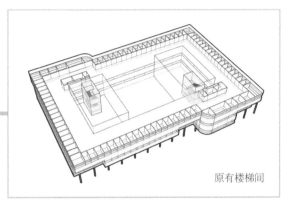

原有楼梯间

图 8

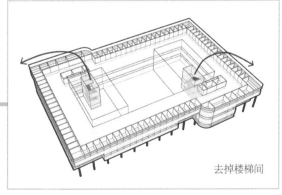

去掉楼梯间

图 9

同时暴雪提出了一些新的功能要求，如放映室、报告厅、游戏区、自助餐厅、合作空间等，还有一些自由开放的办公空间和会议室。

此时，作为建筑师的你有两种选择：一是换脸，二是换心。换脸就是托尼老师洗剪吹现场：旧空间塞进新功能（图10～图12）。

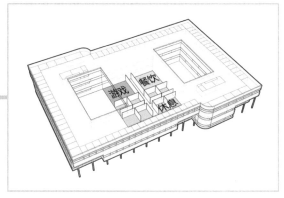

图 10

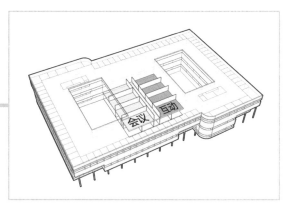

图 11

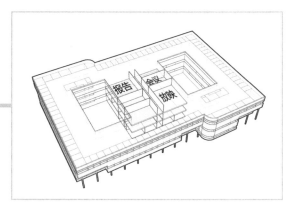

图 12

旧立面整成时髦脸（图13）。

改造前　　　　　　　改造后

图 13

换心就是教爷爷奶奶玩手机。方法因人而异，最终目标是改变空间结构以至改变人的空间行为模式（图14）。

图 14

结果很明显：换脸很简单，换心很麻烦，而设计费基本差不多。但暴雪委托的建筑事务所REX还是选择了费神费力的换心操作。

毕竟是改造，不可能全部拆了重建。所以REX划定的重点改造区域还是难度最小、影响也最小的中庭连接部分（图15）。

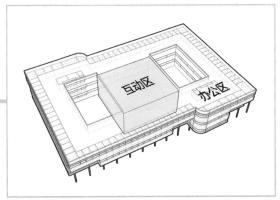

图15

在这个区域里，必须要解决的问题有交通流线、新增功能、中庭联动、社交共享、建筑个性。

<u>画重点，小本本记好了：REX想出的解决方法是五位一体合并同类项搭积木设计法。</u>

在这五个问题里，刚性需求是交通，然后是提供新的功能空间和交流共享空间，再然后才是通透的可联动中庭。而等这些全做到了，建筑个性也就可以自然显现了。所以，REX的所谓合并同类项其实就是把所有问题都合并到交通空间中解决。而交通空间只有两种——平台和阶梯。

平台空间好说，会议室、餐厅等都可以放，只要满足规范要求的平台宽度（图16）。

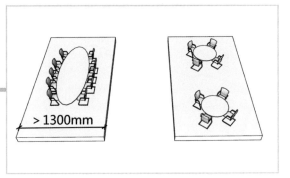

> 1300mm

图16

阶梯空间呢，自然就是放映室、报告厅什么的了（图17）。

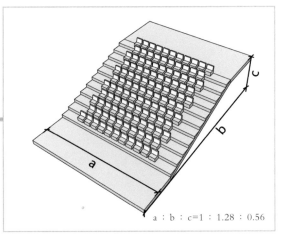

a : b : c=1 : 1.28 : 0.56

图17

而平台还可与阶梯结合，形成社交休闲空间（图18、图19）。

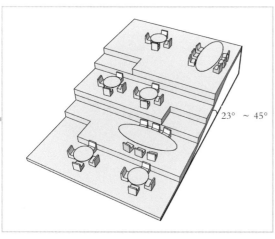

图 18

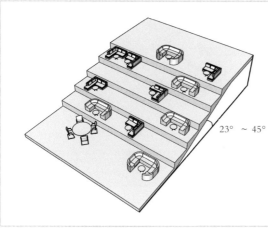

图 19

有了以上三种基本空间模式，下面的任务就是把它们像搭积木一样拼到交通流线上，满足交通需求。

先用空间模块串联起 1 ~ 2 层交通（图 20 ~ 图 24）。

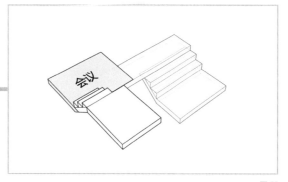

图 20

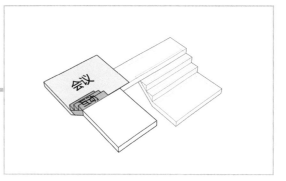

图 21

157

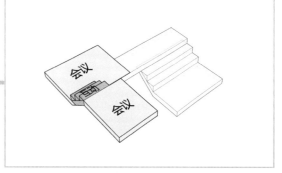

图 22

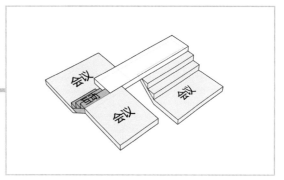

图 23

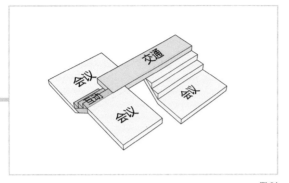

图 24

再串联 2 ~ 3 层交通（图 25 ~ 图 29）。

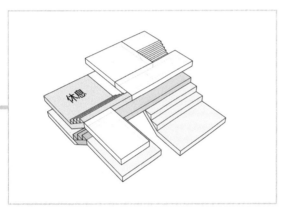

图 25

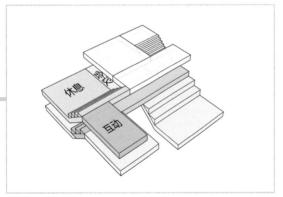

图 26

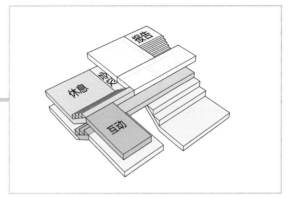

图 27

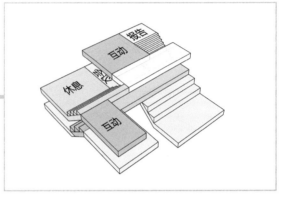

图 28

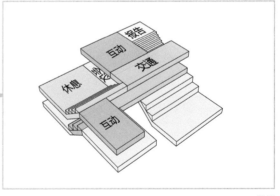

图 29

还可以继续利用阶梯下平台和平台上空间，加
入其他功能块（图 30 ~ 图 32）。

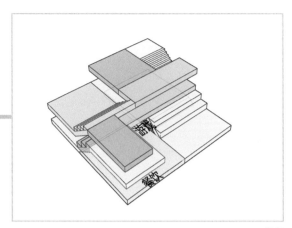

图 30

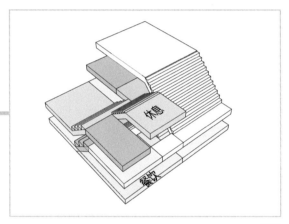

图 31

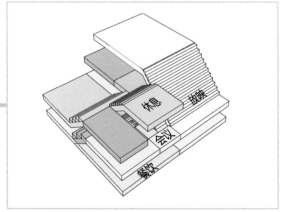

图 32

当然，这个结果并不唯一。流线可变，功能也可变，只要保证交通功能可以使用就行了。反正都是同类项嘛，怎么布置都可以（图 33）。

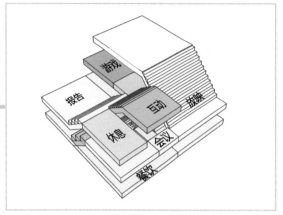

图 33

搭积木玩得很爽吧，爽够了就请自觉站出来接受结构师的 40m 长大刀吧。1994 年北岭地震之后，结构师对原 "8" 字形布局中间部分的结构进行了加固改造，创建了一个横向支撑建筑物的力矩框架。该区域的地板是力矩框架的组成部分，任何削减它们的行为都会危及整个结构体系（图 34）。

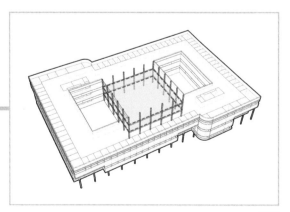

图 34

画重点：楼板不能动！

真的，要不怎么说结构师英俊潇洒讲义气、聪明智慧有办法呢！结构小哥灵机一动就想到了解决办法。原有楼板提供的是横向支撑的力矩框架，那么除了楼板还有什么能提供横向支撑呢？答案是——N字形桁架。

N字形桁架通过向南北方向转移荷载和由东西向屈曲支撑柱来加固框架，也就是说可以拆掉楼板了（图35）。

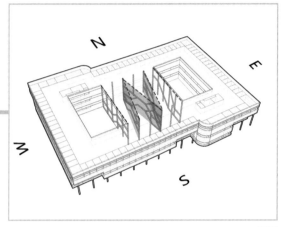

图35

但是，还有一个小小的问题。

结构师，你先别动手。那个……我不想要楼板，但也不想要桁架啊。结果，保命要紧，只能低头。

建筑师按照N字形桁架的布局调整各功能的边界，力争自己把桁架藏在墙和楼板里（图36～图38）。

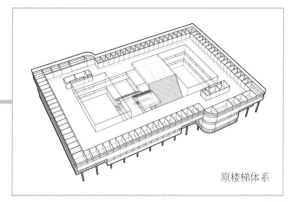

原楼梯体系

图36

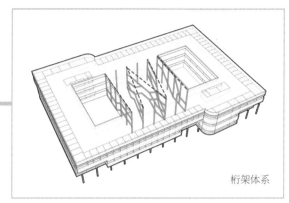

桁架体系

图37

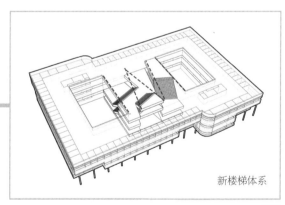

新楼梯体系

图38

还要满足折点位于结构受力点，保证当顶板铺设时，桁条成为"折叠板"（图39）。

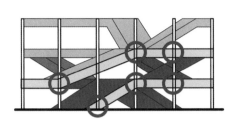

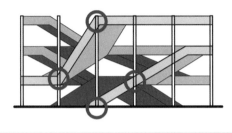

图 39

这就是 REX 为暴雪买的二手老旧写字楼做的换心改造设计（图 40 ~ 图 42）。

图 40

图 41

图 42

想变美并没有错，整容也不过是个技术手段，让人不寒而栗的是整个世界都被整容脸支配的审美恐惧。雪崩来临时，没有一片雪花是无辜的。面对踉跄追赶时代潮流的老旧建筑，即使无力换心，也希望尽量走心。

图片来源：

图 1、图 5、图 39 ~ 图 42 来源于 https://rex-ny.com/project/activision-blizzard/，其余分析图为作者自绘。

END

分类证明题：建筑师的桌子为什么不属于家具

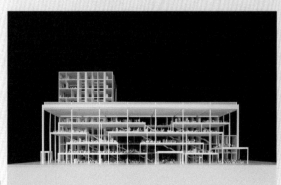

图 1

名　称：英国皇家艺术学院扩建方案（图1）
设计师：思锐建筑事务所
位　置：英国·伦敦
分　类：学院，扩建
标　签：模块，桌子
面　积：15 000m²

垃圾分类，从找做起。

请问：不要的废旧桌子属于什么分类？按木头算，属于可回收垃圾；按家具算，属于干垃圾。但某建筑师坚持认为，他家的桌子应该按建筑物处理。

影片《死亡诗社》里，基汀老师被迫离校，学生们纷纷站在桌子上为老师送别的情节堪称经典（图2）。

图2

这说明什么？说明桌子不仅可以用来放东西，还可以用来放人。人在上面不能傻站着，总得干点儿什么吧。吃饭、聊天、打游戏，上面有人类活动行为的桌子就不是一张简单的桌子了——就是一个桌子空间（图3）。

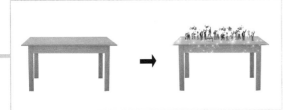

图3

<u>画重点：这个桌子空间就是一个空间原型。</u>

总有人说自己不会设计空间，根本原因就是对空间没有设想——或者说你从没有将空间作为一个独立的个体进行想象或者设计。你的空间永远依托于建筑形态而存在，那所谓空间设计说破天去也就是个高级装修。

不管你信不信，反正这个桌子空间是有主儿的。

思锐建筑事务所琢磨出了这么张小桌子，并且一直憋着找地儿干个木匠活儿。机会来了。

英国皇家艺术学院需要对巴特西校区进行扩建。这是一个 15 000m² 的校园扩建项目，包括建筑学院、材料学院、艺术学院、专业研究中心和创业孵化器五大功能组团。然而，基地面积只有 3000m²（图4）。

图4

163

3000m² 的基地，15 000m² 的建筑面积，5 个功能分区。也不算很苛刻吧，不就是一个 5 层的综合大教学楼吗（图 5）？

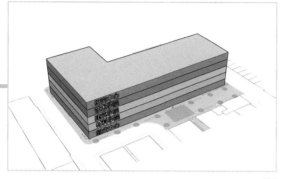

图 5

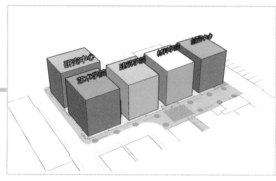

图 6

但我们的目标不是盖个楼，而是实现桌子空间。这要如何实现？

桌子空间从本质上讲是个开放平台，能容纳的行为也是公开的。上课、上厕所肯定不行，聊天、打游戏就没问题。所以，我们首先要做的就是——撕了任务书。

我的意思是摒弃任务书上以学院性质进行的功能分类，转为以行为特点进行功能分类。当然，你不能和甲方说你为了小桌子撕了任务书，你要告诉甲方这叫功能重组。

按照大学生这种"生物"的日常活动轨迹，其活动类型大致有三种：一个人自嗨（自习区）、几个人"开黑"（研究区）、集体犯困（教室区）。除了教室区必须要在一个固定的密闭空间里才能达到催眠的作用外，剩下两种行为都可以在桌子空间中进行（图 7）。

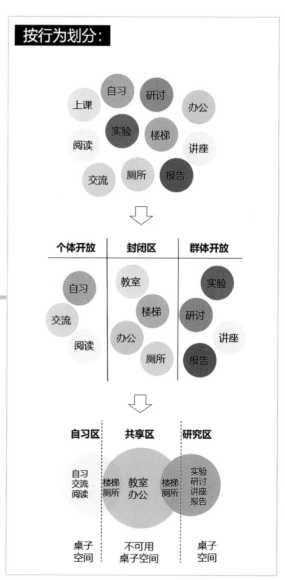

图 7

功能重组后，再次计算分配面积，就得到了下面这个夹心饼干式的功能体块（图8）。

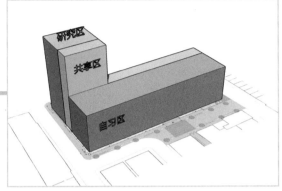

图8

下面重点来了，小桌子要出场啦！

首先要明确小桌子的特点：脸以下全是腿。所以，用一张桌子布置空间并不麻烦，麻烦的是怎么用很多张桌子设计空间。满世界都是无处安放的大长腿啊（图9）。

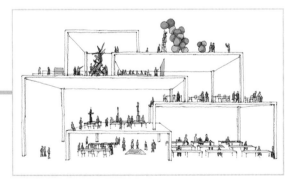

图9

自习区变桌子

自习区实际包含了任务书里三个学院的交流学习功能（图10）。

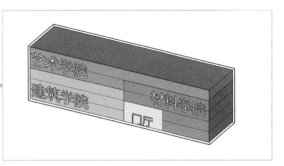

图10

但一张桌子显然承担不了整个学院的人一起上自习，所以将学院进行功能细分——每个系占用一张桌子上自习，这看起来还是比较靠谱的（图11）。

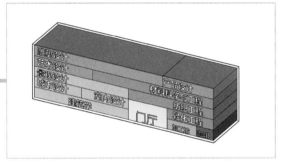

图11

好，下面开始变桌子啦！不要眨眼！一、二、三！

变桌子失败！这叫什么桌子？说是个框架结构都不合格（图12）。

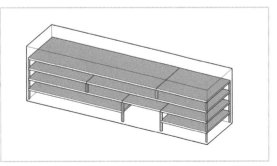

图12

165

所以变桌子的要点除了四条腿以外，还有一个技术关键——缝隙。

桌子与桌子之间，桌子与外墙之间都需要留有一定的缝隙，才能显现出桌子的轮廓。当然，这个开缝的大小随你喜欢（图13）。

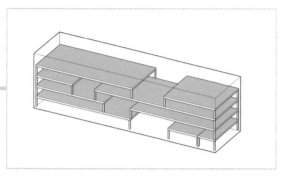

图13

然后将桌子在入口立面整体后退一段距离，保证从入口进来就能感受到桌子空间的魅力，同时将入口也做成桌子造型（图14、图15）。

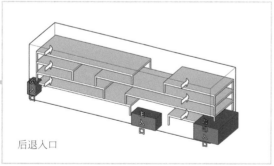

后退入口

图14

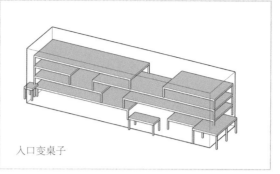

入口变桌子

图15

调整某些不顺眼的桌面的大小，形成休息区。也就是通过空间高度来区分休息空间（通高）与自习空间。

当然，哪个不顺眼也是你说了算（图16、图17）。

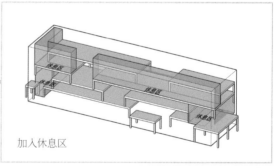

加入休息区

图16

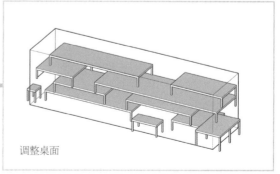

调整桌面

图17

最后增加桌腿，微调桌面保证结构的合理性（图 18）。

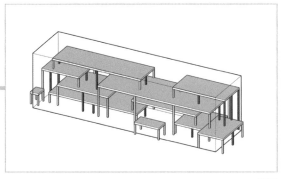

图 18

至此，这个桌子空间也就基本完成了。但为了保证使用，还需加上一些必要的建筑构件，比如栏杆（图 19），以及楼梯。

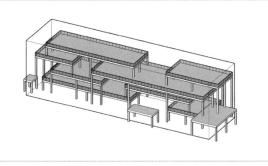

图 19

楼梯的加法其实有很多种，毕竟桌子之间的缝隙为各种花式楼梯都提供了可能。

但思锐建筑事务所却只选用了最简单的同方向直跑楼梯，除了因为患了强迫症以外，也是为了方便与共享区相连，这个我们后面再说（图 20 ~ 图 22）。

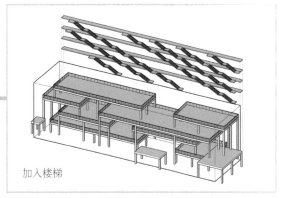

加入楼梯

图 20

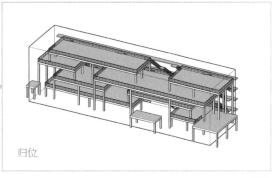

归位

图 21

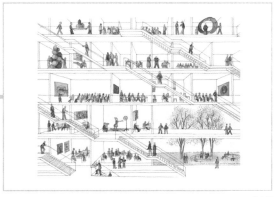

图 22

最后，加外表皮。毕竟这是一个扩建项目（记住这个目标），所以屋顶天窗的设计延续了老校区的天窗风格，采用挡板斜向布置（图 23、图 24）。

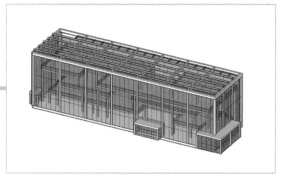

天窗屋顶效果图

旧校区天窗屋顶

图 24

至此，自习区就可以收工了。下面用同样的方法来设计研究区。

研究区变桌子

研究区相对比较简单。虽然层数变高（10 层），但每层的面积都很小（350m²），所以在每层布置一张桌子就可以了（图 25～图 31）。

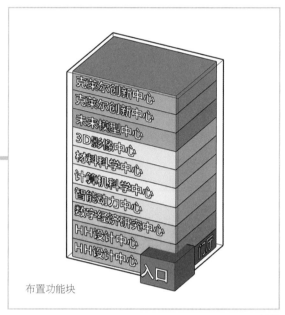
布置功能块

图 25

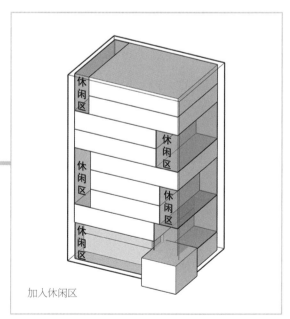
加入休闲区

图 26

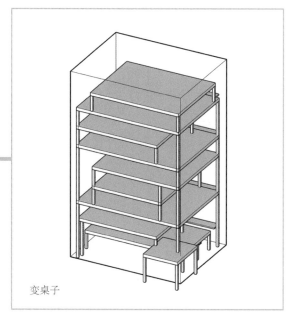

变桌子

图 27

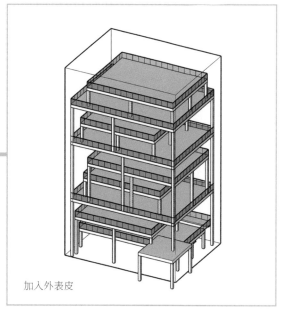

加入外表皮

图 29

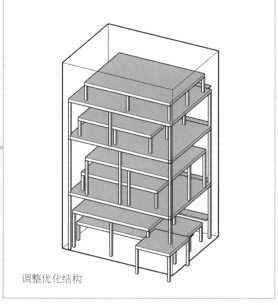

调整优化结构

图 28

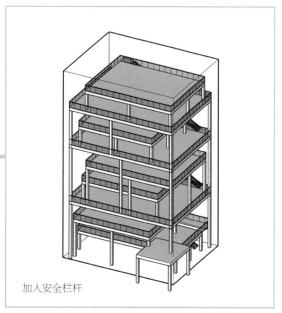

加入安全栏杆

图 30

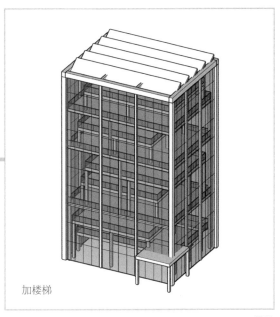

加楼梯

图 31

至此，建筑师已经浪得差不多了，现在要面对现实了。

你猜，肩负着疏散、电梯、厕所、教室、办公等浪不起来的功能的共享区能变成个什么呢？

共享区变成个什么呢

共享区可以说要背整个自习区与研究区桌子空间的锅。它包含了分别服务于自习区和研究区的两个疏散交通核、电梯间、卫生间以及各种公共教室和行政办公室。一句话，以上所有功能都需要墙，很实很实的那种。

所以，变桌子是不可能了，想都不要想。为此，聪慧机灵的思锐建筑事务所又想出了一个架子空间。这个所谓的架子空间，大家听听就好，明摆着就是凑数用来忽悠甲方的。哪个框架结构不是个架子（图 32）？

图 32

所以整个设计也就是个普通的框架空间的设计。

首先，进行整体功能分区（图 33）。

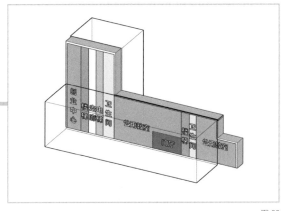

图 33

然后划分楼层、布置房间（图 34）。

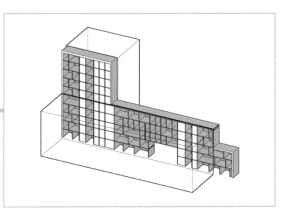

图 34

唯一和架子空间扯上关系的就是教室隔墙采用轻质可移动结构，可根据使用人数变化（图35、图36）。

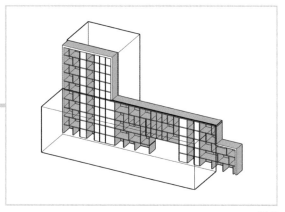

图 35

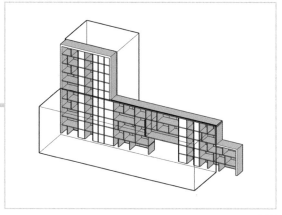

图 36

再在整个共享区两侧加入长走廊，与研究区和自习区的直跑楼梯相连，为合体做好准备。知道前面为什么选用同向直跑楼梯了吧，就为了这一步好连接（图37）。

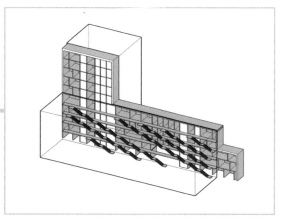

图 37

最后加入外表皮（图38）。

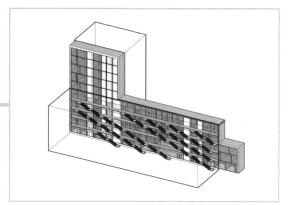

图 38

合体！收工（图39）！

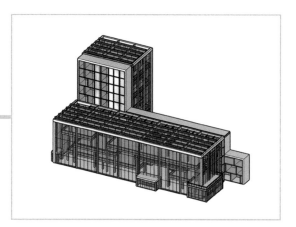

图 39

这就是由思锐建筑事务所设计的英国皇家艺术学院扩建方案——桌子引发的空间错乱（图40~图44）。

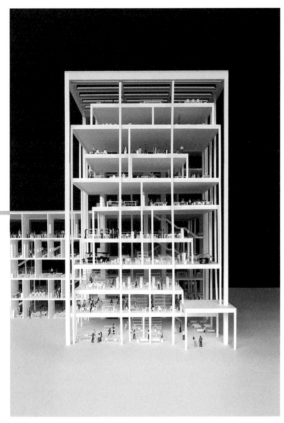

图40

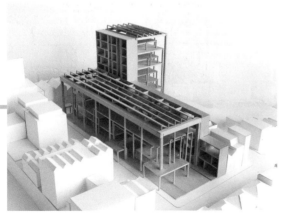

图41

图42

图43

图44

先不管结果如何，这个桌子空间原型我觉得大家就别客气了，打包收好，酌情使用。另外，闲着没事儿多看看家里的桌椅板凳，保不齐就发现它们也都眉清目秀了呢。

所以，你猜小桌子最后中标了吗？

当然是差一点儿就中标啦！对，小桌子最后是第二名。第一名是赫尔佐格和德梅隆的方案（图45、图46）。

图 45

图 46

除了名气加成之外，砖墙外表与原校园在色调、肌理上保持一致对甲方来说也是加分项吧。

空间存疑，挖坑待拆。

图片来源：

图1、图9、图32、图40～图44来源于https://www.archdaily.cn/cn/799324/seriejian-zhu-shi-wu-suo-gong-bu-ying-guo-huang-jia-yi-zhu-xue-yuan-kuo-jian-fang-an，图45、图46来源于https://www.archdaily.cn/cn/888668/he-er-zuo-ge-he-de-mei-long-jian-zhu-shi-wu-suo-wei-ying-guo-huang-jia-yi-zhu-xue-yuan-she-ji-biao-zhi-xing-jian-zhu-jin-ri-huo-de-pi-zhun?ad_medium=widget&ad_name=recommendation，其余分析图为作者自绘。

END

当一个精致的居家男孩学了建筑

图1

名　称：卢兹文化综合体（图1）
设计师：赫尔佐格和德梅隆建筑事务所
位　置：巴西·圣保罗
分　类：公共建筑
标　签：编织
面　积：约 36 000m²

传说在建筑设计院里，女的当男的用，男的当牲口用。一个平时连瓶盖都拧不开的柔弱女子，进了设计院就可以扛着十几斤的本册健步如飞地追火车赶飞机。因此一个身强力壮的男子——对不起，我不配拥有姓名。

如果这么说的话，一个热衷于洗衣做饭织围巾、护肤修眉贴面膜的精致居家男孩是万万不适合学建筑的。但《红楼梦》早就告诉过我们："但凡家庭之事，不是东风压了西风，就是西风压了东风。"你以为一个精致的居家男孩学了建筑就会被图纸绑架变成顶着黑眼圈、胡子拉碴的敲键盘的糙汉子吗？

不！

某些男孩就有本事贴着面膜画大样，织完毛衣织楼板。没写错，就是织楼板。

故事的开始是巴西圣保罗市的卢兹区要盖一个文化综合体。项目选址不错，紧挨着卢兹车站，旁边还有两个公园。基地面积也不小，将近 9000m²。按理说，开局这个配置已经足够一般建筑师浪的了（图 2）。

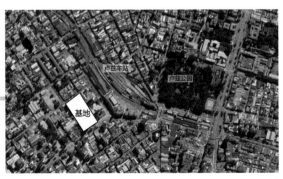

图 2

但在建筑世界里，允许设计师浪起来的唯一条件就是有个划船不用桨的甲方。可问题是，甲方一旦浪起来，就没建筑师什么事儿了。

比如，今天这个自带桑巴天赋的甲方，在任务书里就已经浪出了太阳系。普通的文化综合体一般配上图书馆、展览馆、餐饮商业咖啡厅也就差不多了，文艺点儿的或许再加上个剧院。但桑巴甲方大手一挥：标配必须有，剧院再加俩！所以，这个综合体里除了图书展览外，还有三个剧院，包括一个 1750 座的舞蹈剧场、一个 500 座的演奏大厅、以及一个 400 座的多功能表演厅。

以及——对，三个剧院也不够浪的——两个学校：一个舞蹈学校和一个音乐学校；还有一个公司总部：新成立的圣保罗丹卡舞蹈公司。甚至还要加上一个停车楼，为城市提供 900 个停车位。

不是我吐槽，就这一堆神仙功能凑在一起，叫综合体真是屈才了，至少能算个中央商务区，再加上点儿人口都够一级行政区划了（图 3）。

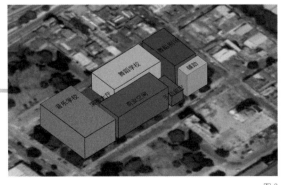

图 3

接受委托的建筑师赫尔佐格和德梅隆以及他们的小伙伴也都惊呆了。倒不是高清兄弟没见过世面，控制不住场面，反而是因为他们见过太多大场面了。

这个综合体整整占了两个街区，保守估计至少要建5层，对比周边的火柴盒房子就是绿巨人和蚁人的差距（图4）。

图4

超尺度建筑虽然不少见——但摸着良心说，这是在破坏城市传统肌理；摸着私心说，这很容易给甲方玩破产（图5）。

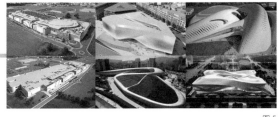

图5

所以，本着可以顺利拿到设计费的朴素愿望，高清兄弟决定不和甲方一起浪，而是做一个安静贤惠的居家男孩，用楼板为桑巴甲方无处安放的野心编织一条温暖的围巾（图6）。

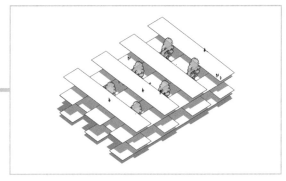

图6

编织楼板这个概念不算很新奇，却一直很美好：百炼刚化为绕指柔，纯洁透明，空灵轻巧，既消解了巨构尺度，又容纳了复杂功能（图7）。

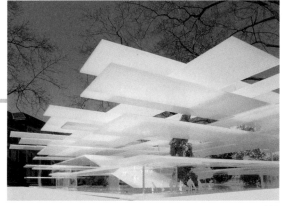

图7

但楼板毕竟不是丝带，空间也要真正能够使用。所谓的"编织"概念落到实际设计上，大多会同类合并变成方格院落，泯然众人矣（图8）。

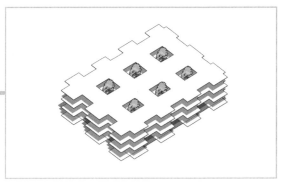

图8

这时候就要展现居家男孩的真正实力了。

编织的魅力在于重组了线与线之间的关系，而不是最后形成的图案，否则用胶水粘起来好不好？所以，<u>画重点：编织楼板的概念转化为建筑时，核心是要建立一个编织的系统，而不是编织的图案。</u>也就是说，我们必须要保留的是楼板的编织关系，而不是编织后的图案（图9）。

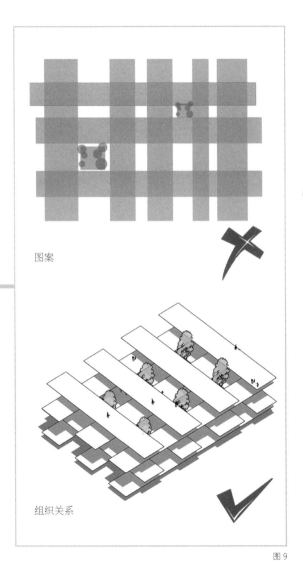

图案

组织关系

图9

也就是说，最后的建筑方案必须要展现出完整的编织系统才算"楼设"没崩。

具体来说有两点：一是可识别的楼板元素；二是交叠的组织关系（图10）。

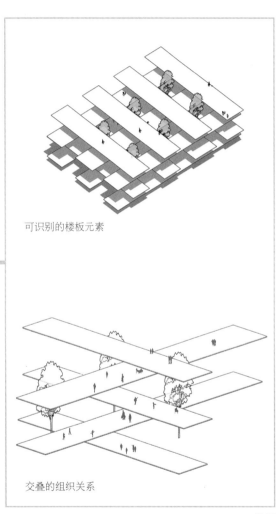

可识别的楼板元素

交叠的组织关系

图10

既然系统明确了，那么问题也就明确了：主要任务就是怎样把具体的使用功能合理地放置在编织系统中。

根据任务书，整个综合体一共有五大功能单元：剧院、学校、公司、图书阅览以及停车楼。这"五大金刚"的人流不能交叉，且都必须在首层拥有姓名。同时，剧院作为独立的封闭体块也不能被纳入编织系统中（图11）。

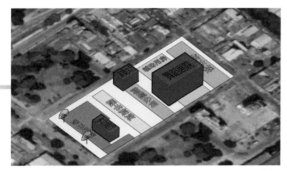

图11

停车楼作为外挂，我们先不管它。为其他四股人流再次进行细分。

剧院人流属于瞬时爆发型，所以出入口上移一层单独设置。首层加设天桥，在二层形成三个剧院的独立入口广场（图12）。

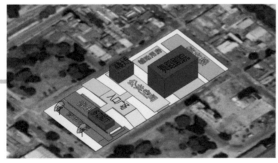

图12

围绕三个剧院设置编织系统。

前面说了，除了楼板元素与交叠关系不能改变，其他皆可变。也就是楼板的宽度和位置可以根据功能面积要求进行调整（图13～图16）。

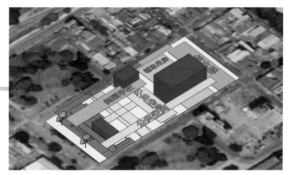

图13

图14

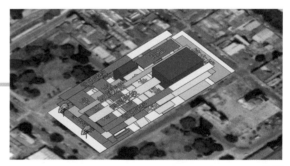

图15

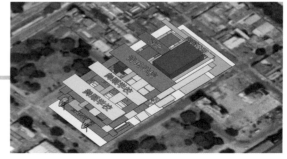

图16

拉起外挂停车楼，解决场地中要求的 900 个停车位（图 17）。

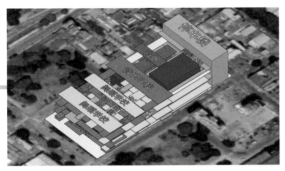

图 17

至此，全部功能就都被成功塞进系统了（图 18）。

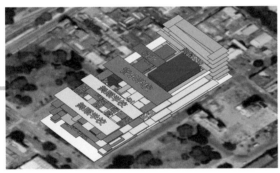

图 18

塞下是能塞下，但问题也来了。你想要的效果是图 19 这样的。

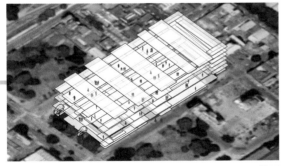

图 19

但实际搞出来的效果是图 20 这样的。

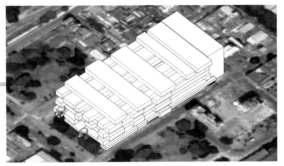

图 20

为什么呢？

因为建筑的体量吃掉了楼板，也就是我们前面强调的"楼板元素的可识别性"没有了，编织"楼设"自然也就崩了。所以，我们下面开始打捞楼板。

1. 打散房间，不让楼板整体形成体块

打散前如图 21。

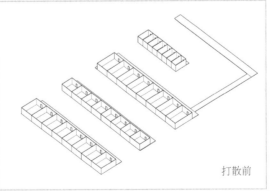

打散前

图 21

打散后如图22。

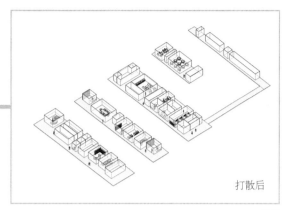

打散后

图 22

也就是保证人们视线范围内可识别的是板，不
是块（图23～图25）。

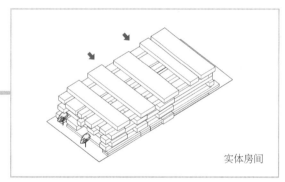

实体房间

图 23

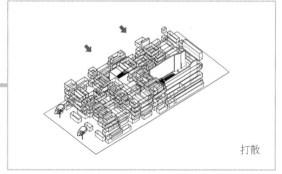

打散

图 24

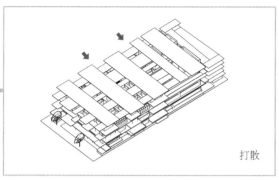

打散

图 25

2. 强化板与板的组织关系

部分房间上下贯通（图26～图28）。

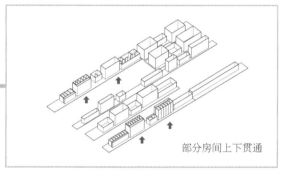

部分房间上下贯通

图 26

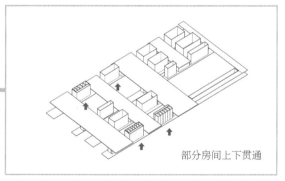

部分房间上下贯通

图 27

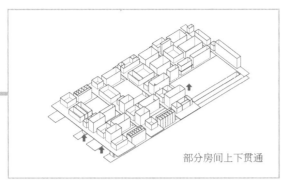

部分房间上下贯通

图 28

在交叉点形成错层的关系，增进视线交流（图 29 ～ 图 33）。

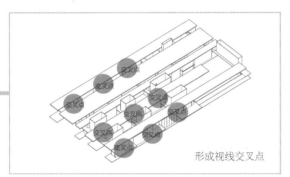

形成视线交叉点

图 29

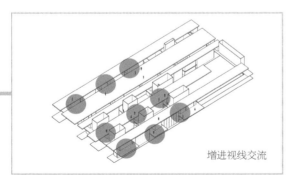

增进视线交流

图 30

图 31

图 32

图 33

3. 增加板的变化引入人流

延长二层作为剧院入口的平台天桥，直接跨过马路架设到对面的公园里（图 34）。

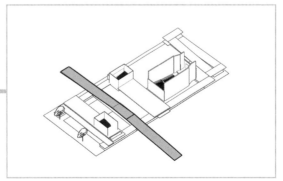

图 34

同时将平台扩大为整个综合体的门厅枢纽，连
通各个功能空间（图35～图37）。

最后再解决技术问题。在系统中楼板相交的地
方加入垂直交通核（图38、图39）。

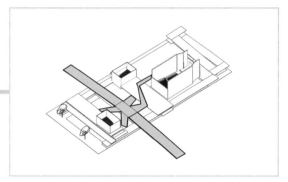

图 35

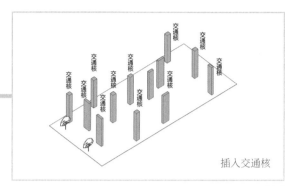

插入交通核

图 38

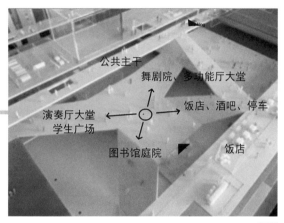

公共主干

舞剧院、多功能厅大堂

饭店、酒吧、停车

演奏厅大堂
学生广场

图书馆庭院

饭店

图 36

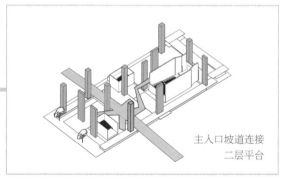

主入口坡道连接
二层平台

图 39

加入支撑柱（图40～图42）。

舞剧院
多功能厅大堂

饭店
酒吧
停车

图书馆庭院

演奏厅大堂
学生广场

公共主干

图 37

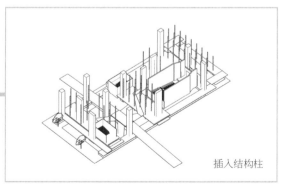

插入结构柱

图 40

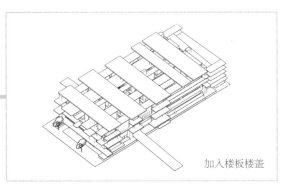

加入楼板楼盖

图 41

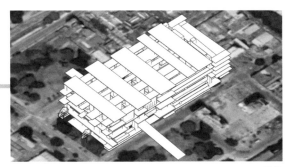

图 42

至此，整个设计就完成了。这就是赫尔佐格和德梅隆设计的卢兹文化综合体，一个居家男孩编织的精致建筑（图 43 ~ 图 45）。

图 43

图 44

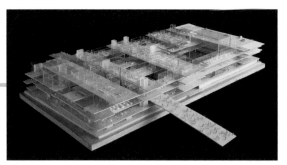

图 45

考试考习惯了的我们总是对自己的应试能力迷之自信，可大多数的成熟建筑师都知道准备好答案再去找题目。临场发挥难免失误，按图索骥虽然不一定次次得手，但如果你有很多很多图，还怕找不到骥吗？

我们改变不了世界，但也可以让世界不那么容易改变我们。比如，从不熬夜开始。

图片来源：

图 1、图 7、图 31 ~ 图 34、图 36、图 37、图 43 ~ 图 45 来源于 El Croquis 152-153 Herzog & de Meuron 2005-2010，其余分析图为作者自绘。

END

纽约古根海姆建成 60 年，终于有人正确打开了赖特

图1

名　称：塞浦路斯博物馆（图 1）
设计师：Architects for Urbanity 事务所
位　置：塞浦路斯·尼科西亚
分　类：博物馆
标　签：客厅，台阶
面　积：16 000m²

纽约古根海姆博物馆不能说是有名，应该说是非常非常非常……有名，有名到连空间设计中的争议和弊端这种建筑圈自己也掰扯不清的事都几乎人尽皆知（图2）。

图2

这个人尽皆知的争议就是赖特先生的专利产品——"爬坡看展"。

1959年，古根海姆博物馆开馆之日就有二十名艺术家签名拒绝在这里展出他们的作品，他们认为这里连个挂画的直墙都没有，简直是对艺术的亵渎。参观群众也纷纷表示爬坡累腿也就算了，主要是还得歪着脑袋看画脖子有点儿受不了。

实话实说，赖特先生这个想法其实很厉害。厉害的不是坡道，而是从空间关系上改变了人和艺术品之间的关系，也就是把传统博物馆殿堂式封闭空间里人对艺术品的仰望关系变成了现在这种开放交流空间里人与艺术品的平等关系，甚至是艺术品对人的陪伴关系。

这也就是为什么赖特嘲笑隔壁的纽约大都会博物馆看起来像是"新教徒的农舍"（图3）。

图3

想法没问题，就是操作太虎了，直接让吃瓜群众从奴隶社会穿越到民主社会，还得自己爬坡，大家不适应也是可以理解的。

时间过去了60年，古根海姆博物馆早已封神，这个"爬坡看展"的空间模式似乎也随之被封印在了教科书里。

既然想法很好，只是模式有问题，难道不能升级改造再利用吗？荷兰Architects for Urbanity事务所也是这么想的，因为感觉这个问题并非无解。最简单的方法，把坡道改成台阶不就行了吗（图4）？

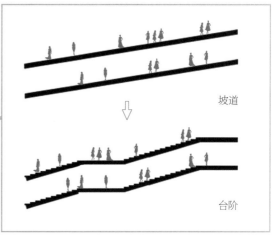

坡道

台阶

图4

地中海小岛国塞浦路斯打算建一座新的博物馆。政府很豪迈地在旧馆对面划了一大块建设用地给新馆，从地图上看至少能放进去 10 个议会大楼（图 5)。

图 5

先别着急激动，政治家们的套路一向很深，塞浦路斯也不是什么土豪。果然，新博物馆只是一期工程，二期还有文物管理局的办公楼以及市民图书馆。另外，一个美丽的市民广场也是必不可少的。

一通折腾下来，新博物馆就只剩了一块 3000m² 左右的方形用地。好在功能都比较常规，主要就是展览空间和研究空间两部分（图 6)。

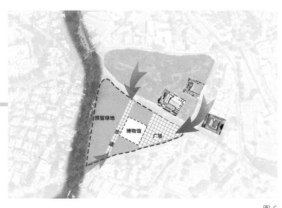

图 6

面积不是问题，功能才是距离。既然功能不作妖，那就可以放心启动"爬台阶看展"模式。

第一步：确定展览台阶位置

根据整体规划，可以确定建筑的两个主入口分别面向市民广场和预留的二期用地（图 7)。

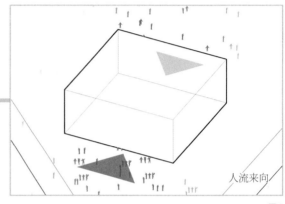

图 7

那么问题来了：怎样布置展览台阶才能既积极回应人流，又不影响其他功能的设置呢？如果面向一个入口设置展览台阶，那么另一个入口则只能进入台阶底部（图 8)。

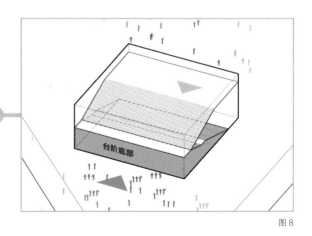

图 8

沿对角线布置可以与人流有最长的接触边缘，但依然有一个入口会进入台阶底部（图 9)。

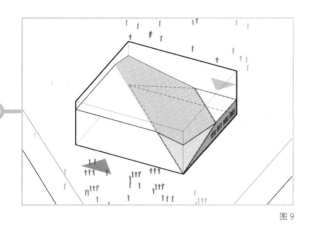

图 9

所以，综合选择既同时面对两个入口，又有较长边界的偏移对角线布置方式（图 10）。

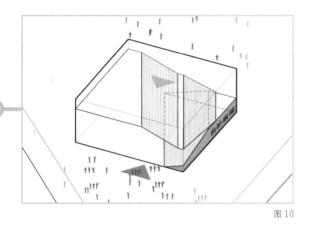

图 10

同时也形成了引导人流的入口通道（图 11）。

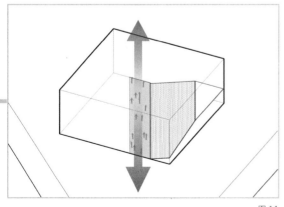

图 11

通道和展览台阶自然将建筑体量划分为三个部分：整体台阶为主要展览空间；一层台阶下采光最差，设置成会议室、报告厅等；二层台阶下较开阔，布置为实验、研究等办公空间（图 12）。

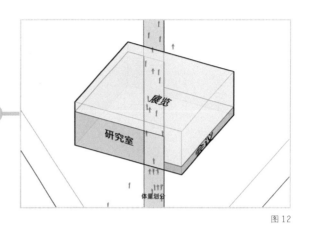

图 12

第二步：修正展览台阶的尺度

Architects for Urbanity 事务所吸取了赖特的教训，没有仅仅沿参观流线设置常规台阶，给人一种要一口气走到顶的疲惫感，而是将台阶拉长，塞满整个空间，削弱向上的引导，加强横向的交流。台阶上可以坐、可以站、可以走、可以躺，这样爬台阶就变得友好多了（图 13、图 14）。

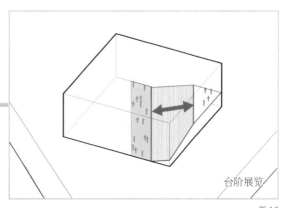

台阶展览

图 13

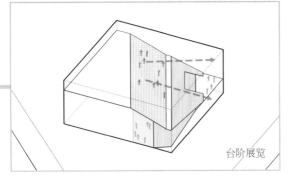

台阶展览

图 14

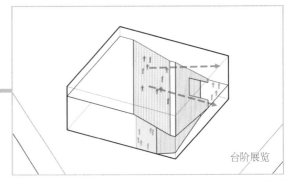

台阶展览

图 16

但扩大台阶后，每层展览台阶都变成了一个封闭空间，赖特设计的空间中一条坡道绵延向上的开放感和连续感就都消失了（图 15）。

图 15

所以，还需要继续改造。

1. 通过缩小二层观展台阶成倒三角形，减少对转向平台的占用，也使上下层台阶间的视线可以交流（图 16、图 17）。

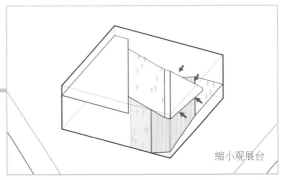

缩小观展台

图 17

2. 放大二层台阶的中部平台，提供充足的休息缓冲空间（图 18、图 19）。

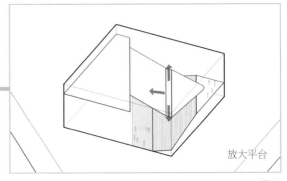

放大平台

图 18

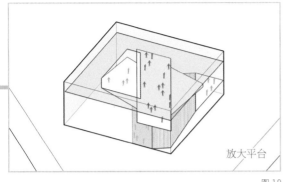

放大平台

图 19

现在整个台阶看起来就通透开放多了。

第三步：修正展览台阶的展示

赖特吃瘪的另一个原因在于对展览的艺术品本身也不太友好：坡道上不太适合摆放展台、没有垂直展墙等。

Architects for Urbanity 对此都进行了改进，不但在台阶上插入了高矮大小不同的展台，还特意设计了一条快速坡道。想跳过一些展品的观众可以在不打扰别人看展的同时，通过坡道快速行进。另外，这也是一条无障碍通道（图20、图21）。

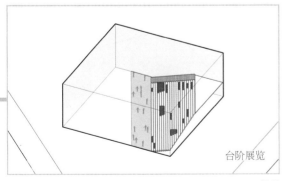

台阶展览

图 20

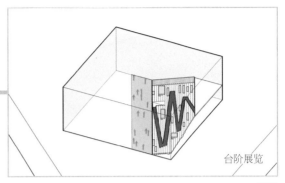

台阶展览

图 21

而二层台阶的扩大平台也被设置为临时展厅，并提供了坐在上面台阶上俯视展品的独特观赏视角（图22）。

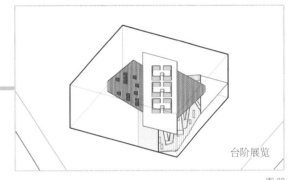

台阶展览

图 22

当然，仅靠二层平台这一点点临时展台是肯定不够的。所以，建筑师又加设了顶层的完整展览空间，也使展览台阶的尽端物尽其用，增加空间层次。二层展览台阶的形状也是根据顶层空间的中庭进行修剪的（图23～图25）。

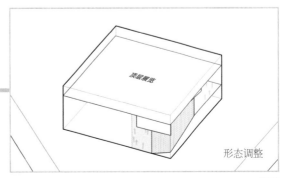

顶层展厅

形态调整

图 23

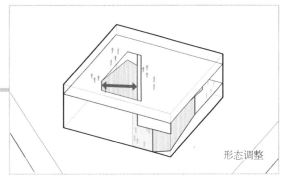

形态调整

图 24

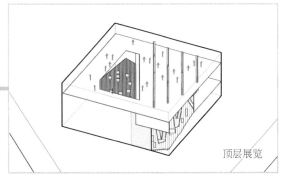

顶层展览

图 25

为什么一定要有完整的展览空间？因为完整空间可以自由选择布置展览的方式，这是无论"爬坡"还是"爬台阶"模式永远都无法满足的布展需求（图 26）。

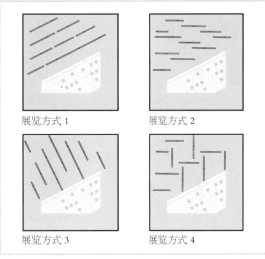

展览方式 1   展览方式 2

展览方式 3   展览方式 4

图 26

至此，整个博物馆以台阶为主要载体的展览空间就全部完成了。

第四步：研究办公空间的设计

位于二层展览台阶底部的研究办公空间其实现在有两个选择：一是设计成一个独立工作的体块，与展览台阶不产生关系。优点是参观人流与工作人流不交叉，方便管理；缺点是空间结构不统一，入口视野不开阔（图 27）。

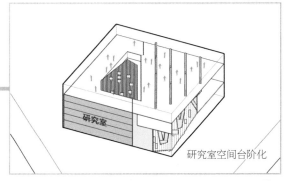

研究室空间台阶化

图 27

二是和展览台阶统一设计。优点是空间统一，视野开阔；缺点是可能会造成人流交叉，管理混乱（图 28）。

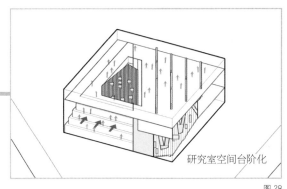

研究室空间台阶化

图 28

很明显，这两个选择都不好。鱼和熊掌都想要，有办法吗？有办法！办法就是设计成一个参观群众爬不上去的"大"台阶（图29～图31）。

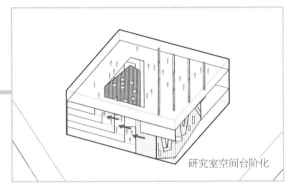
研究室空间台阶化

图29

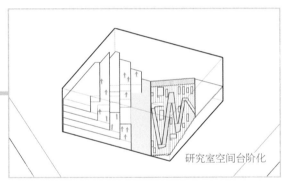
研究室空间台阶化

图30

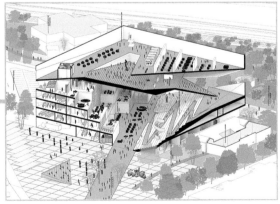

图31

研究空间形成的台阶平台依然可以作为休闲交流空间使用，但只能通过研究空间内部进入。也就是说，参观群众看得见上不去，研究人员也看得见却下不来。

通而不达的设计让整个空间结构呈现出"城市客厅"的开放概念，却并不起真正的客厅交通枢纽作用（图32）。

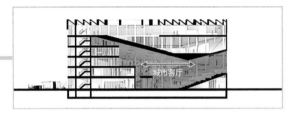

图32

同时，这个空间结构也完成了对建筑立面的分区，建筑整体内外统一（图33）。

191

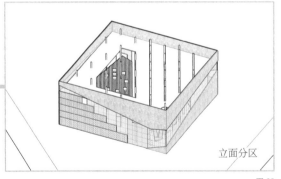
立面分区

图33

第五步：会议室和报告厅

在首层展览台阶下设置会议室和报告厅（图34、图35）。

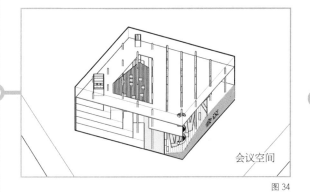

会议空间

图 34

图 35

第六步：结构和疏散楼梯

在展览空间的边缘布置垂直疏散楼梯，尽量不影响展览台阶的完整性。同时正常排列柱网（图 36）。

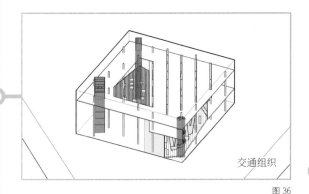

交通组织

图 36

研究办公空间拥有自己独立的交通核，确保与展览空间流线彼此独立、互不干扰（图 37）。

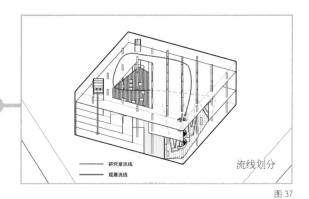

　　 研究室流线
　　 观展流线

流线划分

图 37

第七步：表皮和采光设计

建筑屋顶根据下部展览空间对采光的不同需求分为两个部分：直射展台区和漫反射展台区（图 38）。

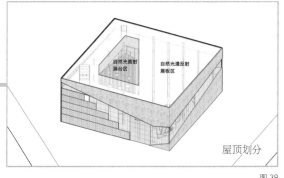

自然光直射展台区　　自然光漫反射展板区

屋顶划分

图 38

直射展台区设计为玻璃屋顶，漫反射展台区设计为折板屋面（图 39、图 40）。

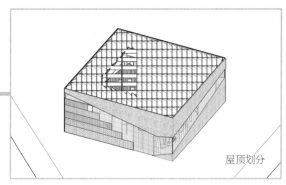

屋顶划分

图 39

图 40

这就是 Architects for Urbanity 事务所设计的塞浦路斯博物馆方案,一个正确打开大师经典案例的案例(图 41 ～图 44)。

图 41

图 42

图 43

图 44

就在 2019 年 7 月,赖特的 8 座建筑正式被联合国教科文组织列为世界遗产名录,其中就包括纽约古根海姆博物馆。你说古根海姆都熬成世界遗产了,我们连他的空间智慧还没领会到,扎心不?

建筑大师不是神,无须时时供着,丝毫不敢僭越;但建筑大师也不是普通人,有些思想确实超越了时代,闪耀至今。

"经典建筑案例分析"这门课每个建筑师应该都上过,但我们除了记住一堆"某年某月某日某某某设计了某某某"的知识点之外,大概很少有人会去想运用大师们的空间智慧解决今天的建筑问题吧。

反正我打算再重新翻一遍课本了。

图片来源:

图 1、图 31、图 40 ～图 44 来源于 https://www.archdaily.cn/cn/932189/fmzdxin-zuo-jiang-de-hei-lan-hun-ning-tu-jie-gou-gai-wei-gai-nian-xing-gou-wu-zhong-xin, 图 2 来源于 https://www.archiposition.com/items/20190506013758, 图 3 来源于 https://www.architecturaldigest.com/story/david-chipperfield-metropolitan-museum-of-art, 图 15 来源于 https://www.genelowinger.com/street/manhattan, 其余分析图为作者自绘。

END

建筑大师隔空掐架：谁是真正的森林之子

图1

名　　称：匈牙利音乐之家（图1）
设 计 师：藤本壮介建筑设计事务所
位　　置：匈牙利·布达佩斯
分　　类：文化中心
标　　签：自然
面　　积：9000m²

对战的双方是法国队的让·努维尔以及日本队的藤本壮介。

对普通吃瓜群众来说，这就是两个外国人名，唯一的共同点是名字都很拗口。但对建筑画图狗来说，这是两个外国名人，且有着八竿子也打不着的关系。毕竟，一个是自带法兰西艺术细胞、热情浪漫的硬核科幻（图 2），一个是"樱花国"天生冷淡、不食人间烟火的修仙玄幻（图 3）。

图 2

图 3

一个是氪金土豪的最爱，一个是文艺青年的偶像，就算绑在一起估计也是相亲相爱、相敬如宾，怎么会掐架呢？

如果说这个世界上能让两个男人决斗的只有女神，那么能让两个男建筑师隔空掐架的也只有——缪斯女神。换句话说，这俩大哥的灵感撞梗啦！他们都放弃了一棵树而选择了整片森林。

努维尔的那片森林是三种结构，九层细分，在真实的中东沙漠里逆天贴图、渲染森林光影，再加上外挂神"壕"甲方无限充值——很难想象会有人做得比努维尔更接近满分（图 4）。

图 4

按照建筑界的创作潜规则，像这种一鸣惊人，几乎做到极致的设计意象基本上就不会再有人去碰了，比如流水别墅、光之教堂、玻璃金字塔或者巴塞罗那的所有高迪的作品等。珠玉在前，你做得再好也是抄袭，做得不好那就是连抄都不会。

但总有人不信邪。说的就是藤本壮介同学。

不知道是努维尔的魅力不够大，还是森林缪斯的魅力太大，反正咱们的藤本君就是一门心思地要和"森林"较劲。藤本较劲的这个项目是匈牙利首都布达佩斯音乐之家国际竞赛。

所谓音乐之家，说白了就是一个音乐厅＋展览馆＋图书馆的综合体。选址很给力，就在布达佩斯最大的城市公园里面（图5）。

图5

努维尔是没有森林硬造森林，而藤本这里是真的有一片森林啊。

很明显，藤本的基地环境压力更大。人家"沙漠罩森林"这个概念本身就打满鸡血，就算方案有瑕疵也是勇气可嘉。而"森林加森林"？真的不是吃饱了撑得画蛇添足吗？

更何况中东土豪的"氪金"能力要甩欧洲甲方十八条街。所以，藤本最后搞的这个"锅从天上来"怎么看怎么像努维尔的森林简化删减版（图6）。

图6

但藤本同学发自肺腑地呐喊：我们真的不一样！

在藤本看来，努维尔的森林是图7这样的。

图7

而他的森林是图8这样的。

图8

森林的迷人并不只意味着树下那多彩的一小部分，还有树顶丰富的光影和活动。而且，树顶再往上还有美好的天空与飞鸟的痕迹。

画重点：藤本的森林空间分为三个层次：树下层、树冠层、树上层（图9）。

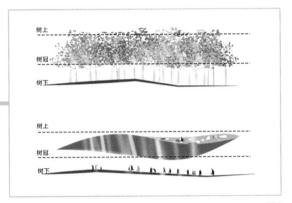

图9

首先，设定建筑层高和树一样，把树冠架起来（图10、图11）。

图10

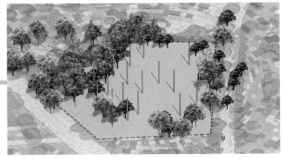

图11

然后，模拟森林里树冠的起伏，生成中间厚、边缘逐渐变薄的三维曲面形态，在视觉上消隐体量（图12）。

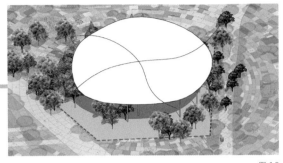

图12

再加入一些自由的变化，让这个盖更像自由生长的树冠。当然，藤本说这是运用了音乐的波形——他开心就好（图13）。

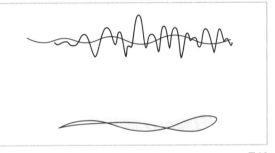

图13

下面就是至关重要的一步：营造森林光影。

要知道，努维尔可是花了中东甲方整整30亿人民币，搞了九层结构才模拟出森林里迷幻复杂的光影氛围（图14）。

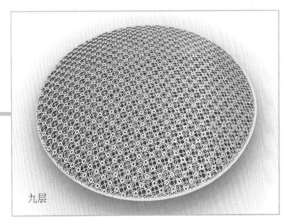

九层

图14

而我们说过了，一向小气的欧洲甲方没有，也不可能有这么多钱给你去花式吹牛的。那如果没钱还想要屋顶透光，就只剩下一个办法，也是最原始、最省钱的办法——手动开洞。

方式一

学习隔壁，搞几层牛气冲天的表皮，营造茂密森林里的光影。先不提钱不钱、手累不累的，主要是搞成这样，树冠空间基本就宣告作废了（图 15）。

图 15

方式二

当然也可以沿用藤本喜欢的平面直角大天窗。但你说这是茂密森林里的光影？别忘了，真的森林就在旁边杵着呢（图 16）。

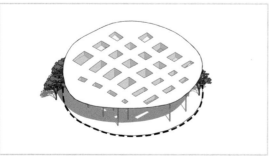

图 16

方式三

那就只剩下老老实实地在屋顶开洞了。既然概念是"森林"，那么场地中的原有树木肯定要保留，否则不就成了叶公好龙了吗？以保留树木的树冠为尺度，设定最大洞口直径（图 17）。

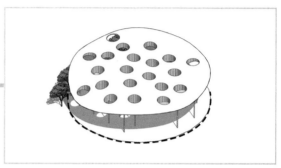

图 17

再加入数量更多也更小的圆洞，模拟树叶缝隙，产生森林中不规则的光影（图 18）。

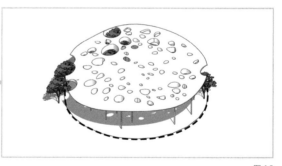

图 18

至于像不像的，领会精神凑合着看吧。因为就算只是这样，树冠里面的空间都已经成漏勺了，还咋用呢（图 19）？

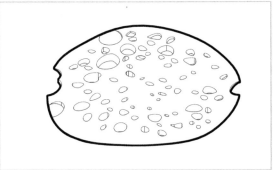

图 19

要把这个漏勺屋顶转化为可用空间，首先得看看到底有没有使用的可能。

因为树冠中间厚、四周薄的曲面形态，导致地面和屋顶不平整，且边缘部分都不能用。也就是说能用的也就中间这一小圈，剩下的都满足不了使用层高（图 20）。

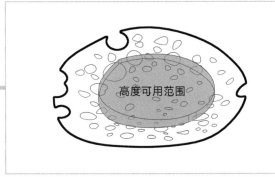

高度可用范围

图 20

而在使用边缘上的洞，一部分留给树木生长，让树冠伸入建筑内部，营造出真实森林的感觉。另外一部分被隔成一半室内空间、一半室外平台（图 21）。

图 21

也就是藤本同学森林三部曲的树上层，没事出来溜达溜达看看天，呼吸一下曾是飞鸟专享的空气（图 22、图 23）。

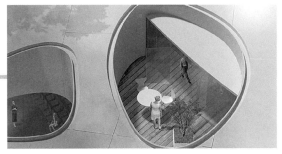

图 22

图 23

而树冠内部这个空间，主要包含图书阅览、教室和活动三部分功能（图 24）。

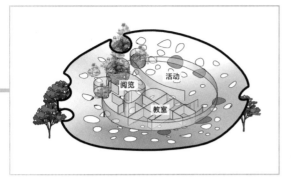

图 24

图 27

对普通建筑师来说，这种曲面楼板吹泡泡的空间模式可能有点儿撑不住，但对日本代表队来说，就是家常便饭（图 25）。

图 25

其实如果你不把它理解成楼板开洞，而是大大小小的柱子或者中庭就没那么恐惧了。除了有点儿浪费，没什么不好用的（图 26 ～ 图 28）。

图 28

至此，藤本君的森林空间三部曲的主体就完成了（图 29）。

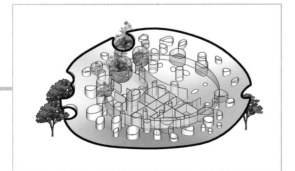

图 26

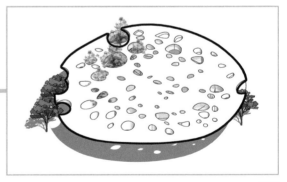

图 29

整体结构采用钢结构的三维桁架，像夹心饼干一样的上下两层钢梁可以消除内部所有的柱子，只有光柱的穿透会产生飘浮的梦幻般的感觉（图 30）。

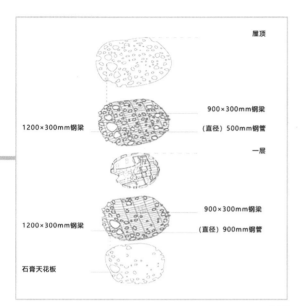

图 30

最后再加入交通核、旋转楼梯和直跑坡道，多种爬树方式任君选择（图 31、图 32）。

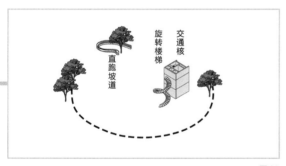

图 31

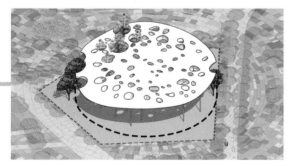

图 32

方案虽然做完了，可实际使用功能基本没有。除了把最不重要的阅览空间塞在了树冠层，剩下的音乐厅和展览馆还连影儿都没有呢。

怎么办？像隔壁一样放在树下吗？当然不是啦！放树下干什么，咱们直接放地下！

把不需采光的展览空间放到地下，避开场地中原有树木的树根（图 33、图 34）。

图 33

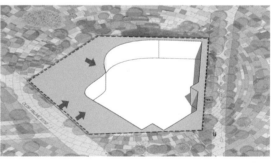

图 34

在地下布置临时展厅和永久展厅（图 35 ~ 图 37）。

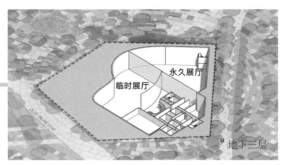

图 35

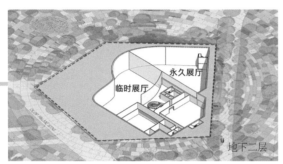

图 36

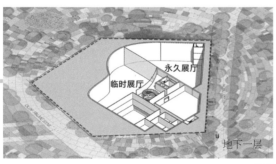

图 37

最后，再在地面开洞，使上下视线和光影保持通透（图 38、图 39）。

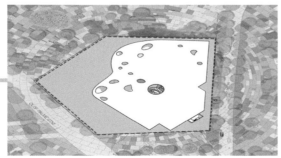

图 38

图 39

还有最重要的表演空间。藤本最初的梦想就是创造一个森林里的透明音乐厅，所以把音乐厅放在首层，其他地方依然保持通透（图 40）。

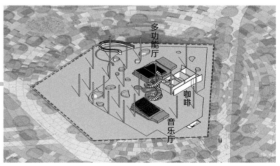

图 40

旁边又做了一片景观坡地，四舍五入等于又加了一层观众席（图 41、图 42）。

图 41

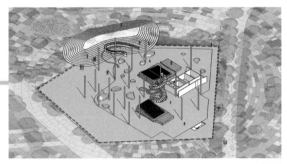

图 42

根据不同的使用情况，音乐厅的布置也可以随之变化，满足音乐厅、演讲厅、多功能厅等各种需求（图 43）。

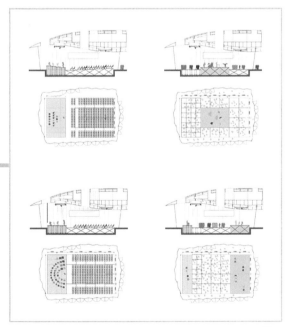

图 43

音乐大厅的玻璃墙也被设计成折叠的，使森林与建筑更加融合，也使整个建筑全部面向森林开放（图 44）。

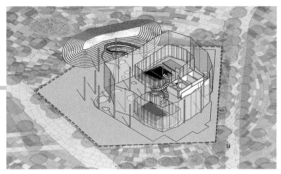

图 44

至于玻璃外墙让音乐厅的声学设计变得很有难度这事，就别问了。问就是为了美丽景色的必要牺牲。

至此，整个建筑方案才算全部完成（图 45）。

图 45

最后有个小插曲。藤本同学可能觉得自己这个手动树影和隔壁的九层高科技比起来实在有点儿寒碜，自尊心迫使他又设计了一组树叶表皮贴在楼板上（图46）。

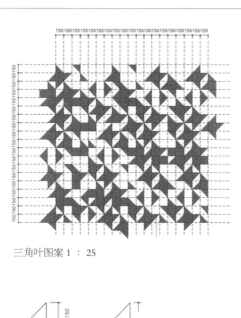

三角叶图案 1：25

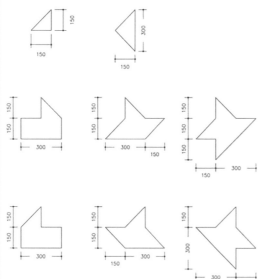

三角叶图案 1：10

图46

这样，音乐厅所在的首层树下空间就也会呈现出复杂、梦幻的森林光影啦（图47）。

图47

结果，当然是被甲方直截了当又毫不犹豫地删掉了。

这就是藤本壮介中标且马上要开工建设的匈牙利音乐之家，另一个森林光影的方案（图48、图49）。

图48

图49

204

两个森林空间方案，你选哪一个？

不管藤本的森林三部曲还是努维尔的九层光影，他们都捕捉到了自然情景里的"空"的部分。他们看森林，看到的不是森林中的树木花草，而是森林中树木花草之间的空间。也就是老子所谓的"凿户牖以为室，当其无，有室之用。故有之以为利，无之以为用"。

对"虚"的想象，对"空"的创造，对"无"的使用，才是建筑学永恒的话题。

图片来源：

图 1、图 7、图 9、图 13、图 22、图 23、图 27、图 28、图 30、图 39、图 41、图 43、图 46 ~ 图 49 来源于 https://afasiaarchzine.com/2014/12/sou-fujimoto-architects-5/，图 2 ~ 图 4、图 6、图 25 来源于 https://www.pinterest.com，其余分析图为作者自绘。

END

谁『杀死』了建筑师

图1

名　称：佛兰德广播电视总部（图1）
设计师：克里斯蒂安·凯雷斯
位　置：办公建筑
分　类：文化建筑
标　签：双套系统
面　积：约55 000m²

在建筑学院待久了，就会观察到一些事情。细思极恐。

一个班里有 30 人，一年级的时候有 20 人做设计都灵气十足，展现出未来建筑大师的气质；二年级的时候，这种人只剩下 10 个；三年级的时候，扒拉一下还能找到五六个；四年级的时候，拿着放大镜能看到两三个；五年级的时候，要是还能剩下一个也算运气好了。

等到毕了业，你就会发现，所有人，所有的人，就都长成了"设计尸"或者"画图狗"。

谁"杀死"了建筑师？

无梁楼板不是什么新物种，大学建筑教科书上都已经给出了标准答案（图2）。

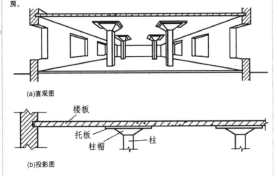

图2

但有一天，某个同学（我们就叫他小某吧）突发奇想：这个无梁楼板结构的荷载都集中在柱子周边并呈放射状，那如果抠掉楼板中不受力的部分不就可以大大降低楼板的自重、楼板的厚度，还可以变大柱距——一石好几鸟吗（图3）？

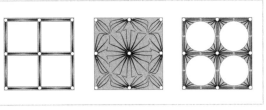

图3

听起来好有道理是不是？

为了适应这种楼板，小某还给柱子相应地增加了柱帽，设计成蘑菇柱。然后他就获得了一个满身是洞的空间结构新装备（图4、图5）。

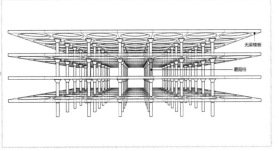

图4

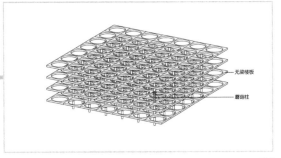

图5

207

再然后，他就毫无意外地被群嘲了：小某，你这个玩意儿长得跟个筛子似的，怎么用？难道是要大家在里面走独木桥玩吗？随便找个立体构成作业都比你这个复杂又好看，有什么了不起？不切实际！你咋不上天呢？哈哈哈哈哈哈哈……

熬过群嘲的建筑师才是真正的建筑师，熬不过的都变成了"画图狗"——只是一改犬类"汪汪汪"的语言模式，取而代之的是"好好好，改改改，画画画"。

我们不知道小某心里经过怎样的斗争，但可以肯定的是，他没有放弃他的筛子，而且几乎是迫不及待、马不停蹄地就拿去实践了。

小某参加了一场竞赛：比利时布鲁塞尔佛兰德广播电视总部设计。基地位于当地的媒体公园，周边环境相当怡人（图6）。

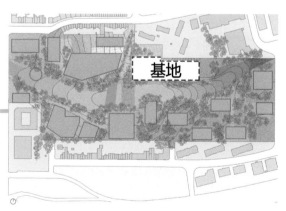

图6

根据任务书的设定，整个总部由两部分组成：办公大楼和演播大厅（图7）。

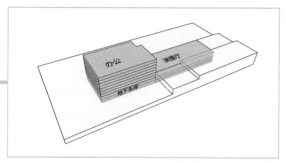

图7

按照要求排布功能后，就得到一个正常得不能再正常的办公楼（图8）。

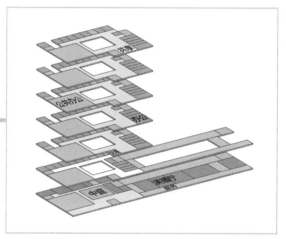

图8

下面就是见证奇迹的时刻——小某要把他的筛子放进去（图9）！

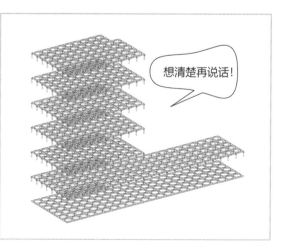

想清楚再说话！

图9

那么问题来了：怎么放？反正肯定不能只用嘴放。填平行不行？我辛辛苦苦挖了40个洞你说填就填上了？！要是能填上，当初又何必被群嘲（图10）？

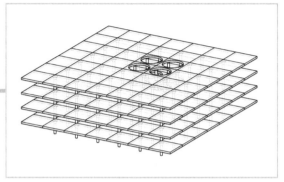

图 10

设计做久了，碰到困难，条件反射地就想着动手改。

小改伤身，大改伤心，不想改的伤脑筋，改来改去不是你死就是你亡。但小某不想改也不想死，更不想放弃心爱的筛子。他提出了一个新方法——井水不犯河水之灵魂合作法。

筛子还是筛子，使用也照常使用：我不为你填坑，你也别为我委屈，咱俩就这么静静地挨着站，一别两宽，各生欢喜。没有关系就是最好的关系（图11）。

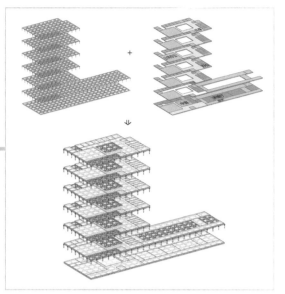

图 11

换句话说，小某在需要功能的位置又加了一层轻质铺装来承托使用系统（图12、图13）。

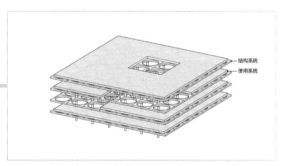

结构系统
使用系统

图 12

图 13

这样就形成了一个双系统的复合体，反而让每个系统都有了更大的发挥空间。对筛子结构系统来讲，可以灵活地进行洞口合并或者洞口变形，形成各种各样的中庭空间和采光空间（图14～图23）。

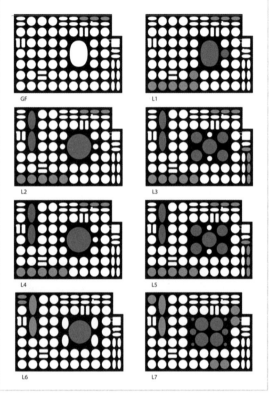

图 14

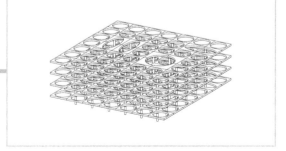

图 15

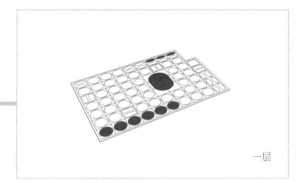

一层

图 16

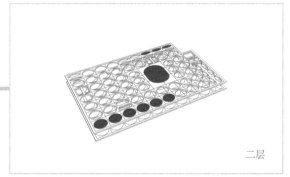

二层

图 17

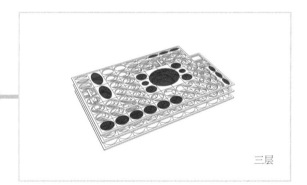

三层

图 18

四层

图 19

五层

图 20

六层

图 21

七层

图 22

八层

图 23

配合中庭可以再来几组旋转楼梯，让空间更加有趣（图 24、图 25）。

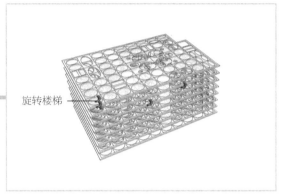

旋转楼梯

图 24

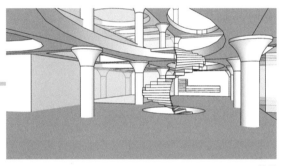

图 25

交通核、管道井这种需要上下贯通的功能也好办，找个洞口直接打穿就行（图 26、图 27）。

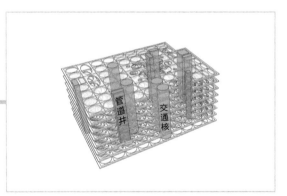

管道井 交通核

图 26

图 27

至于其他各种功能体块，都在轻质铺装上正常
排布就可以了（图 28 ~ 图 32 ）。

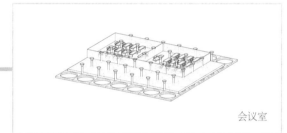

会议室

图 28

图 29

开放办公

图 30

开放办公区

图 31

交流休息

图 32

最后的结果就是形成了这样一个一层结构、一层功能相互交叉叠合的双系统建筑体系（图33～图47）。

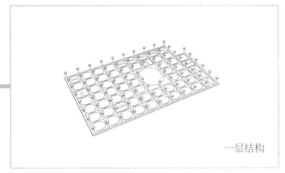

一层结构

图 33

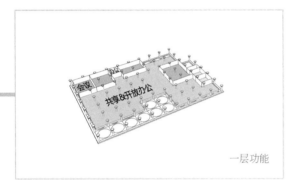

一层功能

图 34

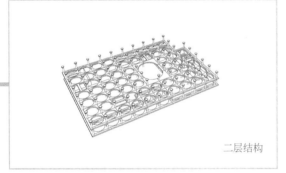

二层结构

图 35

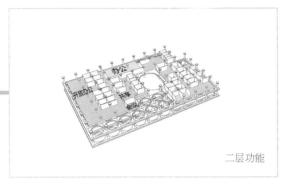

二层功能

图 36

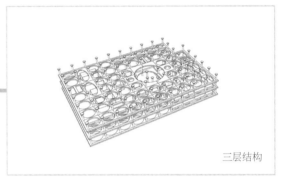

三层结构

图 37

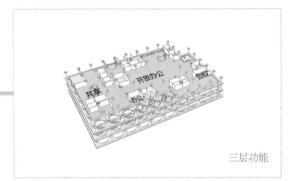

三层功能

图 38

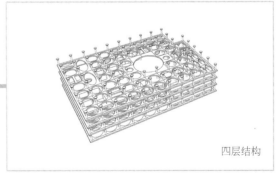

四层结构

图 39

213

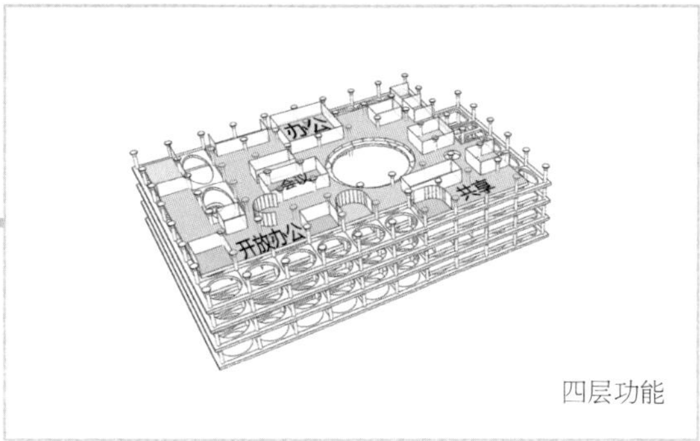

四层功能

图 40

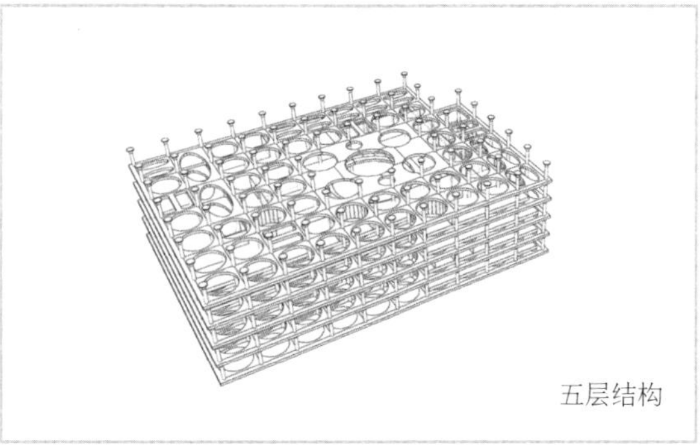

五层结构

图 41

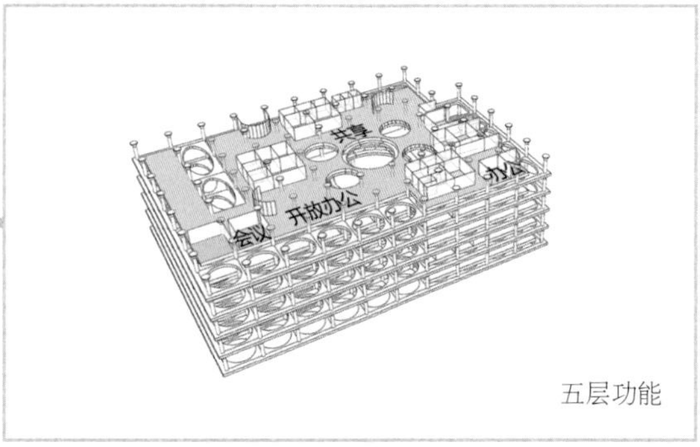

五层功能

图 42

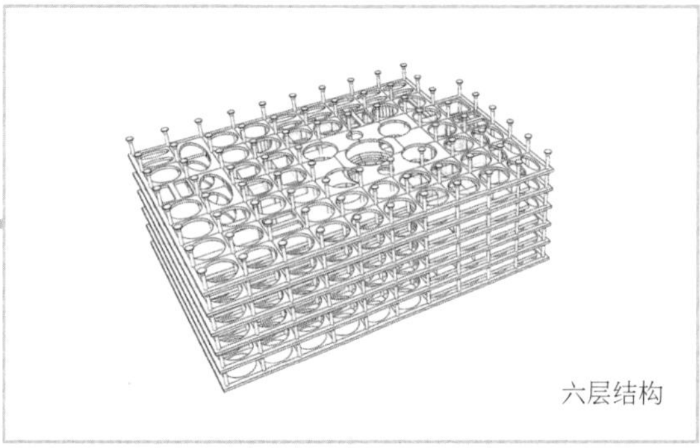

六层结构

图 43

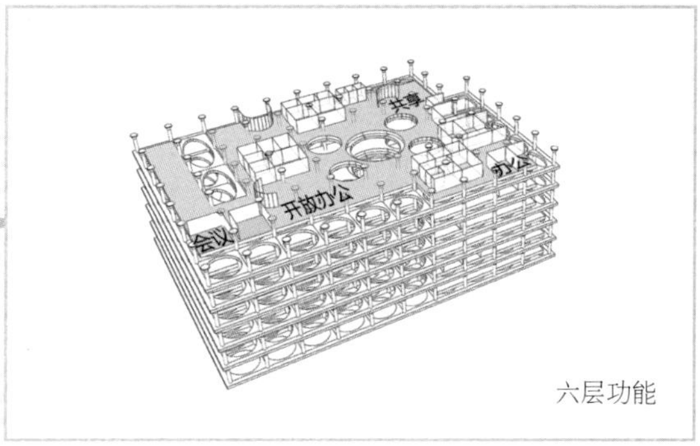

六层功能

图 44

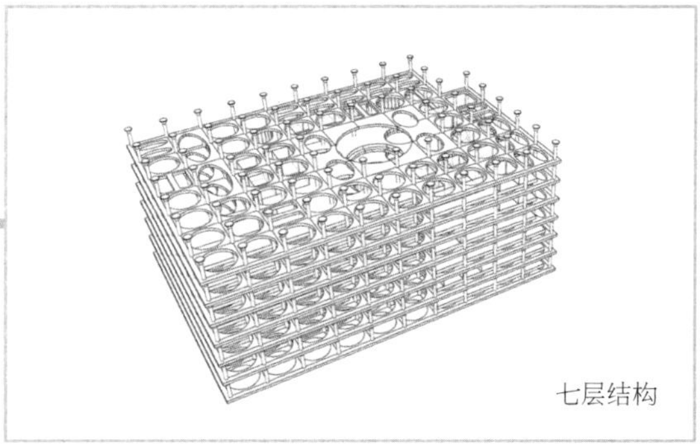

七层结构

图 45

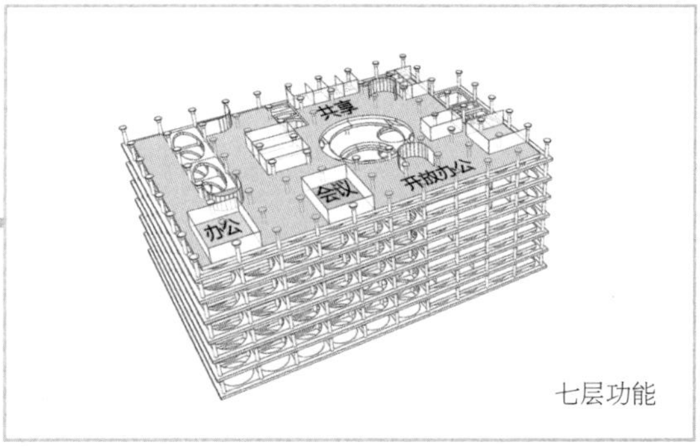

七层功能

图 46

屋顶

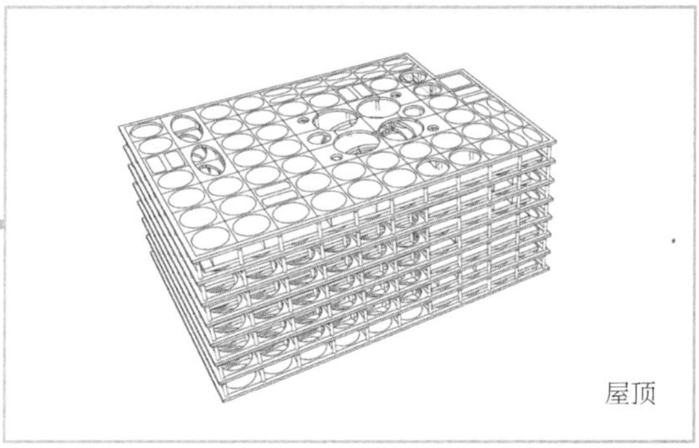

图 47

就像一个曾经得红点奖的椅子设计，合起来天衣无缝，分开也各自成立——你甚至看不出它们原来属于一个整体（图48）。

图 48

有些设计就是这样，别人做出来你觉得没什么，但你就是死活想不到。对这类灵光闪现型的设计策略，我们一贯的政策就是——小本本记好了，说不定哪天它就能救你一命。

最后就是立面了。结构是主角，那么立面的唯一任务就是不要抢了人家的风头。为了保持结构的可见性，围合的玻璃幕墙后退至结构背面，也就是形成了一圈可供人活动的外阳台（图49）。

图 49

旁边的演播大厅因为也不需要采光，同时为了顺应地形，就做成了半地下加覆土屋顶的一个小地景（图50）。

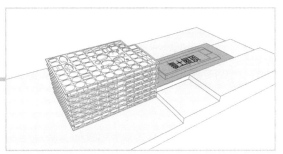

图 50

这就是克里斯蒂安·凯雷斯设计的布鲁塞尔佛兰德广播电视总部大楼，一个誓将概念进行到底、誓死不改方案的方案（图51 ~ 图58）。

图 51

图 52

图 53

图 54

图 55

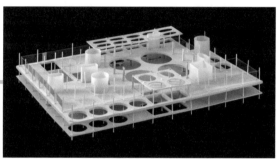

图 56

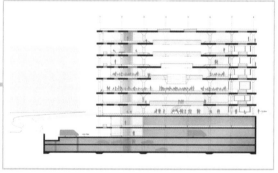

图 57

图 58

有一本书叫《反脆弱》，作者塔勒布用了 400 多页的内容来论述"脆弱"的反面不是坚韧或者强壮，而是"反脆弱"。简单来说就是，风能吹灭蜡烛，但我们不能为了让蜡烛不灭就去让风停止，而是要想办法利用风让火苗越烧越旺。

同样，在建筑创作中，设计概念是最脆弱的，使用功能、建造技术、预算投资遇到了问题第一个想到的都是推翻设计。但它们的目标不是消灭设计，只是想解决问题——如果建筑师解决了问题，又何必推倒重来？

吹灭蜡烛不一定能解决问题，万一甲方是想让火越烧越旺呢？我们设计建筑是为了改造世界，不是为了改造方案。至少，我们自己不能先放弃。

图片来源:

图 1、图 3、图 13、图 14、图 27、图 29、图 31、图 53 ~ 图 58 来源于 El Croquis 182 — Christian Kerez,Junya Ishigami，图 2 来源于《建筑构造与识图》，图 6、图 51、图 52 来源于 https://afasiaarchzine.com/2016/02/christian-kerez-6/，图 48 来源于 https://www.pinterest.com/pin/72339137734788180/，其余分析图为作者自绘。

END

建筑师自找的

设计里 90% 的麻烦都是

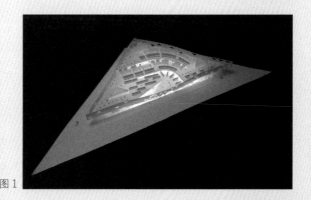

图1

名　称：Encants Market 跳蚤市场方案（图1）
设计师：JDS 建筑事务所
位　置：西班牙·巴塞罗那
分　类：商业建筑
标　签：地标，坡道
面　积：34 000m²

图2

名　称：Encants Market 跳蚤市场方案（图2）
设计师：B720 Fermín Vázquez 建筑事务所
位　置：西班牙·巴塞罗那
分　类：商业建筑
标　签：地标，折板
面　积：35 440m²

所有建筑师都希望自己的设计"与众不同"。所有甲方也都希望自己的项目"与众不同"。这个"与众不同"简直就是救场神器，是甲、乙双方之间唯一的共同话题、感情纽带。反正只要聊这个，设计费好商量，预算也好办，大家都兴高采烈、兴致勃勃、兴趣盎然，恨不得立马就去兴风作浪，明儿一早就能兴旺发达。

而且，广大甲方同志的实力和觉悟也确实在不断提高。以前好歹就是吹吹牛，实际操作还得看看手里是个什么项目，有没有金刚钻。

而现在，不管什么破衣烂衫，抄起板凳就敢造地标！前有叫板悉尼歌剧院的鱼市场，后就有今天这个非得和圣家族大教堂过招儿的跳蚤市场！

巴塞罗那市中心有一个著名的跳蚤市场 Encants Market，论岁数真的和圣家族大教堂差不多，少说也有 100 岁了（图 3）。

图 3

年龄就是优势，坚持就是胜利。甭管 100 年前这里是什么穷乡僻壤、不毛之地，反正人家坚持 100 年不挪窝，就生生地把自己熬成了西班牙著名的跳蚤市场，加泰罗尼亚必去的五十大景点之一，巴塞罗那市中心的 VIP（图 4）。

图 4

这真的是一个励志故事。小市场也有大梦想：VIP 算什么？人家要做 VIP 中的 P！巴塞罗那新地标！米其林三星跳蚤市场！

和鱼市场一样的操作，跳蚤市场也搞了一场国际竞赛。虽然家底只是一个 8000m² 的三角形露天市场，三条边的长度还不一样，但人家就敢在任务书上写 30 000m² 的新地标，一不留神还以为要建个综合体呢（图 5）。

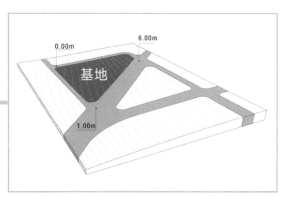

图 5

219

建筑师谈理想,甲方觉得建筑师像傻瓜;甲方谈理想,建筑师觉得甲方是知音。特别是当这个理想既励志又与众不同的时候,建筑师简直是争先恐后打了鸡血似的往贼船上蹦。

比如,我们意气风发的小可爱——JDS 建筑事务所。JDS 想都没想就把这个项目定性为"一个地标性的跳蚤市场"。也就是说,设计一个具有跳蚤市场功能的标志性建筑物。

虽然这听起来就像是把煎饼果子做成法式大餐一样难,但这就是甲方想要的啊,不是吗?况且实现理想就是很难的呀,不突破不创新怎么励志(图6)?

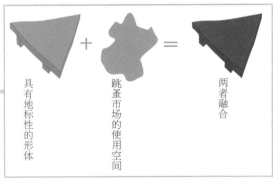

具有地标性的形体　+　跳蚤市场的使用空间　=　两者融合

图6

首先根据场地形状确定建筑形体(图7)。

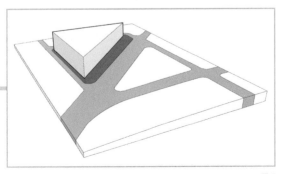

图7

然后根据功能面积需求,将主要的使用区域分为上下两层(图8)。

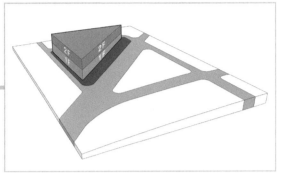

图8

接着在各个角部设置入口,从而消除掉尖角空间(图9)。

斜的???

图9

再将室内地坪找平,并且用大台阶过渡室内外的高差。一般说来,很多人会选择抬升室内地坪,然后对接大台阶(图10)。

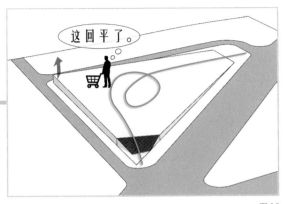

图 10

但这样会使沿街面难以向路人展示市场内部活动。所以选择让马路一侧高于室内地坪，形成下沉式的商业空间，从而更好地吸引人流（图 11）。

图 11

再把交通核压在角部，让建筑核心区域从难用的三角形转化为好用的六边形（图 12）。

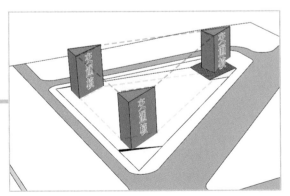

图 12

至此都是基本操作，下面开始真正的励志表演——地标性跳蚤市场。

我们先来看常用的地标建筑打造手法：

1. 往高了砌（图 13）

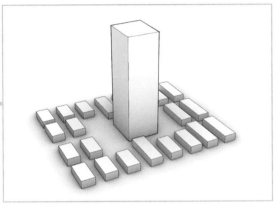

图 13

2. 往怪了做（图 14）

图 14

3.往大了弄（图15）

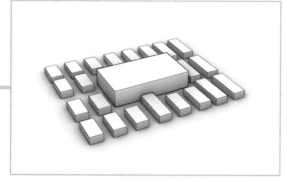

图15

说白了，都是往"非常规"的方向去做。但跳蚤市场的主要空间元素其实就三个：屋顶大棚、支撑结构以及摆摊区（图16）。

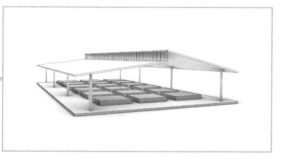

图16

而这块地只有8000m²，占满了也达不到"大"的效果，所以不能走"建筑要大"的路线，而是要靠"局部要大"来刷爆存在感，比如，把屋顶加厚到7m，搞一个巨型屋顶（图17）。

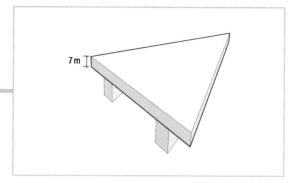

图17

既然屋顶打算搞这么厚，那里面的空间肯定得用起来。之前我们把市场功能分为了两层，现在就可以把其中一半放到屋顶空间内（图18）。

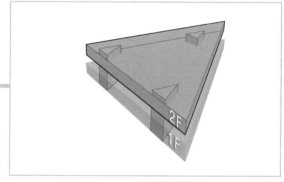

图18

接着使用地标性设计第二招——往怪了做，通过将屋顶变形弯曲来进一步强化屋顶的形象（图19）。

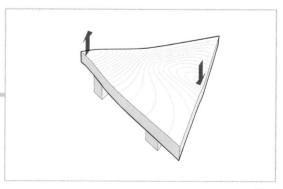

图19

从而也让屋顶弯曲消解高差，可以从街道直接进入屋顶层（图20）。

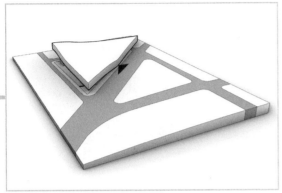

图20

根据屋顶的曲线变化设置地台楼板（图21）。

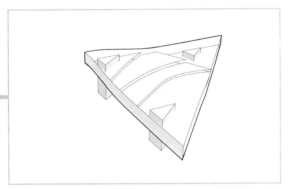

图21

然后对楼板也进行弯折（图22、图23）。

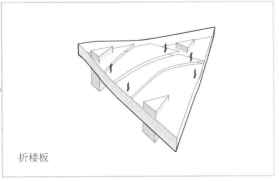

折楼板

图22

折楼板

图23

从而形成"之"字形流线的市场漫步空间（图24）。

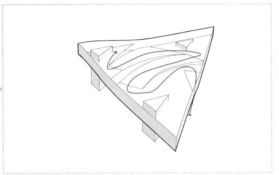

图24

JDS觉得自己棒棒的：这样形成的空间有着纽约古根海姆博物馆般的漫步体验。一个跳蚤市场竟然可以与古根海姆有同样的空间结构，什么叫建筑师的情怀？战术后仰①（图25）。

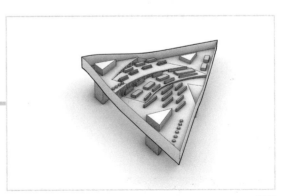

图25

223

---
①网络用语，形容人高傲，过度膨胀。

最后再套上个三角网格控制的外壳，就大功告成了（图 26 ~ 图 31）。

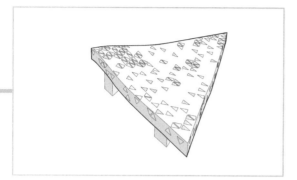

图 26

图 27

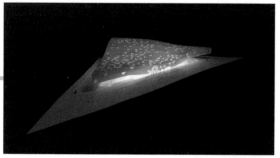

图 28

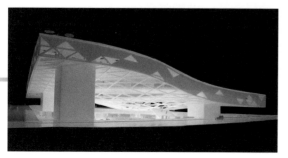

图 29

图 30

图 31

说真的，这个方案除了不能中标基本没啥毛病。为什么不能中标？因为再有理想的甲方也是以挣钱为目的，搞地标也是为了提高效益，不是为了美化市容做公益。

如果说建筑物，特别是地标建筑是人类社会最具仪式感的载体，那么自发形成的市场就是自由意志的集中体现。既然仪式和自由是两种截然不同的行为指导准则，那么任何形式的统一都意味着一方向另一方的妥协。

基本情况就是，你的女朋友红唇黑丝晚礼服准备去五星级酒店参加舞会，而你背心短裤鸡窝头只想来个煎饼果子继续打游戏，最好还是叫外卖。你想，你的女朋友有可能卸了妆在家陪你吃外卖吗？这不是妄想，这是想都不要想，毕竟化妆品那么贵！那就只能你赶鸭子上架去参加舞会了。可你穿上龙袍也不像太子，去了舞会也是束手束脚的，像根木头。

所以，最舒服的相处状态是什么？人和建筑都
一样，不受束缚就是最舒服的。你闪你的，我
宅我的。我支持你做最闪亮的星，你放任我蹦
最宅的迪。这也就是最后中标的 B720 Fermín
Vázquez 建筑事务所最核心的设计策略（图
32）。

图 32

乍一看会觉得中标方案和落选方案都长得差不
多，但它们其实是有本质区别的。

前面说了，落选的 JDS 想做的是"一个地标跳
蚤市场"，而 B720 Fermín Vázquez 建筑事务
所想做的是"一个地标和一个跳蚤市场"（图
33）。

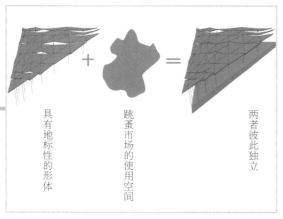

具有地标性的形体 ＋ 跳蚤市场的使用空间 ＝ 两者彼此独立

图 33

首先，还是根据场地的形状限制来逐层布置楼
板（图 34）。

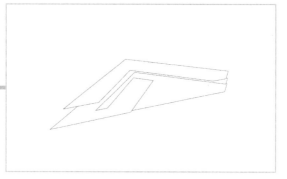

图 34

然后将楼板进行弯折，流畅连接各层以及室外
地坪，从而形成连贯的缓坡漫步空间（图 35、
图 36）。

225

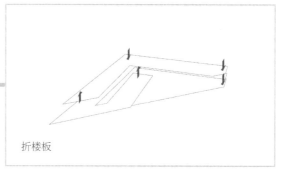

折楼板

图 35

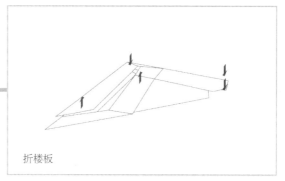

折楼板

图 36

接着添加核心筒和开放楼梯，完善立体的环形
流线和疏散流线（图 37）。

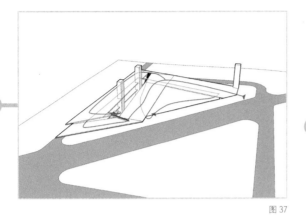

图 37

然后，就没有然后了。

画重点：B720 Fermín Vázquez 建筑事务所保
留了跳蚤市场原始的露天自由形式，只是增加
了楼板和交通以扩大市场面积，但没有对其进
行任何形式的边界限定（图 38）。

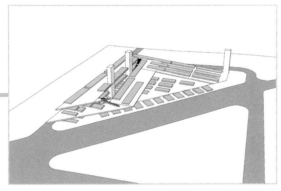

图 38

屋顶上当然也不用绞尽脑汁搞什么空间，因为
它只有一个任务，就是做一个安静的美屋顶。
怎么做都行，好看就行，与众不同就行。

B720 Fermín Vázquez 建筑事务所选择用方形
与三角形复合的网格系统来化解场地的形状限
制（图 39）。

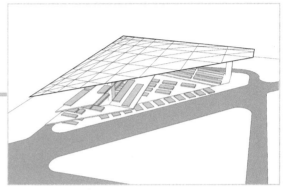

图 39

然后根据网格将屋顶碎化成三角面，并且通过
角点的控制对屋顶加以变形，形成交错起伏的
艺术效果（图 40）。

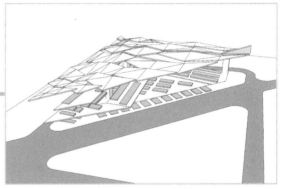

图 40

再在起伏的错缝中引入天窗，改善自然采光与
通风（图 41）。

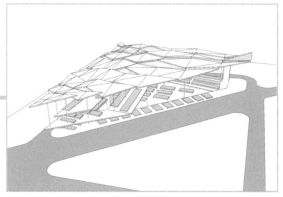

图 41

图 44

最后不忘采用反射强的金属材质，誓做夜空中最闪亮的星！

收工回家（图 42 ~ 图 44）。

没有对比就没有伤害。落选方案无论在建筑造型、空间设计、复杂程度上都比中标方案难了不止一星半点儿。然而这些问题都是建筑师自己设置的问题，或者说是建筑师自己想解决也能解决的问题，而不是旧市场更新真正面临的问题。

我们习惯于用苦劳代替功劳，让技巧掩盖问题，以过程复杂与否来判断结果优劣，结果把自己累成狗，却发现狗也没有这么累。

因为，狗从来不骗自己。

图 42

图 43

图片来源：

图 1、图 27 ~ 图 31 来源于 http://jdsa.eu/bar/，图 2、图 32、图 42 ~ 图 44 来源于 http://b720.com/portfolio/mercat-dels-encants/#，图 3 改自 http://jdsa.eu/bar/，其余分析图为作者自绘。

END

投标吗？当炮灰的那种

图1

名　称：纽约 EYEBEAM 艺术与技术博物馆竞赛方案（图1）
设计师：MVRDV 建筑事务所
位　置：美国·纽约
分　类：博物馆，展馆
标　签：空间模式，城市建筑学
面　积：8200m²

建筑界江湖险恶,还没地儿可撤。投标多炮灰,竞赛太注水;甲方委托聊一聊,免费设计先来俩。

建筑界就是这样一个比现实更现实的世界,比能力更重要的是资历,熬出了资历还得看能力。说白了就是一个秃了头之后再来比秀发的游戏。

某女星跨界拿个不知名的建筑奖怎么就被群嘲了?因为这行从来就没有"神童"人设,入行10年能崭露头角的就算天赋异禀了。所以,对新手村的建筑师来讲,一个直击灵魂的问题是:是楼梯画完了,还是新剧追完了?资历没熬够、头发没掉光,既然明摆着是炮灰,为什么还要去参加竞赛投标?

当然,萌新们一定会眨着水汪汪的大眼睛告诉你:可以积攒经验值啊。那么,另一个直击灵魂的问题又来了:炮灰就是炮灰。一没人给你讲解错题,二没人给你分析内幕,三没人给你计算工时,你从哪儿来的自信可以攒经验呢?

炮灰们参加竞赛一般就两种状态:一种是知道自己是炮灰,把方案玩成畅想未来的科幻电影的;另一种是不信自己是炮灰,把方案搞成感动世界思想教育型的。

还有没有第三种?有。就是真正攒经验的。

1993 年,三个小伙伴在荷兰鹿特丹成立了一家小建筑工作室。名字起得中规中矩,就是三个人的姓氏首字母——MVRDV。现在人家当然是功成名就,成为网红了。虽然总搞些奇奇怪怪、花里胡哨的方案,但也总有人抢着买单。明星光环嘛,无可厚非。但在二十多年前,三个二十啷当岁的毛头小建筑师刚刚自立门户,做方案也敢这么花里胡哨、奇奇怪怪吗?

很明确地告诉你:是的。那会儿除了没人买单,一切都差不多。

今天要拆的案例就是 MVRDV 出道早期在 2001 年参加的纽约 EYEBEAM 艺术与技术博物馆竞赛。

说实话,这个竞赛本身就不太靠谱。甲方 EYEBEAM 工作室是一个非营利性学术机构,主要业务是为年轻人提供一个可制作、展出新媒介作品,并组织教育活动的场所,以帮助他们实现理想——用现在的话说,就叫"众创空间"。

选址就在工作室的所在地:曼哈顿切尔西区西21 街 540 号。基本上这个选址就已经坐实了这个竞赛的不靠谱,基地都正被用着呢(图 2)。

图 2

这种一没钱二没地的竞赛摆明了就是个噱头，说不定人家非营利性甲方还指着收点儿竞赛报名费来赢点儿利呢。但刚成立不久，吃了上顿没下顿的 MVRDV 也顾不上这么多了，反正闲着也是闲着，就当练练手攒经验呗。

重点来啦：练练手攒经验。练什么手攒什么经验？先看 MVRDV 是怎么做的。

第一步：确立建筑体量并划分建筑层数

建筑体量分地上、地下两部分，地下层用于放置大型报告厅与设备间（图 3）。

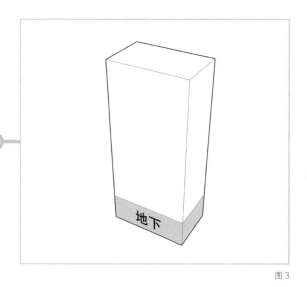

图 3

第二步：体积规划

同时设计两个空间：定制空间与剩余空间。把实践区、教学区、办公区、报告厅等私密性较强的小体块作为定制空间，而剩余空间作为开放的展厅空间处理。

先按功能确立每个分区的大概位置（图 4）。

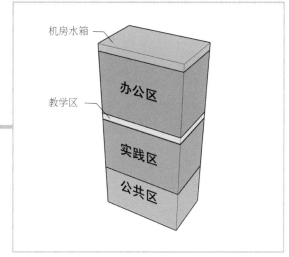

图 4

接着，在每一小类中进一步细分（图 5）。

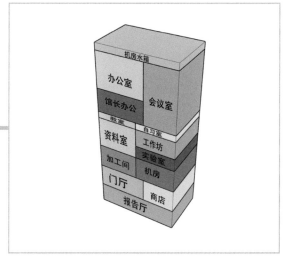

图 5

由于剩余空间要利用定制体块的顶面来实现，故在每层定制空间的顶部都要空出至少一层的高度，以便开放出来用于展览（图6）。

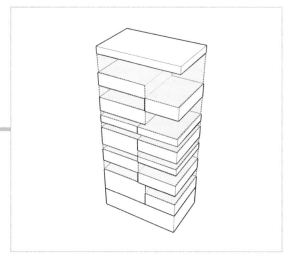

图6

展览空间也必须是一整个连续的大空间，所以进一步在纵向上打通这些虚体块（图7）。

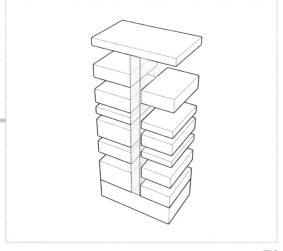

图7

再按实际面积进一步调整各个体块的大小。于是，最终得出以下体块排布方式（图8）。

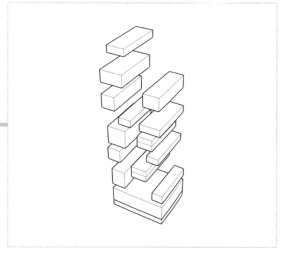

图8

如果只看实体块，空间是图9这样的。

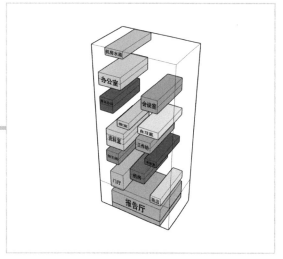

图9

事实上，图底转换后的虚体空间也是完整而连续的（图10）。

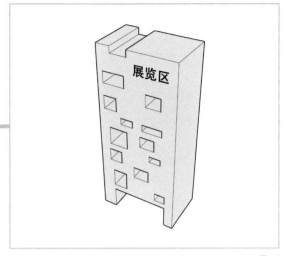

图 10

第三步：体块定制

整个建筑体块按功能可以被分为四段，接下来对实体区分段进行体块定制。

1.公共区（报告厅＋门厅＋商店）

这里 MVRDV 只对门厅入口处进行了特殊处理，做成漏斗状以便更好地"吸入"人流。但其实可以做得更加丰富，比如，把地下层的报告厅按最低层高进行修剪等（图 11）。

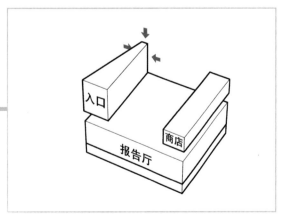

图 11

2.实践区

实践区以好用、实用为主，所以只对体块进行了稍微的偏转，形成更好的景观视野（图 12、图 13）。

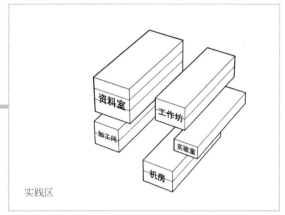

实践区

图 12

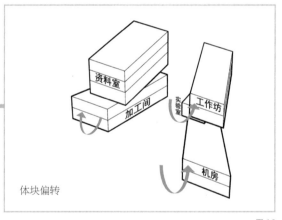

体块偏转

图 13

3.教学区

这部分包含四间教室。但 MVRDV 想在中间加入活动交流带，因此把两个长方形体量按照 X 形交叉一下，分叉处作为教室和自习室，交点处作为公共空间（图 14、图 15）。

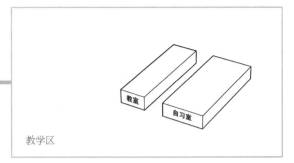

教学区

图 14

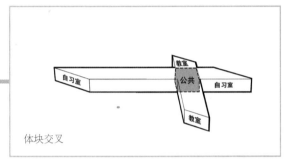

体块交叉

图 15

4. 办公区

此部分空间同样以好用、实用为主，但也需要一定的休闲空间。因此将其中一个办公体块顶部做成"十"字形，"十"字两臂产生的两个小平台当作休闲空间，再根据景观需求进行偏转（图 16、图 17）。

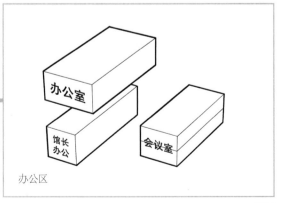

办公区

图 16

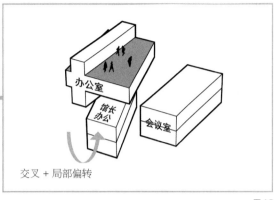

交叉 + 局部偏转

图 17

最后，合体（图 18）！

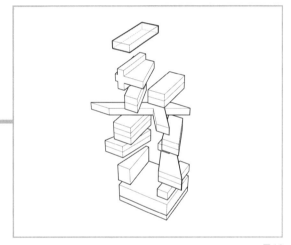

图 18

第四步：交通连接

此时，应当分两部分进行连接：一是追求空间感受的剩余空间；二是追求效率的定制空间。作为展厅使用的剩余空间要做成一个连续的大空间，它的连接是直接采用单向直跑楼梯连接相邻的跨层平台，并且流线越绕越好（图 19）。

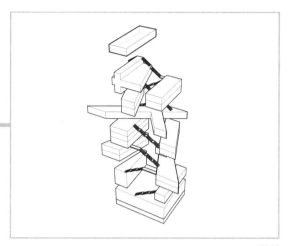

图19

定制空间则利用建筑两端的交通核与放在背面的连廊进行交通组织（图20）。

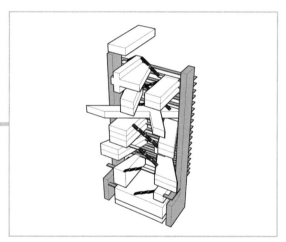

图20

第五步：造型设计

回归基地环境。

首先，由于基地一侧建筑高度比较低，为保持本身街景的延续性，假装跟周围的建筑很和谐，把新建筑在与它们相同高度的位置推一下，并让背面的建筑后退一段距离（图21）。

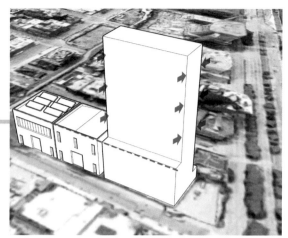

图21

除此之外，造型也要炫酷、与众不同。这里，年轻的 MVRDV 特意在一群平头哥里搞了一个削尖的杀马特造型（图22）。

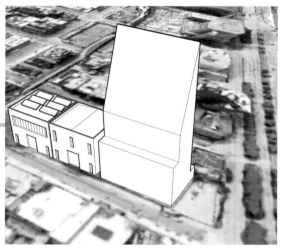

图22

最后，用得出来的造型切割空间体块（图23）。

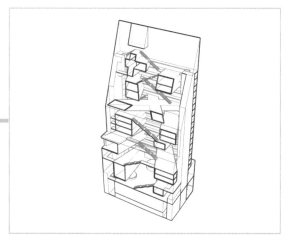

图 23

第六步：表皮处理（图 24）

图 24

这还没完，MVRDV 又特意设计了一种新型表皮——"双孔皮肤"覆盖在建筑内外。这种新型表皮既是空气循环区，又是光和噪声的控制区。并且，考虑到未来的观展方式是数字化的，展出内容也是以数字投影的形式进行的，所以表皮也作为展出内容的大型投影屏而存在。

咱也不知道真假，反正给出的效果图是图 25、图 26 这样的。

图 25

图 26

这就是年轻的 MVRDV 事务所设计的纽约 EYEBEAM 艺术与技术博物馆竞赛方案（图 27、图 28）。

图 27

图 28

可以看出，萌新时期的 MVRDV 与成熟时期的 MVRDV 在空间关系和建筑逻辑上的认识基本没变，简单来说就是——敲黑板！

第一，空间关系就是信息数据关系

就像复杂多样的信息可以由最简单的二进制表示一样，每个简单的定制体块组合在一起就可以形成一个非常复杂的空间。这就是 MVRDV 所谓的数据化思维：通过简单过程的堆叠形成复杂结果（图 29）。

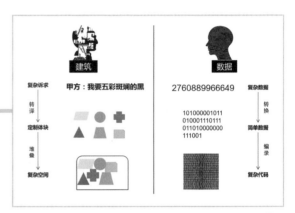

图 29

第二，建筑逻辑就是城市的生长逻辑

现代建筑的默认逻辑是先画好网格再排功能，而城市自然生长的逻辑是先盖房子再修路。MVRDV 就是在用城市生长的逻辑来排建筑：把功能放在想放的地方，再用交通连接起来（图 30）。

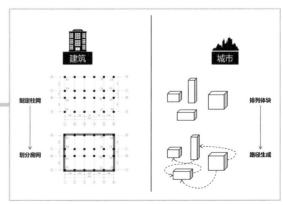

图 30

以上两条就是 MVRDV 不断练手和攒经验的方法，和项目种类无关，和甲方喜好无关，和个人情怀无关，甚至和建筑理念也无关——只和空间模式本身有关。

他们的进步也是明显的。早期还在顾忌造型和表皮，熟练后就直接省略了这两步，拿方盒子一刀切掉就算完事儿（图31、图32）。

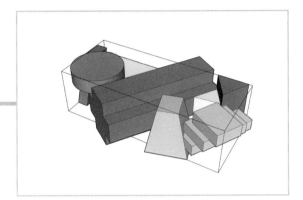

图 31

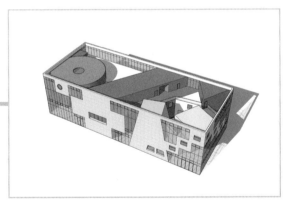

图 32

因为造型和表皮不对空间模式产生贡献，能省就省，自己省心甲方也省钱。回过头来再仔细审视今天这个案例，即使甲方靠谱也不可能中标：设计中有许多细节处理得不够到位，流线特别绕，空间利用率又低，是一个名副其实的炮灰方案。但重点是，他们练习使用了自己的空间模式。

所以，萌新们，当炮灰不可怕，新手积攒经验也很重要，但你要搞清楚怎样才能积攒经验，以及积攒的经验是什么。这也就解释了为啥有的建筑师蹦跶半天就能出名，有的折腾了几年还在原地转圈。

建筑真正的奥秘隐藏在空间里，但不在某一个空间里。再直白一点儿：你的理想、情怀、学识对建筑学都没贡献，只有把它们转化成真正可反复使用的空间模式才能推动这个学科的发展，也才能推动你自己的发展。

图片来源：

图 1、图 25 ~ 图 28 来源于 https://www.mvrdv.nl/projects/138/eyebeam-institute，其余分析图为作者自绘。

237

END

建筑师，你凭什么抢夺话语权

图 1

名　称：比利时科特里克市图书馆（图 1）
设计师：REX 建筑事务所
位　置：比利时·科特里克
分　类：文化建筑
标　签：螺旋，功能重组
面　积：21 800m²

话语权，这个高级词儿是建筑师心底永远的痛。作为整个建筑行业里最会说话，也最多话的工种，建筑师竟然没有话语权？含辛茹苦一笔一画拉扯大的设计，竟然自己说了不算？

还真就说了不算。往事不堪回首，食物链顶端的甲方不听你说就罢了，一个战壕里的结构、水暖、电这些相关领域的人也天天挑毛病，就连施工现场的工人甲乙丙丁都想方设法催你出变更。有的改也还算不错，很多时候可能想改都没得改。因为从一开始，这个设计就不是由建筑师设计的。

这里或许有个误会，所谓"话语权"并不仅仅是指建筑师"说话的权利"，而是指"说话让别人听"的权利，也就是控制建筑项目发展方向的权利。说白了，没人不让建筑师说话，只是现在建筑师说话没人听。

比利时科特里克市要建造一座图书馆。功能并不复杂，主要由公共图书馆与学习中心两大部分组成。图书馆大家都懂，学习中心其实就是搞培训，理解成各种各样的教室组合就可以了。

基地选在科特里克市文化轴线的尽端，正前方就是城市音乐中心。对，外国人在规划时也喜欢搞这种大轴线（图2）。

图2

这种项目全世界都差不多：大名叫民生建设，小名都叫形象工程。说来说去要求就一个：醒目！

看似可以自由发挥、随便蹦跶，事实上甲方压根儿没想听建筑师说话——好坏全凭我的心情，中标要靠你我的缘分，反正我的城市我做主。所以大家参加这种竞赛也都抱着赌的心态：赢了就是名利双收，输了也无伤大雅，换个竞赛接着赌嘛，谁知道哪块云彩有雨（图3）。

图3

你有没有想过，世道变坏，就是从建筑师不专一开始的。你到底是在为甲方做设计还是在为自己做设计？回到今天这个项目上。甲方想要一个醒目的图书馆，听起来不难，但别忘了基地前面还有个障碍。对，就是那个早已建成的音乐中心（图4）。

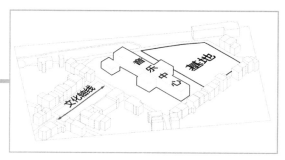

图4

这个音乐中心不算大也不算高，但就是刚刚好能从轴线上把你挡得严严实实（图5）。

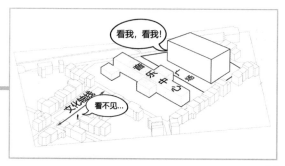

图5

当然，你要是把图书馆设计成七八十层那谁也挡不住你。但是整个基地约6000m²，而计划建筑面积只有16 000m²，就算像隔壁音乐中心一样建四层，基地上也会形成一个近2000m²的大广场，别说更高的了。另外，整个场地周边还同时存在音乐中心前广场、文化广场、火车站广场等各种广场——这到底是文化轴线还是广场开会啊（图6）？

图6

那么，纠结的时刻来了。

既然发现了建筑选址与建设意图之间有矛盾，要不要告诉甲方？或者说要不要解决这个矛盾？很明显，这不是建筑师的问题。我们甚至可以肯定甲方大概没意识到这个问题。这种情况下，按部就班地照任务书做设计肯定是最安全的，就算中标了、建成了、甲方后悔了都不是你的锅，是甲方自己选择失误。

大部分建筑师都会选择沉默。但，REX决定让甲方听到自己的声音和判断。他们自作主张换了个场地，直接把建筑建在音乐中心这块风水宝地上（图7）。

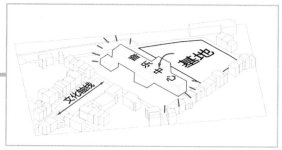

图7

我没说错，就是换了个场地。当然，设计师利用腾出来的原基地也顺手帮甲方做个商业开发的策划。估计也是有点儿心虚，想拿赚钱来诱惑一下甲方（图8）。

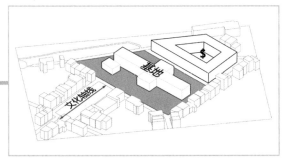

图 8

不管怎么说，换场地这个决定真的太大胆了，基本就是在废标的方向上一路狂奔啊。

然而，比起以后的废标，眼前的问题更大。人家音乐中心不要面子的吗？现在不仅要保留场地原有的音乐中心的功能，还要加入新的图书馆和学习中心。怎么把新建筑和原有建筑合在一起就是一个大问题（图 9）。

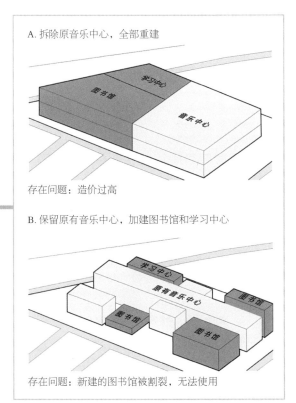

A. 拆除原音乐中心，全部重建

存在问题：造价过高

B. 保留原有音乐中心，加建图书馆和学习中心

存在问题：新建的图书馆被割裂，无法使用

图 9

不管全拆除还是全新建，似乎都不是最优选项。那就只剩下一个操作了：将音乐中心部分拆除，保留最主要的礼堂和音乐厅，然后将新建筑覆盖在原有建筑上（图 10～图 12）。

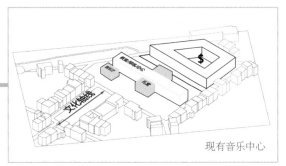

现有音乐中心

图 10

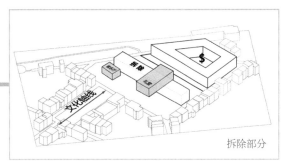

拆除部分

图 11

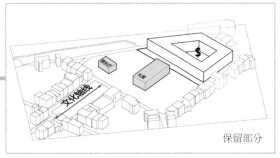

保留部分

图 12

但覆盖得了建筑却覆盖不了问题。音乐厅加上图书馆，这就叫综合体了，由此产生的复杂功能和复杂流线根本不是一个音乐厅和一个图书馆简单相加就可以解决的（图13）。

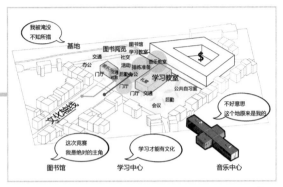

图13

REX 建筑事务所负责这个项目的建筑师叫约书亚·普林斯－雷默斯（Joshua Prince-Ramus）。不认识他没关系，你只需要知道这哥们儿原先在 OMA 事务所待过，还参与过西雅图中央图书馆的设计。换句话说，多功能重组对人家来说不叫事儿。西雅图中央图书馆就是将功能重组合并后，得到了五个相对固定封闭的功能区和四个开放的功能区（图14）。

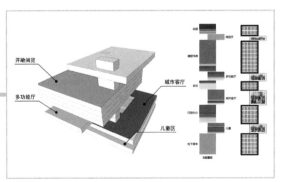

图14

小 J 在这里故技重施，先将图书馆、音乐中心、学习中心的功能展开（图15）。

图书馆	终身学习中心	音乐中心
图书阅览		礼堂
藏书	会议	音乐厅
基于媒体的学习教室	基于教学的学习教室	基于实践的学习教室
公共活动	公共活动	公共活动
门厅	门厅	门厅
交通	交通	交通
后勤办公	后勤办公	后勤办公

图15

然后将相同的功能合并（图16）。

图书馆	终身学习中心	音乐中心
图书阅览		礼堂
藏书	会议	音乐厅
基于媒体的学习教室	基于教学的学习教室	基于实践的学习教室
公共活动		门厅
交通		后勤办公

图16

最后进行功能重组。把图书馆、终身学习中心和音乐中心的功能分为两个部分：封闭的学习功能（包含音乐和终身学习中心的功能，如教室、会议空间、办公室和礼堂）和开放的阅览功能（图书馆阅览空间及活动空间）（图17）。

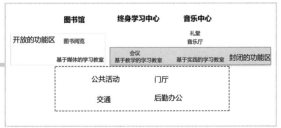

图17

至此，由场地置换产生的一堆乱七八糟的功能就被梳理成两大功能体系的组织问题。问题似乎就变简单了：两个功能还能怎么组织，无非就是上下、前后、左右呗。

REX 选择的是上下组织，但用了一种很洋气的方法——通过螺旋管道盘旋上升解决（图18）。

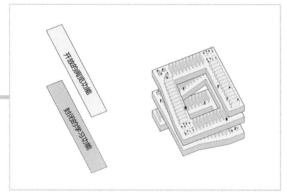

图 18

第一步：确定螺旋形态

先把螺旋管道在场地中盘起来（图 19 ～ 图23）。

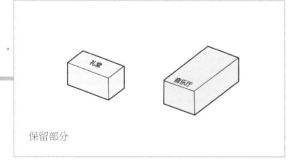

保留部分

图 19

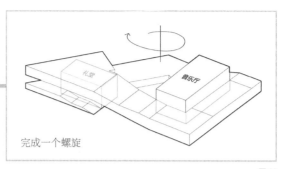

完成一个螺旋

图 20

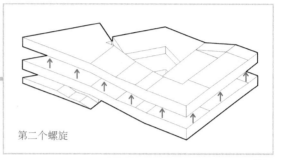

第二个螺旋

图 21

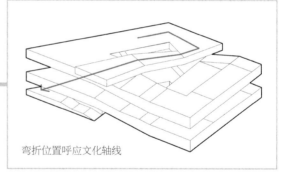

弯折位置呼应文化轴线

图 22

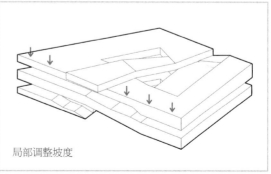

局部调整坡度

图 23

第二步：确定连贯的功能流线

螺旋管道使得两大功能体系的流线保持连贯。

1. 封闭的学习功能流线（图 24）

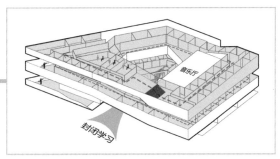

图 24

2. 开放的阅览功能流线（图 25）

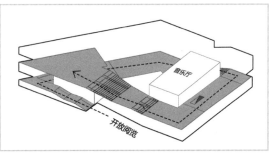

图 25

3. 两条流线会聚于顶部的综合管理功能（图 26、图 27）

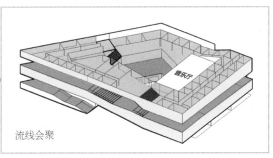

流线会聚

图 26

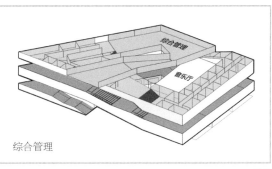

综合管理

图 27

第三步：解决特殊的可达性问题

由于封闭的学习功能流线内包含音乐中心、学习中心以及综合管理三个部分，所以需要进一步细化交通。

1. 在功能交接处加垂直交通，增加单独功能的可达性（图 28、图 29）。

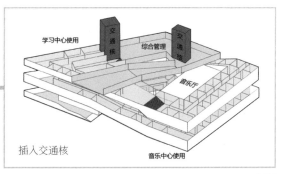

插入交通核

图 28

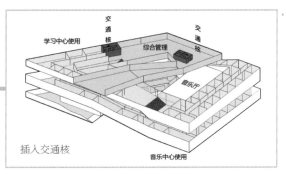

插入交通核

图 29

2. 在开放的图书阅览中心部分加入借阅查询平台，读者可以在查阅图书编码后，直接到达书籍所在区域。同时通过一个电梯连接综合管理处，方便内部工作人员使用（图 30 ~ 图 32 ）。

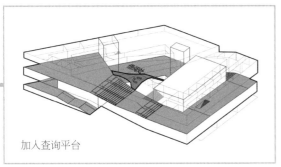

加入查询平台

图 30

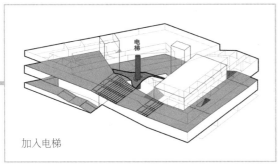

加入电梯

图 31

图 32

第四步：深化设计

虽然我的空间不太正常，但我的空间非常好用。因为我为这个空间量身打造了一套在哪里都能用的家具（图 33 ）。

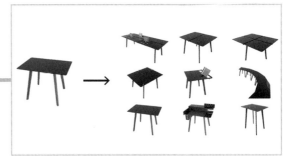

图 33

用于组成螺旋的上升的坡道也别浪费，收拾一下还可以正常使用（图 34 ~ 图 36 ）。

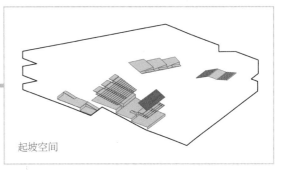

起坡空间

图 34

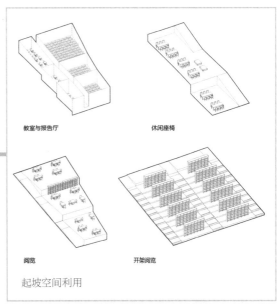

教室与报告厅　　　　休闲座椅

阅览　　　　开架阅览

起坡空间利用

图 35

图 36

第五步：立面设计

外表也一切从简。给私密性较高的功能加了封闭墙面，给图书馆开放区域加了玻璃就完事了（图 37、图 38）。

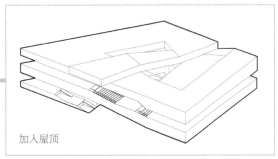

加入屋顶

图 37

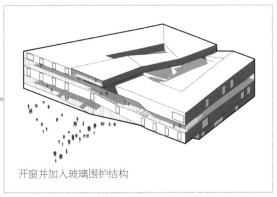

开窗并加入玻璃围护结构

图 38

这就是 REX 建筑事务所设计的科特里克图书馆，一个擅自改变项目用地，捍卫建筑师话语权的方案（图 39）。

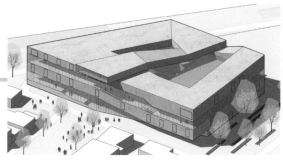

图 39

最后的结果当然是正面典型，该方案获得了竞赛第一名，成功中标，甲方非常满意，称其满足了"客户的期望"（图 40 ~ 图 44）。

图 40

图 41

图 42

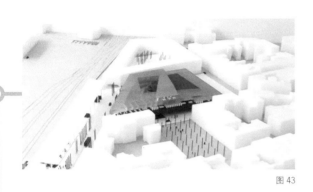

图 43

图 44

图片来源：

图 1、图 32、图 33、图 36、图 40 ~ 图 44 来源于 https:// rex-ny.com/project/kortrijk-lllibrary/，其余分析图为作者自绘。

END

当然，这并不是鼓励大家不问青红皂白上来就擅改用地。只是，在"我"怎么做设计之前，应该先问问："我们"为什么要做这个设计？到底是建筑师说话没人听，还是建筑师根本没想和别人说话。

有人说，一切学科走到尽头都是玄学。争夺话语权并不是要争夺控制权，而是要争夺在建筑发展过程中，让设计本身发挥作用的决策权。但前提是，你真的能发挥作用。

所谓的『设计感』逼疯了多少设计师

图1

名　称：智利比奥比奥剧院（图1）
设计师：斯米利亚·拉迪茨
位　置：智利·康塞普西翁
分　类：剧院建筑
标　签：框架结构
面　积：9650m²

设计感是什么感？是玄之又玄，众妙之门，是设计师的命门。

甭管什么千年的狐狸万年的妖，只要对方慢悠悠地吐出这句“没有设计感”，立马就开始心虚、心悸、心律失常，再高的道行也唱不下去《说聊斋》。

虽然“没有设计感”的杀伤力很恐怖，但也并非无懈可击。有三个字是专门用来强行撑场子的，请使用对方刚好能听到的声音自言自语“你不懂”，配合一抹高深莫测的微笑使用效果更佳。

然而，为了不在“设计感”上落人口实，设计师们终于还是把设计从“你不懂”设计成了“我不懂”。诡异的造型、扭曲的空间，越来越让人看不懂的城市建筑逼得广大人民群众只能用自己朴素的生活经验去强行理解。你不会真以为“大裤衩”“大秋裤”什么的都是在夸你吧？

天涯之国智利要建一座大剧院，选址在智利比奥比奥大区首府康塞普西翁的里贝拉诺特公园里，旁边就是百年纪念公园和比奥比奥河（图2）。

百年纪念公园
比奥比奥剧院
比奥比奥河

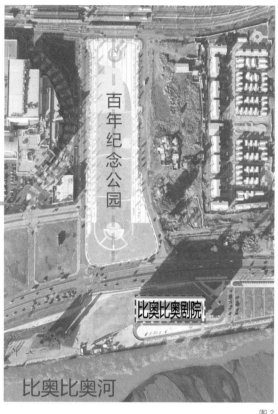

图2

估计很多建筑师看见“剧院”两个字就开始兴奋。为什么？因为剧院最复杂的部分基本都有定式，更重要的是这部分还有声学工程师、结构工程师、舞台设计师等各种“外挂”来帮你完成（图3）。

(a)
(b)
(c)
(d)
(e)
(f)
图5-1 观众厅平面形式
(a)矩形；(b)钟形；(c)扇形；(d)六角形；(e)马蹄形、卵形及圆形；(f)复合形

图3

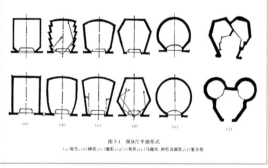

而除去剧场等观演部分，其他基本就没什么了不得的功能了。换句话说，你可以自由发挥大家都看不懂的"设计感"了。这种诱惑连见惯了大场面的安藤忠雄都抵抗不了，险些就在保利大剧院上玩翻了车（图4～图7）。

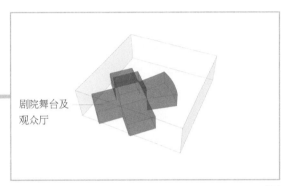

剧院舞台及观众厅

图4

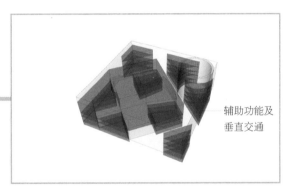

辅助功能及垂直交通

图5

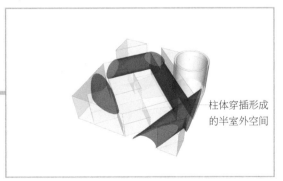

柱体穿插形成的半室外空间

图6

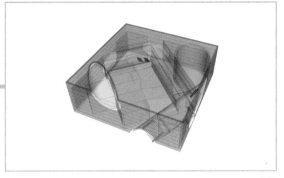

图7

大师尚且如此，何况我等小菜鸟？要有设计感，还不能随随便便让人懂，多少城市剧院就这么变成了各种奇怪理念技术的试验田。

要我说，简单点儿，装大尾巴狼的方式简单点儿。至少，搞个自己会的。估计很多同学想骂街了：我自己会的？我就会个框架结构排排房，能用来做剧院吗？

框架结构？像下面这样的吗（图8）？

图8

也不是完全不行。我们可以先把这个框架放进场地里（图9）。

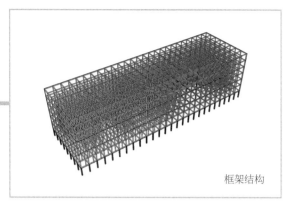

框架结构

图 9

底层做点儿加固的斜向支架（图 10）。

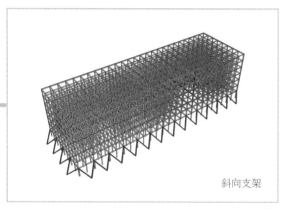

斜向支架

图 10

然后再照着书本选个剧院的型。本着"不会做
的就不做"原则，选个最简单的矩形就差不多
了（图 11）。

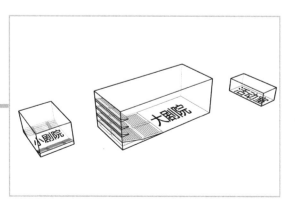

图 11

再然后就是把这些剧院块块放在框架结构里。
但不管怎么放，剧院内部总不可能有框架吧（图
12）。不要急，这个稍后再说。

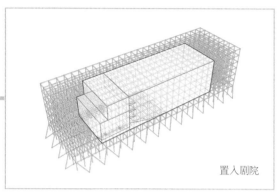

置入剧院

图 12

我们先来调整一下剧院体块之间的位置。众
所周知，两个剧院之间要有空隙用来疏散，
大跨空间放上层，小跨空间在底层（图 13、
图 14）。

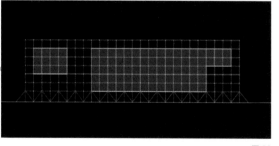

图 13

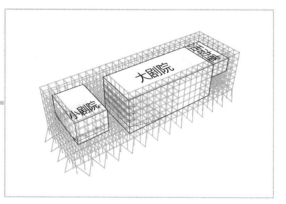

图 14

然后问题来了。因为剧院毕竟是大空间，和框架结构实在不搭，就问屋顶和顶棚设备怎么办？那就在大跨空间局部加桁架结构来辅助吧（图15）。

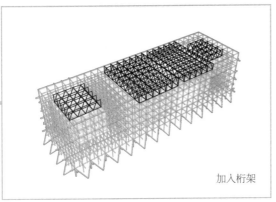

加入桁架

图15

库房、售票处等辅助功能就围绕剧院在下面布置（图16）。

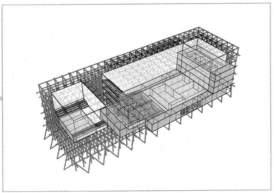

图16

交通疏散更好办。框架里插交通核会不会（图17）？

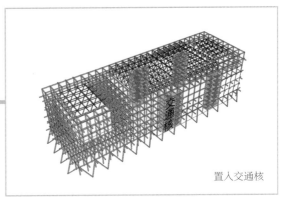

置入交通核

图17

框架里放公共楼梯会不会（图18、图19）？

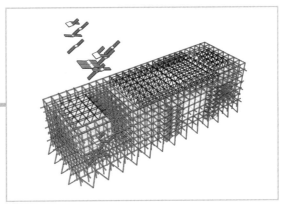

图18

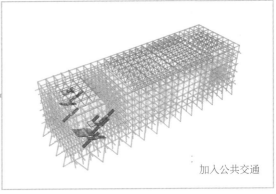

加入公共交通

图19

至此，一个不太负责任的剧院建筑就设计好了。你肯定觉得这就是堆垃圾，我也这么觉得。这就是脚手架忘了拆吧？或者应该直接搭到脑子里。但这堆脚手架就这么中标了，你说气人不？

所以，要先问问你：为什么觉得这玩意儿不行呢？估计你要说，框架结构和剧院根本不兼容嘛。但人家剧场内部也没有柱子啊，人家用的是桁架。所以，你真正想吐槽的是，框架结构和剧场以外的公共空间不兼容。因为在我们的认识里，框架结构就等于规整房间标准层，参数化就等于扭曲造型反常规。那你有没有再问问自己：为什么？凭什么？到底是谁被惯性思维蒙蔽了眼睛，脑子里忘拆脚手架了？

敲黑板！已经说了很多次了，再说一次：框架结构明明是自由平面啊！而我们却总把框架结构搞成直不棱登的房间，柯布西耶的棺材板都快要压不住了（图20）。

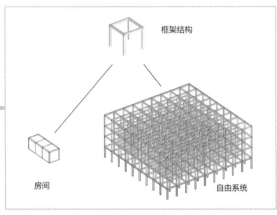

图20

大神给了我们自由平面的工具，我们却拿来刷大白。不是你学的知识没用，是你没用。

继续看这个框架剧院到底是怎么中标的。建筑师首先给了框架结构一个3.9m的尺度控制，看似普通其实暗藏玄机——以3.9m为边长的立方体空间单元基本可以满足剧院里所有人类行为活动的需要（图21 ～图27）。

服装库房

图21

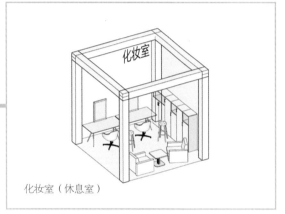

化妆室（休息室）

图22

卫生间

图23

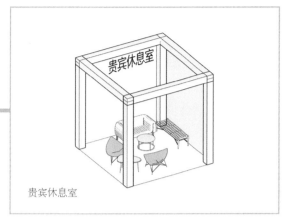

贵宾休息室

图 24

两个柱跨就是公共楼梯

图 25

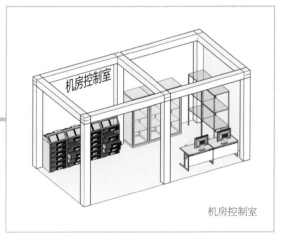

机房控制室

图 26

售票咨询等各种其他功能

图 27

或许你要说,这些都是固定的功能房间,本来就应该排柱网,最主要的是公共交流空间里的框架怎么用(图 28)。

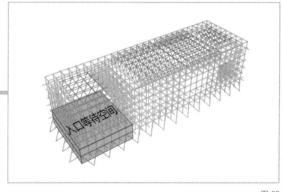

图 28

在公共空间里就更好用了。

首先,剧场建筑一般都有两个使用场景:有演出时和无演出时。普通的剧场设计都会考虑演出时的使用多一些,同时也就导致了无演出时的空间冗余情况比较严重。但我们的小框架就可以在这两种场景里无缝对接,完美变身。在有演出时,这些小方格大部分都被用于人群疏散或等待,还有一小部分被自由地划分为各种演出周边服务功能(图 29 ~ 图 32)。

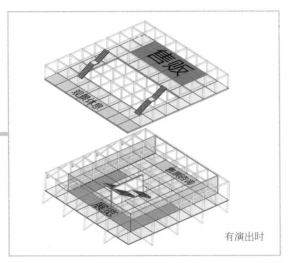

有演出时

图 29

图 30

没有演出时，这些小方格又可以被组合成尺度适宜的空间对接城市社区功能。换句话说，小框架轻松地克服了剧院建筑在有无演出两种状态下的尺度转换问题（图 33 ~ 图 35 ）。

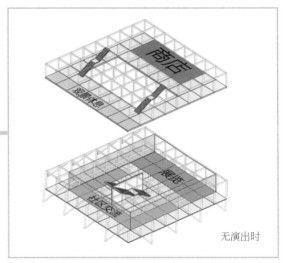

无演出时

图 33

图 31

图 34

图 32

图 35

最后罩上膜，就是体育馆等大型建筑最常用的
PTFE（聚四氟乙烯），可以根据灯光变色的那
种。膜的造型则借鉴了这种智利的折纸灯罩，
利用框架结构外延作为支撑结构（图36～图
39）。

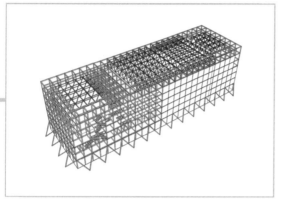

图 36

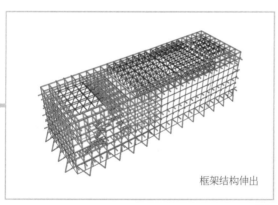

框架结构伸出

图 37

加入屋顶结构

图 38

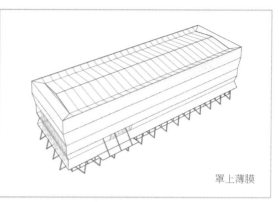

罩上薄膜

图 39

这就是建筑师斯米利亚·拉迪茨设计的智利比
奥比奥剧院，一个朴实到只有基础知识的框
架剧院。然而却打败了各路妖魔鬼怪，已经成
功地站立在比奥比奥河畔啦。不得不承认，
这样纯粹的结构表达也是相当有美感的（图
40～图45）。

图 40

图 41

图 42

图 43

图 44

图 45

设计师算是个高危职业：门槛低、竞争多、上升难。我们就像准备冬眠的熊一样不停地收集新的理论、新的技术、新的工具来缓解被淘汰的焦虑。可真到了战场上，能帮你打败敌人的只有使用武器的技术，而不是你收藏武器的数量。拿 AK-47 当棍子使的人肯定打不过真正的打狗棒，因为你这根棍子不趁手。

但说不定有人会说，你抢起 AK-47 的样子真的好有设计感。设计本没有感，不懂的人多了，也就有了"设计感"。好与不好，自己去判断，不要让别人替你去感觉。

图片来源：

图 1、图 41 来源于 https://www.dezeen.com/2018/07/27/architecture-smiljan-radic-eduardo-castillo-gabriela-medrano-teatro-regional-del-biobio-chile-concepcion/，图 3 来源于中国建筑工业出版社《现代剧场设计》，图 8、图 40、图 42、图 43 来源于 https://afasiaarchzine.com/2018/07/smiljan-radic-28/，图 44 ～图 45 来源于 http://dromanelli.blogspot.com/2018/09/smiljan-radic-teatro-regional-del-biobio.html，其余分析图为作者自绘。

END

为了显得高级，多少建筑师在假装嫌弃功能

图1

名　称：Beton Hala 滨水中心（图1）
设计师：藤本壮介建筑设计事务所
位　置：塞尔维亚·贝尔格莱德
分　类：公共建筑
标　签：街道，滨水
面　积：约14 000m²

不知道从什么时候，建筑师开始嫌弃功能。大概从1972年查尔斯·詹克斯说"现代建筑已死"的时候，"功能"就被所谓"人性"、所谓"精神"、所谓"文脉"等"所谓"暗戳戳地踩了一脚。绕过验证，被强制降级。

几十年过去了，现代建筑依然活蹦乱跳，可追求功能的建筑师却已寥寥无几。准确地说，应该是敢于承认自己追求功能的建筑师已然寥寥无几，每个人都在画完平面图后硬凑一堆理论理念分析图，然后站在宇宙中心呼唤爱。反正功能就等于刻板僵化，就等于机械思维，就等于缺失人性、没有感情，就等于不高级。

但刻薄点儿讲，其实我们做方案除了排功能基本也不会别的什么了——毕竟建筑学课本已经几百年没变过了；毕竟，没有功能的建筑也不算个建筑了。所以，不高级的不是功能，不高级的是你以为的那个功能——那个只在任务书里规定的功能。

塞尔维亚贝尔格莱德市发起了一项建筑竞赛，设计目标是贝尔格莱德的 Beton Hala 滨水中心。基地位置不是优越，而是相当优越：滨水中心肯定要靠着水，这片水域就是萨瓦河，并且紧挨着河滨公园。重要的是人家还有人文景观，旁边就是历史保护建筑贝尔格莱德要塞和博物馆（图2）。

图2

但是，这个人文景观却不太好合作，中间不仅和基地隔着条大马路，还有约20m的高差（图3）。

图3

不好合作就别合作了，反正"滨水中心"听起来也不像一个爱学习的样子。然而，河滨公园和基地依然有高差，而且甲方还打算在场地里解决一个停车库的功能。

这就有点儿尴尬了——原来"位置优越"是指上不来下不去的遗世独立啊（图4）。

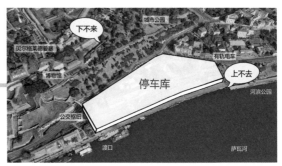

图4

果然，甲方的嘴，骗人的鬼。可甲方依然振振有词：就是要解决这个"遗世独立"才举办竞赛的嘛，任务书上写得很明白啊。

"设计旨在将历史文化建筑与河流景观完美融合。"（把要塞和公园给我连起来）

"功能包括商业和展览两大部分。"（随便写两个吧）

"容纳各式各样的河边城市活动。"（这句纯凑数的）

既然没什么板上钉钉的功能，反正功能本来也不算拔份，那这个设计就只剩下两件事：一件为甲方，处理高差，连接文物要塞和河滨公园；另一件为自己，做一个漂亮的房子求全世界点赞。

所以竞赛收到的方案大概也就分这么两种：要么主要处理高差顺便求赞（图5），要么主要求赞随便连连地形（图6）。

图5

图6

如果不出意外，在以上两者之间和甲方有眼缘的某个方案会成为赢家。然而，意外出现了。有一个建筑师考虑了第三种可能，让所有可预期都变成了不及格。这第三种可能就是"功能"。

我们觉得功能简单，是因为任务书上只写明了展览和商业这种需要具体空间的功能（图7）。

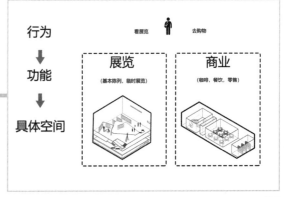

图7

但这个建筑名字叫"滨水中心"，不叫"滨水展览馆"，也不叫"滨水大卖场"。起了这么个含含糊糊的名字就说明其实甲方心中也很含糊，勉强在任务书里写了一句"容纳各式各样的河边城市活动"，但又不知道这个各式各样的河边活动是什么。其实也不是不知道，主要是不知道该怎么描述。

我们普通群众到河边主要想干什么？聊天，不花钱干聊那种；谈恋爱，不花钱纯谈那种；散步遛弯，不花钱发朋友圈那种；再或者就是放空、发呆、想静静。总结：有闲没钱，坚决抵制购物看展这种烧钱烧脑的高级活动。

那么问题来了：这些矫情还贪喜的休闲功能需要什么样的承载空间（图8）？

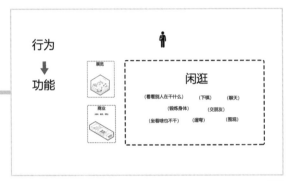

图8

基本上有路能走、有地儿能坐就行（图9）。

图9

画重点：思维转换——从有墙、有屋顶、有目的的建筑思维转换成自由来去无目的的景观思维。

在建筑思维里是由功能空间引发人类行为，而在景观思维里是由人类行为赋予空间功能。说白了，博物馆里的一块石头只能被欣赏，而公园角落的那块石头可以被坐、被踩、被踢，还可以是隔壁小王的恋爱纪念石或者邻居王大妈的晨练压腿石。

那么按照这个思路，直接搞一个连接周边的高差公园好不好（图10）？

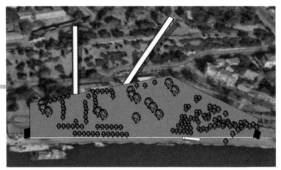

图10

当然不好。人家基地周围有的是公园，不需要你再来添乱了。想要让人溜达得更有趣，还是得找我国的传统园林（图11）。

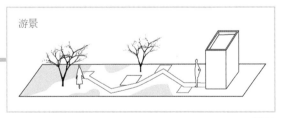

图11

延长的路径、曲折的流线，没有建筑与边界，连接不同地点，承载各种各样的活动，也让各种各样的活动相互作用（图12）。

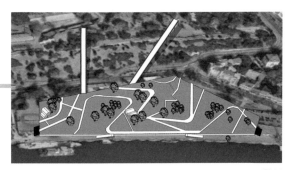

图 12

至此，你应该已经觉察到那个承载闲功能的空间要素了吧？就是——路径！

原材料有了，下面就可以开火上灶了。这波操作就是：怎么把路径搞成一个河边的标志物？

我们需要通过几何完形在三维空间里找点秩序。你可以画方块（图13）、画三角（图14），或者画圆圈（图15）。

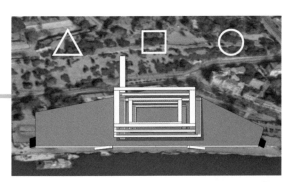

图 13

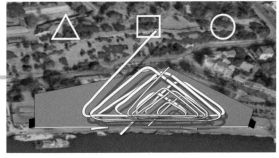

图 14

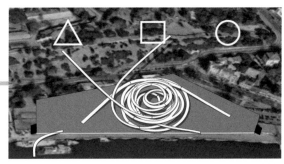

图 15

我们的意外建筑师选了圆圈。

第一步：在场地中画圈圈，连接不同的高差点

先画两个圈，联系城市和水岸，用坡道化解20m的高差（图16、图17）。

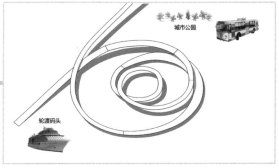

图 16

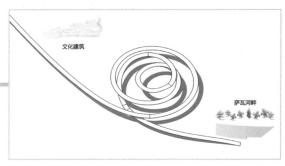

图 17

再画第三个圈联系场地的内部和外部广场，活化内部空间（图18、图19）。

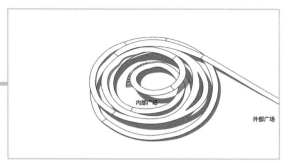

图 18

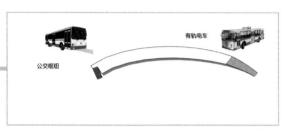

图 19

最后把这三个圈交会到场地中（图 20）。

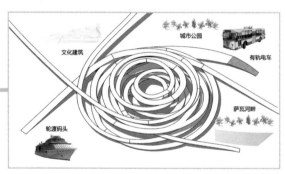

图 20

第二步：增加圈与圈的联系

三个圈连接不同目的点，引入人流，在不同层
级上加入联系，增加可达性。水平层级上，在
层高接近的地方通过连廊将三个圈彼此相连。
垂直层级上加入楼梯，使得不同高程的圈与圈
之间可以彼此相连。最后再加入两部电梯，提
供快捷通道。万一游客走着走着不想走了，就
坐电梯吧（图 21）。

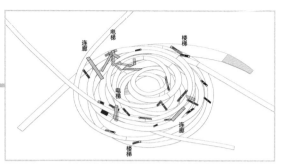

图 21

第三步：给圈里加上要求功能

任务书要求的商业和展览空间。基本原则就是
顺应路径走势按线性空间布置，不好用就凑合
着用，反正在这里闲人是主角（图 22）。

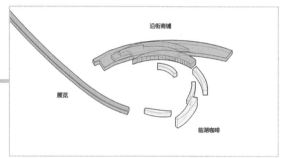

图 22

把展览放在连接历史要塞的部分，沿马路一面
做商铺，把咖啡厅、餐厅放在景观较好的临湖
部分（图 23、图 24）。

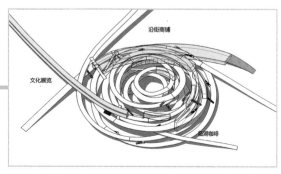

图 23

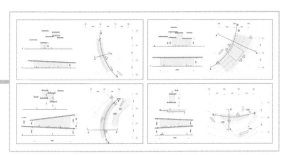

图 24

当然除了任务书要求的这些功能，意外建筑师还把闲人们喜欢的各种功能都加了进去——遛弯聊天谈恋爱，放空发呆想静静——其实就是加了几个露天家具。加一个家具等于加了十几种功能，想想都觉得好划算呢（图 25）。

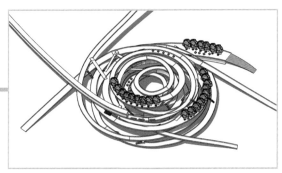

图 25

当然，你也可以理解为扩展了沿河步道的长度（图 26）。

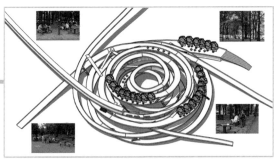

图 26

第四步：给圈里加结构

最后再加上结构柱子（图 27）。

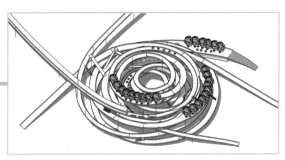

图 27

这个结果看起来像个毛线球，其实真的就是个毛线球的建筑就完成了。鬼知道为了理清这个毛线球，拆房部队建模时经历了什么。

实名举报有人拿草图当方案（图 28）！

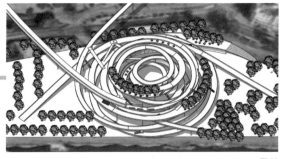

图 28

这就是藤本壮介设计的 Beton Hala 滨水中心，也是最终的第一名方案（图 29 ～图 33）。

图 29

图 30

图 31

图 32

图 33

其实这也是藤本惯用的处理方法，个去人为地限定空间功能，使空间更具暧昧性格。人在空间中走动时，经由视点的改变，使空间的各个角落看起来模糊了远近宽窄以及透视关系。由连廊和楼梯割裂出的空间既分离又有联系，以此产生的动态的秩序丰富了人们的建筑体验。

但以上这段念起来都拗口的空间手法不会成为甲方选择藤本的理由，精明到家的甲方们只会消费建筑师的名气，却不会投资建筑师的才气，洞察到建筑真正的功能需求而不是任务书上的功能要求才是关键。

建筑是为人服务的，建筑功能也是为人设定的，只要人类还没进化成钢铁侠，这点大概就不会改变。但人类没进化不代表没变化，原来上街串门的普通人已经变成现在上网吐槽的普通人了，原来看电视的普通人已经变成现在自己直播的普通人了。真正高级的是为当下的人和事服务的功能，让你假装嫌弃又故步自封的是任务书上列的功能、课本上教的功能。

建筑没有辨别之心，人才有。你觉得功能不高级，不过是害怕别人觉得你不高级。

图片来源：

图 1、图 9、图 24、图 29 ~ 图 33 来源于 https www.archdaily.com，图 5、图 6 来源于 https://www.pinterest.com，其余分析图为作者自绘。

END

摆脱纠缠最好的办法就是不摆脱

图 1

名　称：日本太田市美术馆·图书馆（图1）
设计师：平田晃久
位　置：日本·太田
分　类：公共建筑
标　签：缠绕流线
面　积：3152m²

建筑师的生活就是一部多角恋人互撕，最后渣男孤独终老的狗血剧。上午被甲方苦苦相逼，中午与结构工程师相爱相杀，下午陪领导挥斥方遒，没想到结构工程师一句话，甲方就从了。晚上领导又和甲方把酒言欢——只剩下建筑师一个人在漫漫长夜里寂寞地画着图。

我们画的是图吗？对，我们画的就是图——而且快画不完了。日复一日、纠缠不休的生活榨干了建筑师最后一丝创作灵感。想摆脱，没有别的出路；不摆脱，就更没有出路。路在脚下，唐长老不打诳语。

你想摆脱生活的纠缠，可纠缠就像那个不死心的前任。解决他最好的办法不是拉黑，而是给他介绍个新对象。比如平田晃久先生，心态就很好。既然杂务缠身没有灵感，那就搞个概念叫"缠绕建筑"，即让人流与人流、建筑与建筑、空间与空间相互缠绕交融，形成自然的状态。这里的"缠绕"是多维度、多层次的。流线与功能互相缠绕，功能与流线本身也可以自己缠绕，多向缠绕形成的交接处就是新的空间活力点。

一句话：剪不断理还乱，总有那解不开的小疙瘩。重点就是要有小疙瘩（交接空间）（图2）。

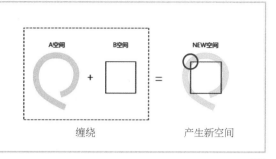

图2

日本群马县太田市火车站北侧有一块空地，打算建一个文化综合体，其实就是一个社区美术馆加一个社区图书馆（图3）。

图3

虽然基地只有3000多平方米，可考虑到日本的整体国土面积，这已经值得上级规划部门出面来规划一下了。

规划一条线，建筑对半砍。规划后加了一条内街，建筑用地直接缩到2300m²。尽管如此，做个只有约3200m²的小综合体还是很宽裕的（图4）。

图4

前面说了，平田先生的概念叫"缠绕"。那么问题来了：谁缠谁？

先根据功能面积需求将美术馆和图书馆分割成5个方盒子（图5）。

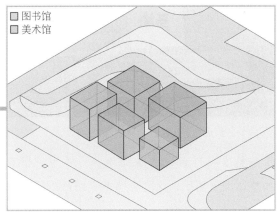

图5

至于为什么是5个，不是6个或者4个？别问，问就是：奇数个盒子体现动态，而偶数个盒子体现静态（场地不大，偶数个盒子会不可避免地产生对位关系），再结合一下功能面积，5个盒子刚刚好。

然后通过风环境计算来调整盒子朝向，保证形成一个适宜的建筑热环境。反正就是为转动形体找个理由，随便听听就好（图6）。

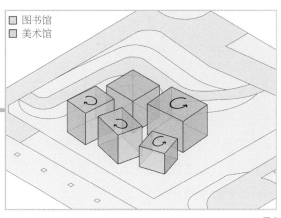

图6

下面大招来啦！要开始缠绕了哦，想想还有点儿小激动呢。

最简单的是流线缠绕，用图书馆流线将来自场地东南角的人流绕场地一周回到图书馆。美术馆流线呈"8"字形缠绕两个盒子（图7）。

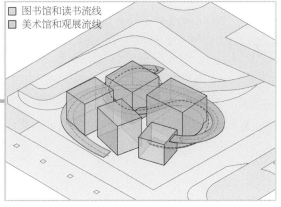

图7

接下来根据需求整理具体功能体块，以确定缠绕流线在三维空间上的位置（图8）。

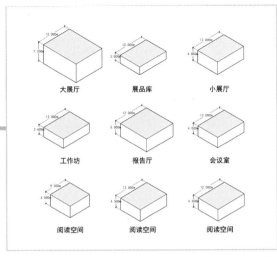

图 8

把整理好的功能体块结合尺度和流线需求放在
5 个盒子里。

首层在主入口处放置咖啡厅。同时根据车流来
向放置展品库,在西南角放一个具有独立出入
口的工作坊。按照两条流线前进的方向布置阅
读区和展厅(图 9)。

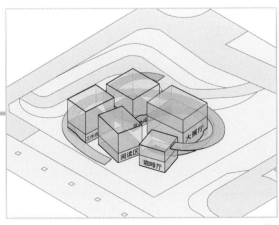

图 9

二层南侧布置读书区,北侧布置一个小展厅。
为增加交通的便捷,读书流线在此处分岔向东
单独缠绕 3 个阅读区(图 10 ~ 图 14)。

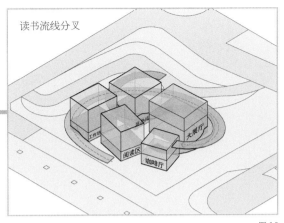

读书流线分叉

图 10

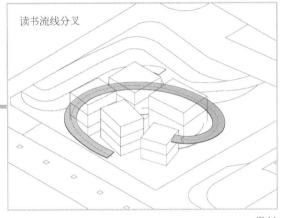

读书流线分叉

图 11

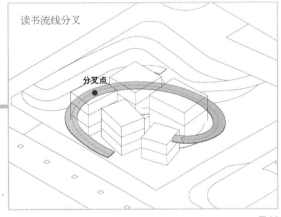

读书流线分叉

分叉点

图 12

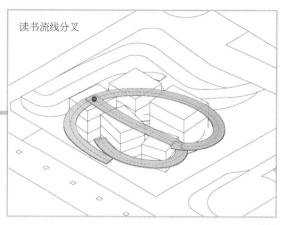

读书流线分叉

图 13

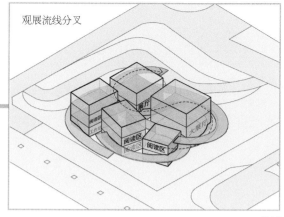

观展流线分叉

图 15

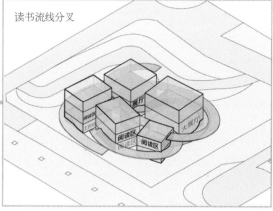

读书流线分叉

图 14

观展流线分叉

图 16

别忘了平田君所谓的"缠绕建筑"可不仅仅是流线缠绕功能，流线之间、功能之间也是可以缠绕交叉的。将一个小展厅放置在西南角阅览的第三层，引导美术馆流线在此分叉继续缠绕，也使图书馆和美术馆两大功能自然融合（图15～图19）。

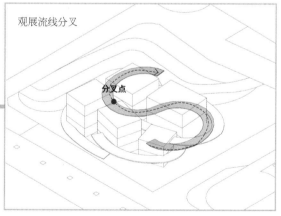

观展流线分叉

分叉点

图 17

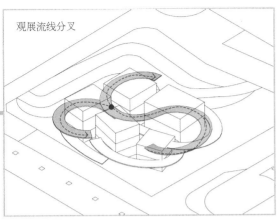

图 18

观展流线分叉

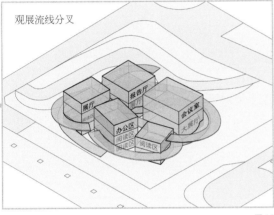

图 19

观展流线分叉

随后，两条流线绕着各自的功能块做进一步缠绕，基本原则就是让每一条缝隙都被缠绕占领（图20、图21）。

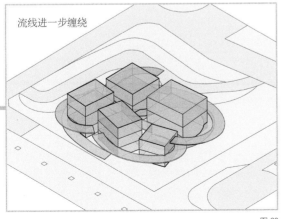

图 20

流线进一步缠绕

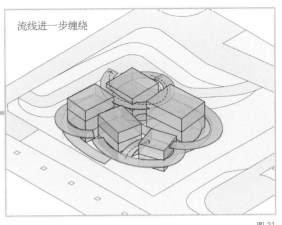

图 21

流线进一步缠绕

但流线缠绕不是目的，毕竟搞一个外挂楼梯缠绕更简单，线性空间和盒子空间的交接碰撞才是重点——这就是那些解不开的小疙瘩。

加宽流线空间，使之成为功能空间，也获得更大的交接面积（图22～图24）。

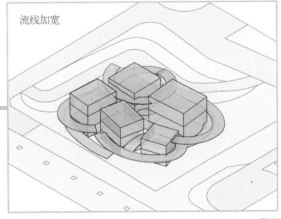

图 22

流线加宽

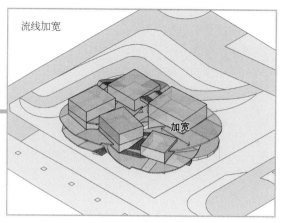

流线加宽

加宽

图 23

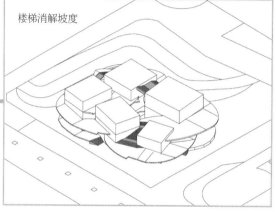

楼梯消解坡度

图 24

在交接处形成各种功能（图 25）。

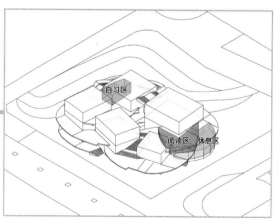

自习区

阅读区　休息区

图 25

将不同高度的坡道用楼梯连接，使空间更加连贯，也使整个缠绕体系仿佛无穷无尽（图26）。

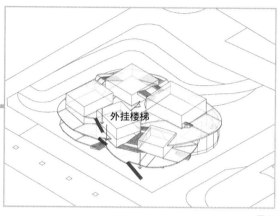

外挂楼梯

图 26

在交接处的墙体开洞，使流线空间与盒子内部空间融合，形成两组大的线性空间（图 27、图 28）。

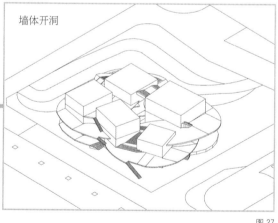

墙体开洞

图 27

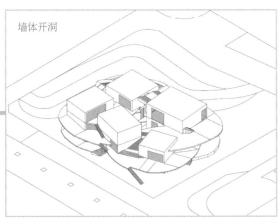

墙体开洞

图 28

两组大的线性空间也使图书馆和美术馆两个功能完全融合（图 29 ～ 图 31）。

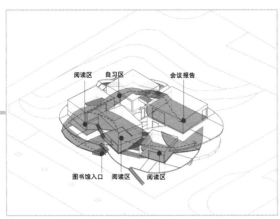

阅读区　自习区　　会议报告

图书馆入口　阅读区　阅读区

图 29

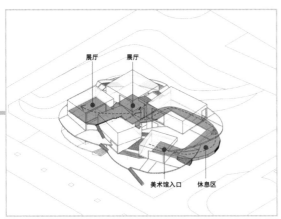

展厅　　展厅

美术馆入口　　休息区

图 30

图 31

两条流线的端点和盒子交接产生的尖角空间用作纯交通空间，通过删减墙体和开窗来消除压抑感。流线之间的缝隙也自然形成了颇具趣味的小天井（图 32）。

图 32

在两条流线交会的地方，同时也是观展流线向上转折的地方插入一组旋转楼梯，将两条流线在建筑中心连接（图 33 ～ 图 35）。

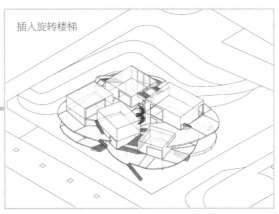

插入旋转楼梯

图 33

273

图 34

图 35

最后，给坡道加上围护结构，彻底搞成室内空间。那么坡道的屋顶也就自然形成了一个室外屋顶平台。简直不要太机智了（图 36 ）。

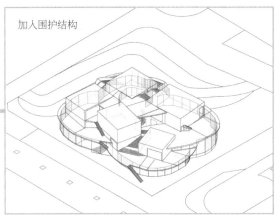

加入围护结构

图 36

至此，这个建筑已经从平面上让人彻底迷惑了。江湖大忌就是搞了个空间创新，然后给甲方先看了平面——如果你没被打死一定是因为甲方害怕坐牢（图 37 ）。

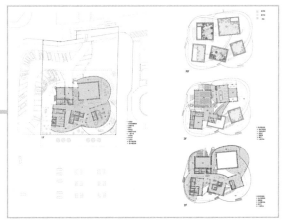

图 37

最后的最后，给整个建筑加统一模式的格栅表皮（图 38 ）。

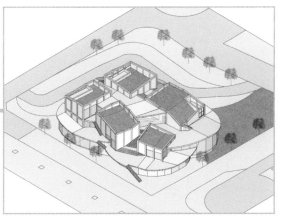

图 38

这就是平田晃久设计的太田市美术馆·图书馆，一个纠缠不清、乱成一团麻的建筑（图 39 ～图 43 ）。

图 39

图 40

图 41

图 42

图 43

任何困扰我们生活的纠缠其实都不是在纠缠你，而是在纠缠你的习惯。你是想摆脱纠缠还是想摆脱习惯？摆脱纠缠，习惯还是习惯；摆脱习惯，纠缠可能就是灵感。

你要知道地球是个球，纠缠是常态。我们正在创造的这个世界，既非由自然伟力也非由科学逻辑统治，而是由此二者纠缠的魔力所支配的"美丽新世界"。这个新世界的美，不是自然的结果，不是人工的结论，而是在二者纠缠过程中的——萌现。

图片来源：

图 1、图 32、图 34、图 37、图 40 来源于 https://www.archdaily.com/897778/art-museum-and-library-in-ota-akihisa-hirata，图 31、图 35、图 39、图 41 ~图 43 来源于 https://www.floornature.de/akihisa-hirata-art-museum-and-library-ota-japan-14037/，其余分析图为作者自绘。

END

有个坏毛病一次就上瘾，
请各位建筑师慎重尝试

图 1

名　称：科尔多瓦国会中心竞赛方案（图 1）
设计师：大都会（OMA）建筑事务所
位　置：西班牙·科尔多瓦
分　类：会议中心
标　签：建筑策划，功能重组
面　积：约 52 000m²

设计界千古之谜：为什么甲方大人们改方案改来改去总是又改回第一版呢？您要是觉得第一版就不错，何必浪费时间瞎折腾？您要是觉得不好，为什么最后又定了这版？

真相只有一个：因为甲方这个负心人根本就不爱"改方案"，他们爱的只有——改。

为什么爱"改"？因为上瘾啊！一改就上瘾，越改越上瘾，又爽又上瘾。

其实也不能怪甲方，"改上瘾"就是人类作为高等智慧生物的本能和天性。什么事儿自己干都费劲，改别人的多高兴——只动嘴不动手，只领功不负责：改好了是我英明，改不好是你无能。所以，小时候家长给你改毛病，老师给你改作业，长大了领导给你改文件，甲方给你改方案。实在混不好了，还有算命先生给你改名字。

那么问题来了：作为一个建筑师，能去改什么？敲黑板，记好了：改任务书啊！

以前咱们讲过好几个擅改甲方任务书成功上位的心机案例，可再有心机也得有机可乘：要么是甲方确有考虑不周的地方，要么是周边确有闲置可建设的地方。所以，改甲方任务书还有个好听的官方名称：建筑策划。

但你见过没事儿找事儿，非要硬改人家任务书的吗？下面这位就是。只能说，改任务书是真的会上瘾啊。这位不能算是"惯犯"，应该说是祖宗。现在敢一言不合就改甲方用地、改任务要求的十个有九个都是跟他学的。

你猜对了，就是雷姆·库哈斯。

那天，天气晴朗。OMA 参加了一个竞赛，来自西班牙的甲方要在科尔多瓦建设一个国会中心，主要包括商业、会议、酒店、剧院等常规配置。项目用地选在城区外一座纯天然的小岛上。

但这座岛可不是"荒岛求生"的岛，而是"琼岛寻宝"的岛。从岛上隔河而望，四周全是名胜古迹：博物馆、清真寺、教堂、广场、凯旋门应有尽有，还有三座桥与老城区相连，交通也十分便利（图 2）。

图 2

在如此风景交通俱佳又闹中取静的地方，盖个国会中心不是正好吗？那是你的想法。库爷不这么想，不改任务书浑身不得劲。他二话不说，直接向甲方表示：你这个场地不好，我给你换一个吧。OMA 提出把场地换在更显眼、更能从老城区看见的小岛的上端（图 3）。

图 3

甲方微微一笑：你想多了，那里是公园绿地，不能用于建设。

但绿地就能挡住库爷改用地的倔强吗？你也想多了。OMA 继续表示：绿地和原基地之间还有条缝儿，可以用来建设（图 4）。

图 4

甲方都惊呆了，没听说库哈斯最近脑子出问题了呀。OMA 还在振振有词：你看这块新用地啊，它就是条缝儿，不但面积远远小于原场地，而且几乎不会占用任何土地资源。这样你既盖了国会中心，又白白赚取了原有地皮来搞开发（图 5）。

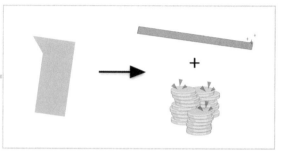

图 5

这不就是传说中的空手套白狼吗？不同意的是傻子。甲方马上表示：只要你能在这条缝儿里捣鼓出个国会中心，就同意你换场地。好了，皮球又踢回给 OMA 了。

这块新场地长 370m，宽 25m，真的就是条缝儿。按照功能面积拉起体量后，就会发现这条缝儿变成了一根棍（图 6）。

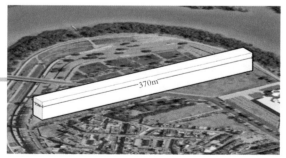

图 6

而且还是个挡住了路的棍子。所以，先从底部挖出通道，不能影响原有的道路交通（图7、图8）。

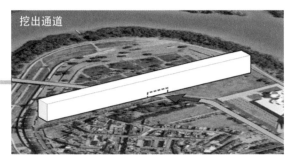

挖出通道

图7

呈现效果

图8

不但挡路，还挡风。由于体块尺度巨大，把从河上吹来的风给挡得严严实实，基本完全破坏了周边的风环境。

怎么办？切成几块吗？切是肯定要切的，问题是横着切还是竖着切。正常人肯定想竖着切，变成几个小房子问题就简单了。库哈斯的脑回路要是这么正常就不是你大爷了。别忘了，库爷写过一本书就叫《S,M,L,XL》（图9）。人家追求的就是 XL 特大号，简单来说就是：只要一个建筑足够大，那么它天然就是地标，所有细节、比例、尺度、构成等建筑传统命题就都没用了。

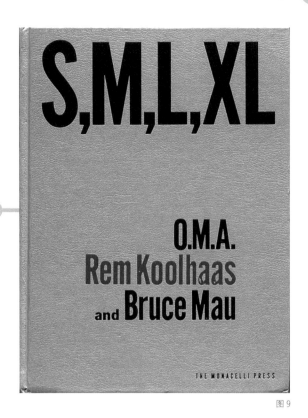

图9

所以，好不容易搞出来个 XL 号的建筑，怎么舍得再切成几段？于是就只能在横向上切出一个巨大的通风平台。当然，官方叫"观景平台"（图10 ~ 图12）。

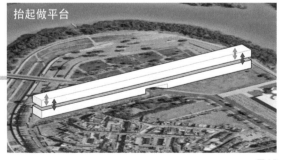

抬起做平台

图10

满足通风需求

图 11

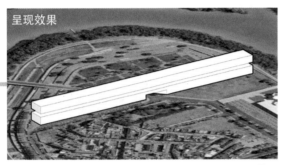

呈现效果

图 12

但不管再怎么想要 XL 都是主观意识，过长的形体会造成建筑不均匀沉降才是客观事实。因此，结构不得不从中间断开，并用楼梯相连，将变形缝、沉降缝等隐于其中（图 13、图 14）。

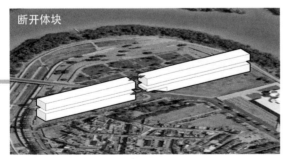

断开体块

图 13

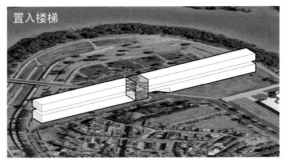

置入楼梯

图 14

至此，基本形体就已经确立了。打起精神，万里长征才走出家门口。下一步进入功能分区环节。

体块进深只有 25m，对商业、餐饮、住宿、会议等功能来说没多大问题。可是，这个建筑里还有个部分叫剧院，而且不是 1 个，是 3 个。

有办法吗？没办法。除非去借仙女棒，变大变小变漂亮。

好在新基地的右侧紧邻原场地，只能借用一块来外挂剧院了。既然是借，那就是借得越少越好。不然你当初信誓旦旦改场地，现在又来占用原场地，还要不要面子啊。但具体借了多少，我们后面再说（图 15）。

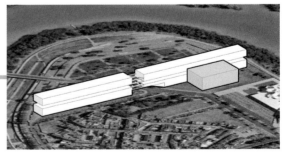

图 15

OMA 的看家本领是功能重组。这次依然不按传统意义上的功能划分空间，而是按照两大使用人群——外来游客和当地居民——把整个建筑分为三部分（图 16）。

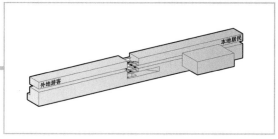

外地游客	混合使用	当地居民
住宿	观景长廊 商业　餐饮	会议　剧场

图 16

由于剧场部分借用原场地只能布置在东侧，所以东侧就给当地人使用。西侧留给游客，中间通过二者混合使用的部分自然过渡（图 17）。

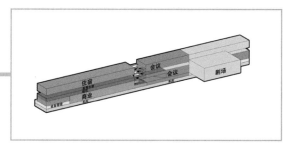

图 17

然后将商业部分主要放置于首层和地下一层，保证最大沿街面。住宿部分比较安静，置于顶部，餐饮作为服务空间布置在二者中间。主要为当地事务服务的会议和剧院就放在体块的另一侧，设备间与停车场都放在地面以下（图 18）。

图 18

先说剧场。任务书一共要求了 3 个剧场：1 个 1500 座的大剧场、1 个 600 座的小剧场，以及 1 个 500 座的开放剧场。前面说了，借人家的地越少越好。

画重点：OMA 发明了一种新的剧场组合方式——"1+1+1＝6"（图 19）。

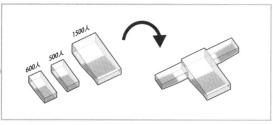

图 19

由于单个剧场的使用频率不高，OMA 将 3 个剧场的舞台相对而放，提高效率的同时得到了 6 个剧场的效果（图 20）。

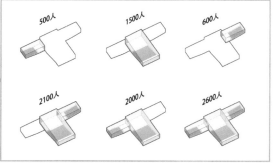

图 20

这种组合方式 OMA 后来在中国台北表演艺术中心设计中再次使用过，并且已经顺利建成了（图 21）。

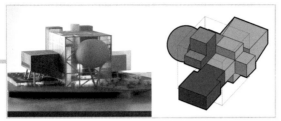

图 21

把剧场组合体置入建筑体量就可以揭开谜底了：OMA 最终只借用了原场地一个 1500 座剧院的面积。并且由于 3 个剧场集中布置，为避免使用时人流量过大疏散不开，还把大剧场的体块沿座位斜向削减，底层架空，留出疏散广场。这样从名义上就基本没有占用原场地的地上面积，只是占用了点儿上空。简直不要太机智（图 22）。

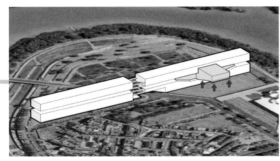

图 22

再加入化妆间与疏散平台（图 23）。

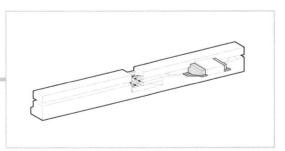

图 23

沿座位升起角度构建完整体块，并加入结构柱（图 24）。

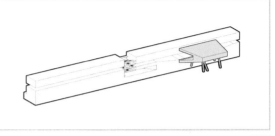

图 24

至此，剧场的基本形式也确定了，接下来解决具体的疏散问题。

出口一：从舞台底部疏散至地面（图 25）。

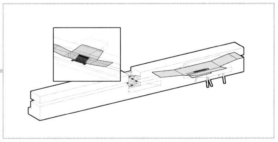

图 25

出口二：直接利用单向直跑楼梯疏散至刚刚预留的后广场（图 26）。

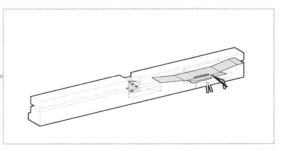

图 26

出口三：从观众席侧面疏散至观景平台，再利用平台疏散至地面层（图27）。

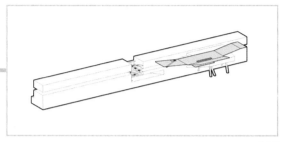

图 27

最后再加入带电梯和封闭楼梯间的交通核（图28、图29）。

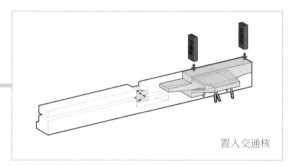

置入交通核

图 28

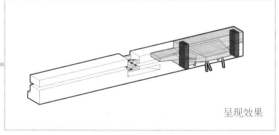

呈现效果

图 29

最终成功获得一个剧场外挂（图30）。

图 30

再说那个370m长的通风口，哦不，是观景平台。但其实观景平台听起来也不太洋气，而且这个平台也太长了吧，跟条大马路似的，那就直接设计成马路吧。于是，"观景平台"再次升级成空中街道。这听起来就很高大上了。

为引入人流在主要人流来向加入大直跑楼梯（图31）。

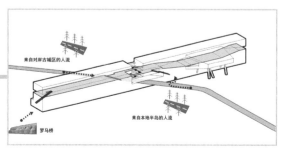

来自对岸古城区的人流

来自本地半岛的人流

罗马桥

图 31

光有人不行，还必须有的看，有的待，才能有人气。因此，OMA 进一步在"街道"上设计了三大景观节点（图 32）。

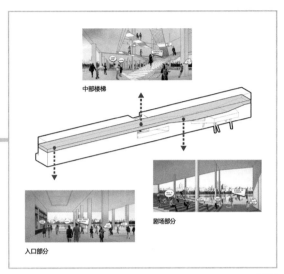

图 32

1. 交点放大

在平台与剧场的交接处结合剧场做放大处理（图 33 ~ 图 35）。

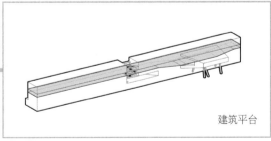

建筑平台

图 33

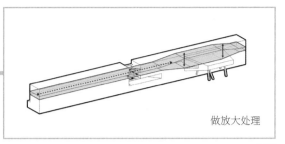

做放大处理

图 34

图 35

2. 在中间变形缝位置设计一个花里胡哨的楼梯并抠出中庭，成为景观中心节点（图 36 ~ 图 38）

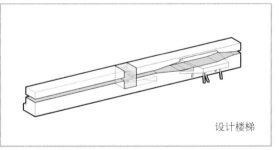

设计楼梯

图 36

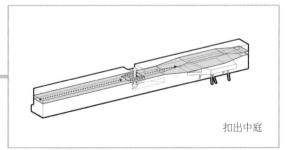

扣出中庭

图 37

图 38

3. 端部入口面向景观打开（图 39、图 40）

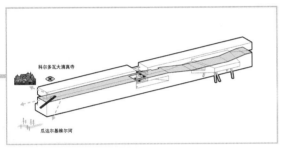

图 39

图 40

再来组织交通，也就是提高空中街道的连通性。

首先是酒店部分。在朝向大清真寺的方向上加入经过酒店，并连接空中街道和屋顶平台的直跑楼梯（图 41）。

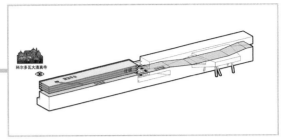

图 41

在餐饮部分加入楼梯，直接与空中街道相连（图 42）。

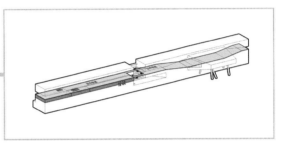

图 42

会议部分不但加入一挂楼梯直接到达空中街道（图 43），而且由于空中街道将会议功能分成了上下两部分，所以补充交通使其重新连接起来（图 44）。

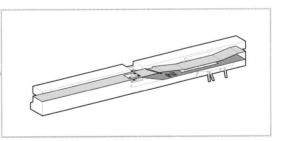

图 43

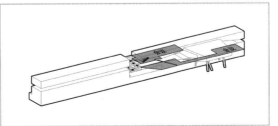

图 44

再按疏散要求的距离间隔加入交通核（图45 ～图47）。

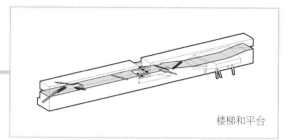

楼梯和平台

图 45

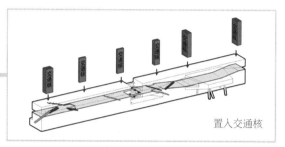

置入交通核

图 46

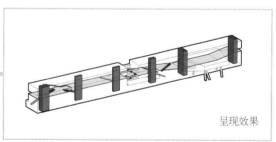

呈现效果

图 47

加上结构和外表皮，搞定！但还不能收工（图48）。

图 48

除此之外，OMA还特意附送了一条旅游路线策划，并且新设计了一座桥，把自己的建筑作为景点安插在旅游环线里头（图49）。

新建桥梁

基地

图 49

这就是OMA改用地上瘾，没有困难制造困难也要改的科尔多瓦国会中心。不管怎样，反正库哈斯说到做到，真在缝儿里设计出了个建筑。甲方也言而有信，给OMA颁发了一个竞赛一等奖（图50 ～图53）。

图 50

图 51

然后，就没有然后了。花都开了房子也没建起来。总之就是，给甲方改任务书这事儿相当容易上瘾，但也相当有风险。改好了皆大欢喜，是双赢，改不好废标事小，废了你事大。请各位建筑师在尝试之前一定穿好运动套装，自备九转还魂丹、白玉断续膏等行走江湖常备续命药。

不行就快跑啊。

图 52

图片来源：

图 1、图 30、图 50 ~ 图 53 来源于 El Croquis，图 9 来源于 https://oma.eu/publications/smlxl，图 21 来源于 https://www.archdaily.com/209174/omas-taipei-performing-arts-center-breaks-ground，其余分析图为作者自绘。

END

图 53

所谓设计格局，就是冬天里的火锅局

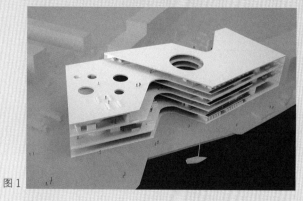

图1

名　称：坦根学院
设计师：3XN 建筑事务所
位　置：挪威·克里斯蒂安桑
分　类：教育建筑
标　签：规划格局，单体校园
面　积：19 500m²

冬天到了，万物凋零，又到了"不吃火锅会死星人"复活的季节。刮风下雪，火锅走起。无论天上飞的、地上跑的、水里游的、田里种的，还是外太空育种的，万物皆可涮。生长在宇宙各个角落里的可爱小食材最终都在那个小小的不锈钢锅中找到了归宿，身段放软却仍保持独立，互相牵连但也彼此成就。这里没有勾心斗角、优胜劣汰，这里只有让饥寒人生感受到烈火般热情、骄阳般温暖的世界和平。

好了，这里是《拆房部队》，不是《舌尖上的中国》。我想说的是，所谓做设计要有格局，其实就和吃火锅一样，把摆了整整一桌子独立的鱼肉菜蛋都会聚到一个小锅子里，保持关系不变的同时又融为一体。这就是建筑设计的格局。

画重点：关系不变。

挪威打算在坦根美丽的奥特拉河畔建一所高等职业技术培训学校：坦根学院，可以说是挪威的蓝翔（图2）。

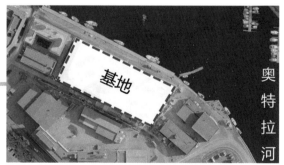

图2

挪威蓝翔也是蓝翔，学的还是美容美发、烹饪、开挖掘机这一套。校舍要求也差不多，都是需要有理论教室和实践场地的。

先来看看我国蓝翔的校园：标准的中轴对称大广场。大部分学校其实也都长这个样（图3）。

图3

估计挪威蓝翔的校园肯定也得和这个差不多吧（图4）。

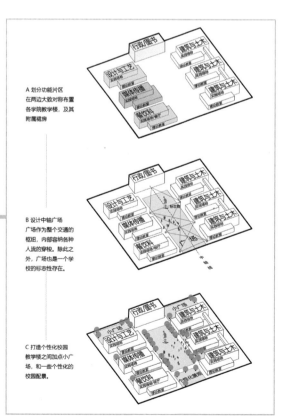

图4

然而，事实是差多了……这大概和国土面积有关。我国蓝翔校园占地 733 333m²，建筑面积 400 000m²；而挪威蓝翔占地只有 5000m²，建筑面积差不多 20 000m²。5000m² 还要啥自行车啊？还没个广场大，老老实实盖个楼凑合着用得了。

但"资深火锅爱好者"3XN 不这样想。火锅不就是把一大桌子菜都塞到一个小锅里吗？那我就能把这一大堆校园规划塞到一栋小楼里！

划分功能片区，先把功能排到场地里（图 5 ~ 图 8）。

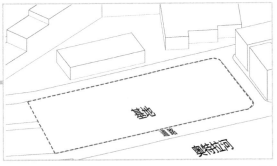

图 5

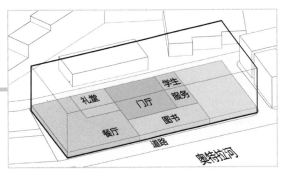

图 6

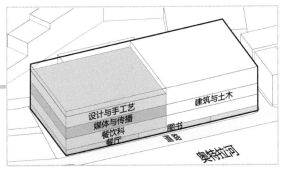

图 7

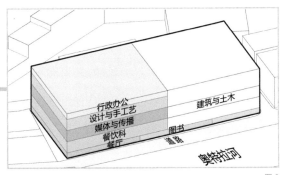

图 8

果然和预料的一样：能凑合着把功能都排上就不错了，上哪儿去找中心轴线大广场呢？况且这挤挤挨挨的功能根本不能用。前面说了，技术学校的特点就是不但要有理论教室，还得有配套的实践场地，最好还要挨在一起。

反映到建筑空间上就意味着不同的层高尺度需要组合在一起。换句话说，统一层高的普通教学楼就已经退出竞争了。不然，你在普通教室里给我开个挖掘机看看（图 9）？

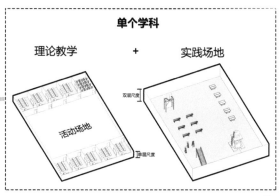

图 9

在面积够大的校园规划中，这个问题可以很简单地用高低两栋楼组合解决。现在 3XN 如法炮制，只是把高低两栋楼变成了高低两个空间的组合（图10）。

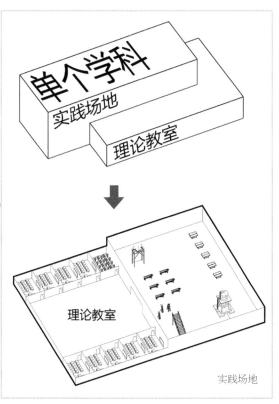

图 10

至此，流线梳理基本完成。下面就是将流线变成可使用的空间。

第一步：将所有流线变成平台（图11）。

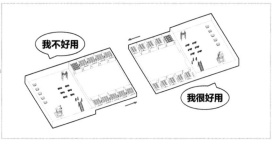

图 11

可这样就会导致有一半的教学单元的理论教室飘在天上，很不好用（图12）。

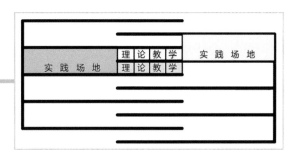

图 12

怎么办？要解决其实也简单，只要牢记火锅法则：不管怎么混合怎么涮，每个菜品的本身特点不能发生改变。也就是说，你拼接就拼接，不要去挪动空间关系（图13）。

图 13

然后我们把这个火锅操作运用到方案里，神奇的事情就出现了：这个面积紧紧巴巴的建筑竟然又省出来一大块空间（图14～图17）！

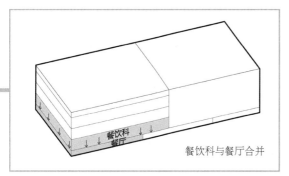

餐饮科与餐厅合并

图14

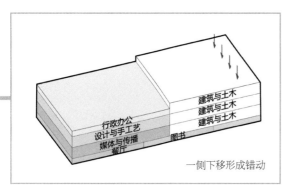

一侧下移形成错动

图15

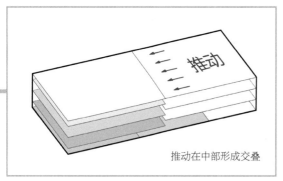

推动在中部形成交叠

图16

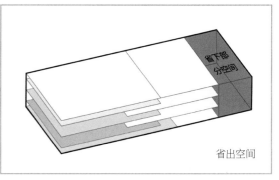

省出空间

图17

中心广场在哪儿？中心广场就在这儿！

推动楼板形成中部交叠之后会省下一部分空间，我们只需要把这一部分再挪回中间，心心念念的中心广场就出现了（图18～图20）。

空间移动

图18

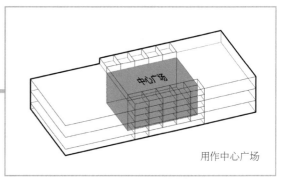

用作中心广场

图19

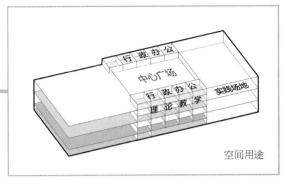

图 20

第二步：细化中轴广场

前面一顿神操作，把没地儿放的中心广场又给塞回去了。那么问题来了：为什么校园里一定要有个中心广场呢？

在规划格局中，中心广场作为校园里最大的公共空间，既是各种人流的集散会聚地，也是学校的门面标志物。现在这个广场虽然被塞在一栋小楼里，但是作用和特点不能变，还是火锅法则（图 21 ）。

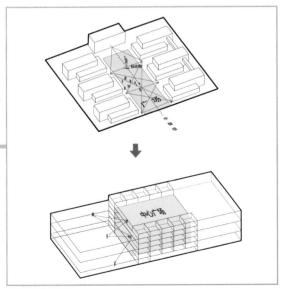

图 21

1. 挖中庭

作为一个垂直广场，先挖一个大中庭使所有空间都在这里连通（图 22、图 23 ）。

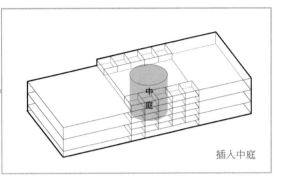

图 22

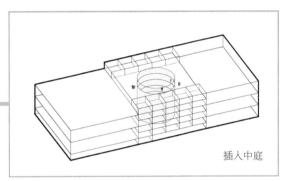

图 23

2. 集散枢纽

在中庭两侧加入两个方便快捷的交通核联系各层（图 24、图 25 ）。

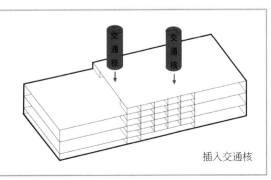

图 24

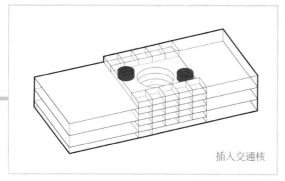

插入交通核

图 25

3. 标志性

因为面积有限，雕塑啥的就别想了。但 3XN 设计了一系列具有雕塑感的楼梯，也算过得去了（图 26、图 27）。

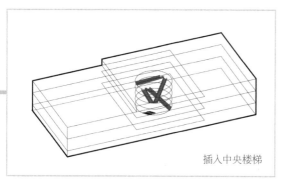

插入中央楼梯

图 26

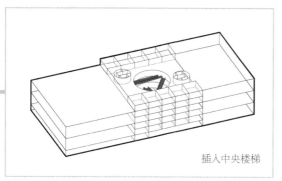

插入中央楼梯

图 27

同时这些楼梯也加强了水平各层之间的联系，进一步强化了中心广场的交通功能。可谓是既美观又实用了（图 28、图 29）。

图 28

图 29

至此，整个建筑的规划格局已经呈现出来了，下面就是要细化空间设计了。

第三步：创造个性化

1. 增加小广场

各个教学单元分列在中心广场两侧，增设三角形边庭，为每个教学单元都提供一个小广场，同时中间教室顺应边庭形式，稍作偏转（图 30～图 34）。

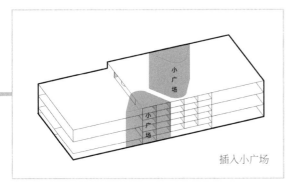

插入小广场

图 30

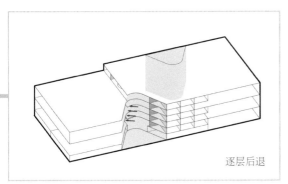

逐层后退

图 31

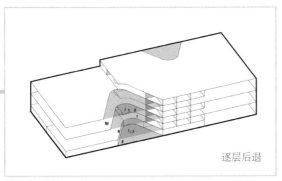

逐层后退

图 32

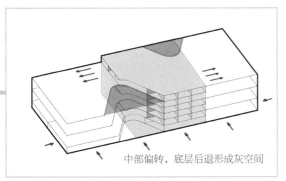

中部偏转，底层后退形成灰空间

图 33

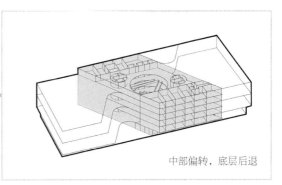

中部偏转，底层后退

图 34

2. 各学科区域之间便捷可达的交通

中心广场解决了大部分交通问题。另在建筑东西侧各设货运入口，解决两侧实践场地中的材料及设备运输（图 35）。

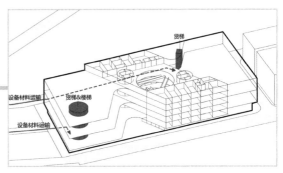

图 35

西侧全部为建筑与土木学科的实践场地，加入交通核方便联系；东侧边庭内加入楼梯，加强东侧实践场地的可达性（图 36）。

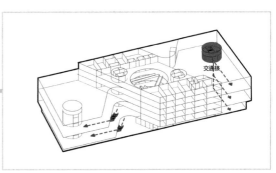

图 36

3.塑造学院特色

虽然各个专业学院要挤在一栋楼里，但 3XN 依然贴心地为每个学院内部都做了一些各具特色的设计（图 37、图 38）。

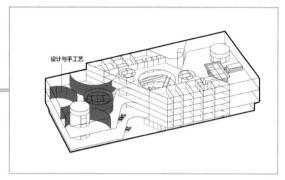

图 37

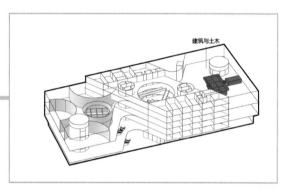

图 38

第四步：解决实际建筑问题

1.疏散

此前提到的多个交通核与建筑内对角布置的两部疏散梯共同解决消防疏散问题（图 39）。

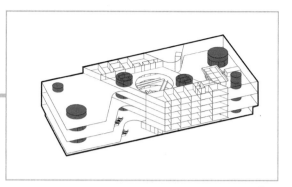

图 39

2.结构

两侧实践场地的层高较高，空间较大，结构柱直径约为 600mm。中部房间尺度较小，排列较密，单层层高，柱子直径约 400mm（图 40 ~ 图 42）。

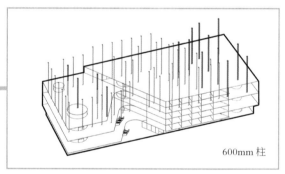

600mm 柱

图 40

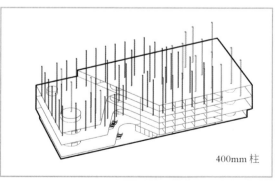

400mm 柱

图 41

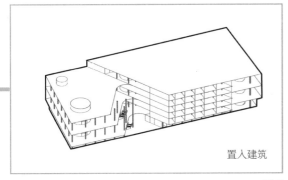

置入建筑

图 42

3. 异形空间使用

建筑中存在大量圆形和弧形空间，3XN 为每个特殊空间都做了单独的处理甚至家具设计（图 43 ）。

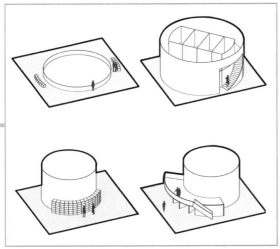

图 43

4. 表皮

最后再罩上简约的表皮，顶部为呼应圆形中庭加开一些圆形天窗，整个建筑就完成了（图 44 ）。

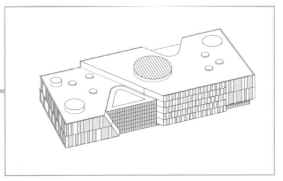

图 44

这就是 3XN 设计的坦根学院，一个具有大规划格局的小建筑（图 45 ~图 52 ）。

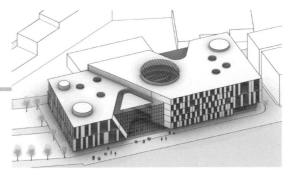

图 45

图 46

图 47

图 48

图 49

图 50

图 51

图 52

建筑的大小不是由建筑的面积决定的，而是由你对建筑的认识决定的。心有多大，舞台就有多大，建筑也就有多大。

你觉得建筑只是个排排房，那做了几十万平方米的 CBD（中央商务区）也不过是一个标准层；你觉得建筑是城市、是山海、是宇宙，那就算做个茅草屋也会别有洞天。

煎炒烹炸最多不过组合七八种食材，唯有火锅才能涮遍万物。

END

建筑师之爱甲方，则为之计深远

图1

名　称：柏林卡迪威百货商店翻新
设计师：大都会（OMA）建筑事务所
位　置：德国·柏林
分　类：改造，商场
标　签：模式，运营
面　积：90 000m²

甲方＝爸爸，是当今设计界的共识。但说句公道话，这事儿还真不是甲方托大，而是广大设计师自觉自愿自发地给甲方同志们长了辈分。

同一个世界，同一个爹。我就经常恍惚，眼前暴跳如雷的甲方真的不是我亲爹乔装打扮来折磨我的吗？莫不是真的有皇位要继承才如此考验我？

不，你想多了。他们只是一样喜欢克扣零用钱或者设计费，喜欢不懂装懂乱改作业或者方案，还不允许你质疑——你质疑就是你态度有问题。他们永远觉得别人家的孩子或者设计师好，当然也永远没有皇位给你继承，揍你虐你纯粹因为今天有点儿闲或者天上有朵云。然后告诉你，这叫爱之深责之切，或者棍棒底下出孝子。

这个世界上但凡能被叫作"爸爸"的生物都是可以在身高、体重、背景、资历以及经济实力等各方面全方位碾压你的高级物种——这属于先天优势，后天基本不可逆。而我们作为一个可怜、无助但能吃的乙方弱小建筑师，存款不多、饭量不小，兢兢业业夹紧尾巴当儿子还吃不饱呢，难道还能奢望骑在甲方头上随便点菜吗？

能。亲生老爹不一定，但甲方爸爸一定行。

电视剧为全国人民普及了一句古文：父母之爱子，则为之计深远。而你唯一可以向甲方表达长辈关爱的机会就是这个——为之计深远。作为乙方，为甲方计深远。

德国柏林有一家旧百货商店想更新改造一下。商店位置很好，就位于柏林的市中心（图2）。

图2

你没有看错，基地里面圈住的不是一大片场地，而是完完整整的一座建筑。因为这个百货商店叫卡迪威——全球最大的百货商场之一，欧洲大陆上最大的百货商场，没有之一。

卡迪威拥有6万多平方米的营业面积，分布在8个楼层，相当于柏林奥林匹亚体育场再加上4个足球场的大小，零售商品保持在40万件以上（图3）。

我是欧洲大陆上最大的百货商店哦。

图3

就算是一个普通的百货商场，改造更新也是常规操作。三年一小更，五年一大更，紧跟潮流才能吸引人流。而作为一个有百年历史的最大商场，升级装修都不叫事儿，伤筋动骨、大兴土木的次数一只手数都快数不过来了。以至于对现在的卡迪威来说，改造不是问题，还能怎么改才是个问题（图4）。

图4

不知道怎么办，就办个竞赛。卡迪威也是这么办的。但办竞赛也不是目的，解决问题才是目的。卡迪威的问题是什么？看平面就知道了：这种大而全的传统百货经营模式已经无法适应当代人的购物习惯了。

你想想看，你现在逛街是为了买东西吗？不，你是为了逛。最多再加上吃——逛吃逛吃、见见朋友、聊聊八卦。至于买东西，是断网了还是快递停运了（图5）？

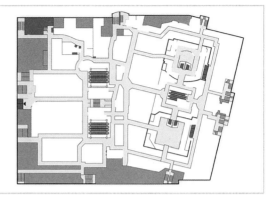

图5

你不再为了生活需求买单，而是为了心情愉悦买单，这就叫"体验经济"。体验经济是服务经济的延伸，是农业经济、工业经济和服务经济之后的第四类经济类型，强调满足顾客的感受性，重视消费行为发生时顾客的心理体验。

简单来说：你想喝咖啡了，自己种咖啡豆就是农业经济；去商店买速溶咖啡就是工业经济；到星巴克买一杯现场制作的咖啡就是服务经济；飞到巴黎在塞纳河左岸毕加索在那里发过呆的咖啡馆点一杯深度烘焙的欧蕾咖啡，就是体验经济——令你满足的不是那杯咖啡，而是在这个咖啡馆里发的朋友圈收获的赞（图6）。

图6

所以，卡迪威的根本问题就是怎么从服务经济时代大而全的零售模式进化成体验经济时代小而美、美而精、精而有特色的主题营销模式。同理，建筑师的任务就是怎么帮卡迪威在空间上体现出体验经济的模式。

而这一切竞赛任务书都不会告诉你，甚至甲方自己也不见得就那么明确笃定。换句话说，如果你将卡迪威改造成一个更高端、更大气、更国际范儿的商场不一定会输，但如果有人将卡迪威改造成一个适应体验经济模式的新空间形态就一定会赢。

库哈斯就是那个一定会赢的人。

画重点：根据体验经济时代的消费习惯，库哈斯带领OMA提出了第一条改造策略——4 in 1。就是把一个大商场变成四个针对不同消费群体的主题小商场（图7）。

图7

首先，OMA把卡迪威的客户按年龄段以及购买能力进行了分类（图8）。

前卫非主流：我行我素的"90后"；

年轻上班族：精打细算的"80后"；

普通小透明：生活稳定的"70后"；

经典老派人：事业有成的"60后"。

图8

那么问题来了：这四类空间怎么分布？当然不可能按层数去分。要记住这是四个独立的圈子，需要四个独立的空间，而不是一个空间的四个部分。

OMA干脆像切蛋糕一样将空间切成四份（图9）。

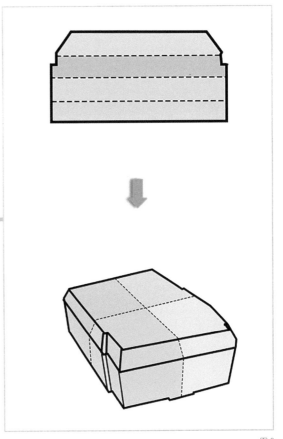

图9

但是问题又来了：毕竟在一个屋檐下，这四个空间怎么独立呢？难道要直接在边界上加隔墙？当然不是。这里 OMA 再次祭出城市建筑学的大招。比方说，北京和天津紧挨着，那我们怎么区分北京和天津呢？总不能靠找城市分界线吧。通常情况下，我们看见故宫就知道是北京，看见劝业场就知道是天津。这就是通过主题标志物塑造印象。

OMA 如法炮制，在每个分区中心点加入不同的标志物。这样就在潜意识里形成了四个不同的空间，空间之间存在界限但又不是直接的强行分隔，而是在每个分区的边缘处有着渐变的过渡空间（图 10）。

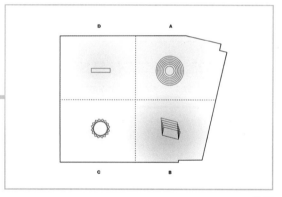

图 10

城市的标志物很容易用建筑解决，但如何在建筑里加入标志物就是个技术活了。这个标志物不仅要位于核心地带，还要在每一层都具备强烈的可识别性，且要作为整个空间里视觉与行为的中心点。

OMA 的解决方法简单粗暴，就是中庭加楼梯，直接甩出四种几何渐变花式中庭（图 11）。

图 11

1. 前卫（方形 + 逐层旋转）（图 12 ~ 图 14）

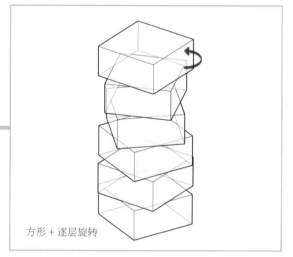

方形 + 逐层旋转

图 12

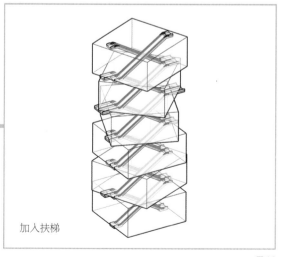

加入扶梯

图 13

图 14

2. 经典（矩形 + 逐层倾斜）（图 15 ~ 图 17）

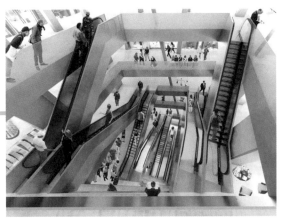

图 17

3. 年轻（圆形 + 逐层扩大）（图 18 ~ 图 20）

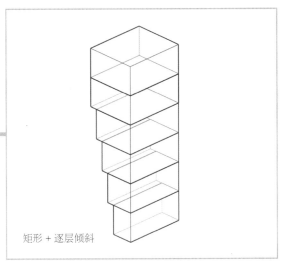

矩形 + 逐层倾斜

图 15

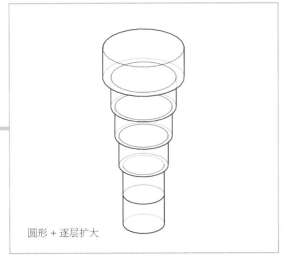

圆形 + 逐层扩大

图 18

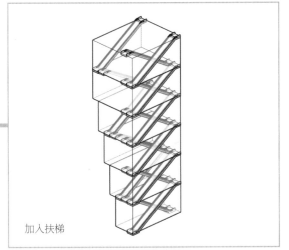

加入扶梯

图 16

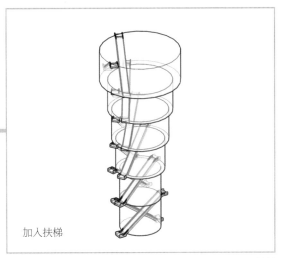

加入扶梯

图 19

图 20

4.普通（这里直接配了一个最普通的扶梯中庭，真的是不能再普通了）（图21）

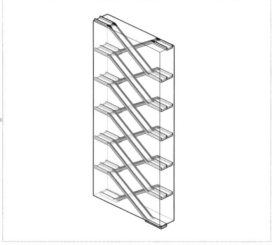

图 21

然后拆掉内部所有布局，只保留楼梯，并把四个花式中庭插入每个"商场"的中心位置（图22～图25）。

图 22

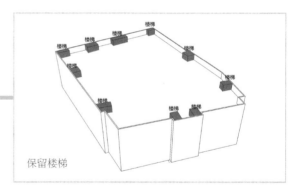

保留楼梯

图 23

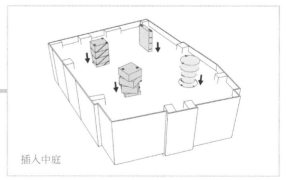

插入中庭

图 24

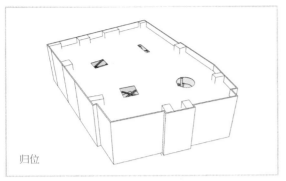

归位

图 25

拆了平面，下面就要重新布置平面了。一般做法是围绕各个中庭每层布置一圈店铺（图 26）。

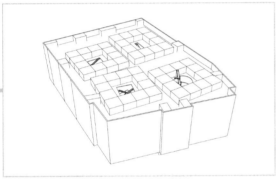

图 26

但是这样布局会在四个区域外围产生一圈商业价值较低的消极空间，基本和砌了堵墙没有太大区别（图 27）。

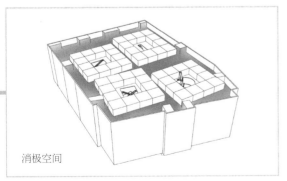

消极空间

图 27

因此，OMA 提出了第二条策略：聚落式平面。就像自然村落一样，大家都围绕聚落中心的祠堂或者神庙进行散布式居住，越往中心处空间活力越高（图 28）。

活力点

聚落式布局

图 28

但这不是重点，重点是当有多个聚落出现时，聚落的交界处就会形成市集或者驿站，也就是形成了新的活力中心（图 29）。

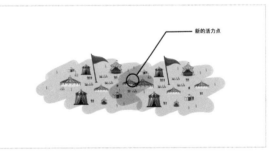

新的活力点

图 29

这也是 OMA 的目的：克服向心式布局的缺点，解放边界空间，打造多个活力中心。另外，这种平面布局也解放了店铺形式：啥样都行，越奇怪越吸引人。当然，为了帮助大家加深理解，OMA 亲自下场示范，设计了各种奇奇怪怪的商铺（图 30）。

图 30

把功能较为单一的体块围绕每个分区的中心点进行初步的聚落式布局（图 31）。

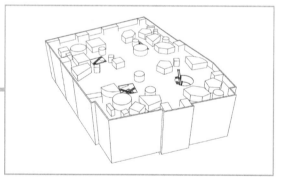

图 31

接着在每个聚落的交界处布置可混合使用的商铺（图 32）。

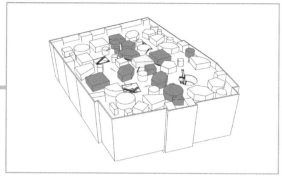

图 32

可以看出，这种布局方式连通了消极空间，产生了新的活力点：使之由原来的 4 个变成了 9 个（图 33）。

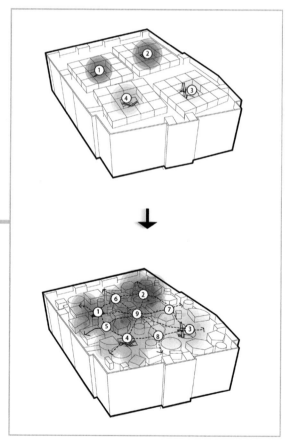

图 33

最后，在疏散楼梯旁边加入电梯（图34）。

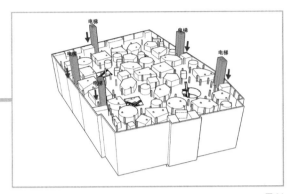

图 34

至此，平面基本格局形成（图35）。

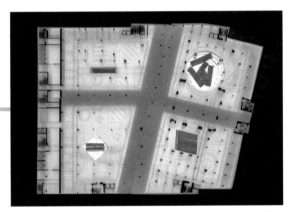

图 35

但接下来，还有两件人生大事要解决：上厕所和吃饭。逛商场，店铺可以不那么好找，流线可以不那么明确，但厕所如果难找，分分钟原地爆炸直接拉黑！这里OMA又机智了一回，把四个立面中不沿街，也就是商业价值较低的那侧直接封住，一部分当作厕所，其余部分作为仓储空间。

这下问题就简单了，要想快速找到厕所，只要往没有窗户的那个方向走就行了，而聚落式的布局本身也让视线通透起来（图36、图37）。

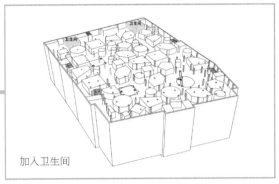

加入卫生间

图 36

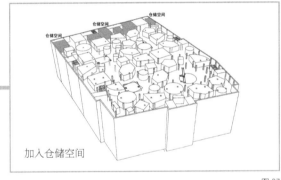

加入仓储空间

图 37

至于吃饭，主要得看招商。但这里说的是卡迪威原有的那个著名的屋顶餐厅。既然著名，那就是IP（知识产权），不能随便换位置，依然放在屋顶。但为了增强其可达性，把圆形中庭的扶梯直接延伸上来，并用玻璃顶代替原有的屋顶，让这个著名的餐厅更具特色（图38、图39）。

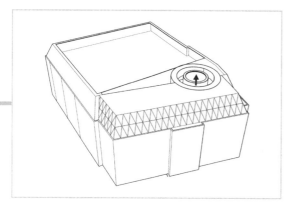

图 38

图 41

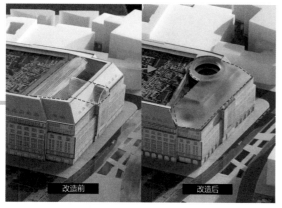

改造前　改造后

图 39

图 42

这就是 OMA 获得一等奖的德国柏林卡迪威百货商店翻新设计，结果不但是这个项目中了标，甲方还双手奉上了奥地利卡迪威商场的翻新项目（图 40 ~ 图 44 ）。

图 43

图 44

图 40

建筑不仅是艺术，赏心悦目、愉悦身心；建筑可能还是手术，妙手回春、起死回生。区别就是无论什么世道，再伟大的艺术家都可能会失业，而一个最普通的医生却可能永远都有工作。

我一直觉得库哈斯很伟大，不是因为他的建筑伟大，而是他伟大地拓宽了建筑师的职业边界，打破了自文艺复兴以来建筑师更倾向于美学表达的职业惯性，让建筑重新回归成社会行为的参与者与解决者。

借用文艺青年的一句话：年少不懂库哈斯，读懂已是失业人。

图片来源：

图 1、图 4、图 5、图 7、图 11、图 14、图 17、图 20、图 35、图 39、图 40、图 44 来源于 https://www.archdaily.cn/cn/780657/omajiang-gai-zao-bo-lin-zhu-ming-qia-di-wei-bai-huo-gong-si，图 41 ~图 43 来源于 https://oma.eu/projects/kadewe，其余分析图为作者自绘。

END

我，建筑师，一台没有感情的织布机

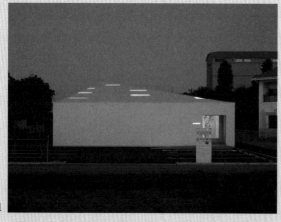

图1

名　称：Chiyodanomori 牙科诊所（图1）
设计师：小川博央
位　置：日本·群马
分　类：牙科诊所
标　签：网格
面　积：383m²

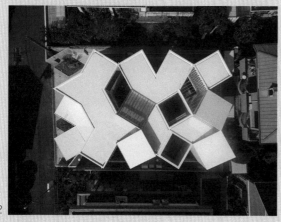

图2

名　称：北斋之家（图2）
设计师：岛田阳建筑事务所
位　置：日本·大阪
分　类：独立住宅
标　签：几何
面　积：150m²

再有热情的建筑师也会在日复一日的加班熬夜中筋疲力尽、心灰意冷。这可能是设计院里最大的阴谋：就像熬鹰一样，把桀骜不驯的建筑师都熬成没有感情的画图机器就能够实现产值最大化了。

但是，熬最深的夜，涂最贵的眼霜。熬得死我的人，熬不死我美丽的脸！我就算是一个没有感情的机器，也要做一台安静的美机器，比如，做一台织布机。

<u>画重点，小本本记好了</u>，今天要讲的这个操作技能就是"毯式建筑"，又叫作"大家好，我只是台没有感情的织布机"设计法。特别适用于各种熬夜犯困睁不开眼、脑子感冒不开窍、灵感鼻塞不通气等，反正就是针对想不出方案的临床症状（图 3）。

图 3

这些五花八门的建筑都是毯式操作织出来的。什么是毯式建筑？就是像织地毯一样织出来的建筑。谜底就在谜面上，童叟无欺。

所以，问题的关键不是什么是地毯，而是怎么织地毯。大多数地毯图案通常都是由一个基本花样通过某些规律编织组合在一起的（图 4）。

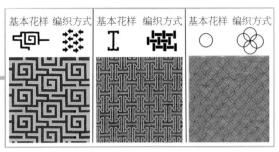

| 基本花样 | 编织方式 | 基本花样 | 编织方式 | 基本花样 | 编织方式 |

图 4

同理，毯式建筑也是由这两个要素构成的：一是图案（单元）本身；二是图案（单元）的组织方式。

也就是说，当你没灵感的时候，只需想办法把这两个地方安排好，单元体种类啥玩意儿都行，基地面积大小都可以，只要你能把握住，你的方案就能成长为一个成熟的方案，可以自己织地毯了。如果你还嫌麻烦，其实第一条也可以省略掉。图案再简单都没关系，因为形式并非它们真正的出发点，毯式的核心是控制其内在结构的组织关系。

老规矩，我们还是拆房来看。

织毯子 1.0

第一个案例是日本的一家牙科诊所。我觉得牙科诊所是日本除了奇葩住宅以外最容易上杂志的建筑了。日本的牙医可能内心都住了一个建筑师：穷且矫情。今天这个牙医先生也不例外。

313

自己的地，前面开诊所，后面安家，说得挺热闹，但基地总共也就 300m²（图 5）。

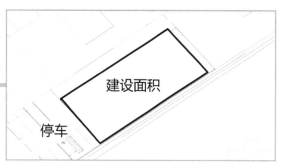

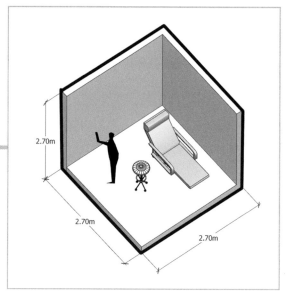

图 5

把基地全都占满也就是个 100 多平方米的诊所，加一个 100 多平方米的住宅（图 6）。

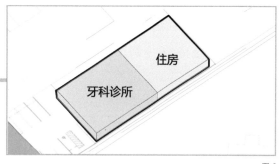

图 6

《非标准的建筑拆解书·思维转换篇》里讲过神奇女侠妹岛在 100m² 里搞出 100 个房间的牙科诊所。现在的这个情况和妹岛那个基本差不多，唯一的不同就是我们不是妹岛。但好在我们还可以织地毯。

第一步：图案设计

知道你也不想动脑子，图案设计就按最简单的来（图 7）。

图 7

提取一个牙科诊室作为图案的网格单位。想要采光，那就在四个小格子里置入一个院落（图 8）。

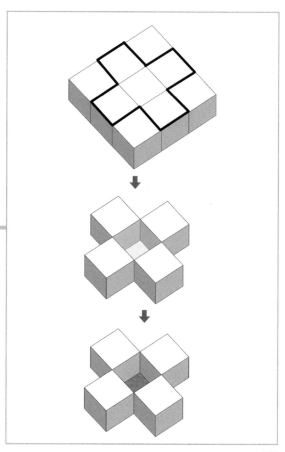

图 8

第二步：组织方式

然后把图案在场地上均匀排列（图9～图13）。

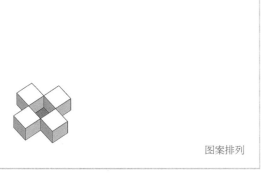

图案排列

图9

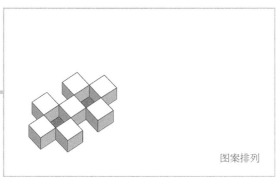

图案排列

图10

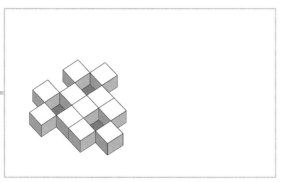

图11

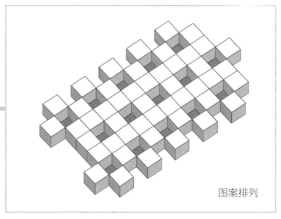

图案排列

图12

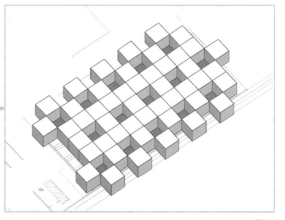

图13

根据基地的限制和功能的需求稍加修整（图14、图15）。

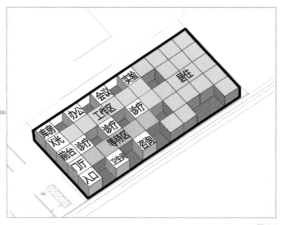

图14

315

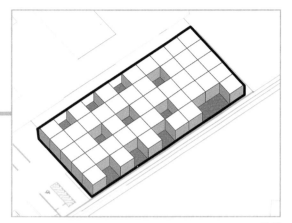

图 15

第三步：关系优化

单元简单没关系，前面说了这种操作主要靠关系（图 16）。

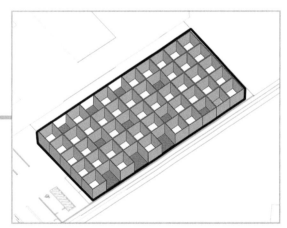

图 16

关系其实也不见得有多复杂，比如说开开门窗就可以。这个方案里的重点是门和窗开成一样大小（图 17）。

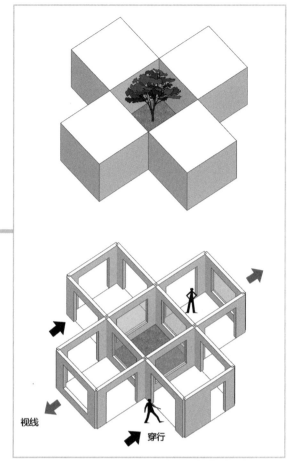

视线

穿行

图 17

把这种组织关系放到基地中（图 18）。

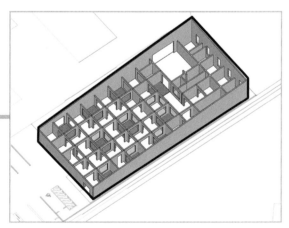

图 18

由于住宅内有两层，分隔墙面部分抬升（图 19、图 20）。

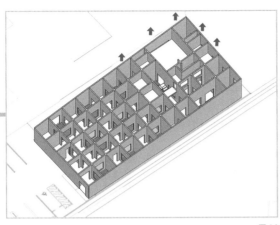

图 19

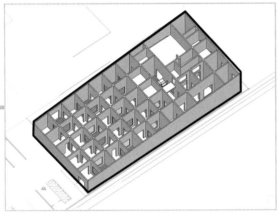

图 20

再加上倾斜的屋顶，使诊所中不同的房间有不同的高度（图 21、图 22）。

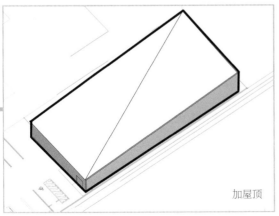

加屋顶

图 21

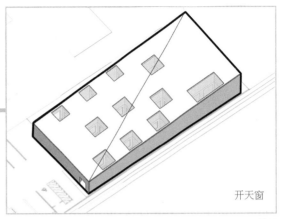

开天窗

图 22

不同深度的叠加庭院，创造了丰富的自然光层次和多样的空间性，人们在这里得到了不一样的体验。这就是日本建筑师小川博央设计的 Chiyodanomori 牙科诊所（图 23 ~ 图 25）。

图 23

图 24

图 25

没看过瘾，我们就再看一个 2.0 版的。

织毯子 2.0

第二个案例来自日本第一大奇葩建筑社团——住宅。

奇葩住宅首先要有一个奇葩业主。本案的业主北斋先生其实不算特别奇葩，他只是喜欢绕口令。北斋先生有一块 150m² 的宅基地，打算盖个小房子自己住。通常这点儿面积搞个大四室就很不错呀，又舒适、又好用。但北斋先生觉得这样不绕口，他不要四室，他要四十室。很明显，用普通的"走廊 + 房间"是布不出来的，头发掉光了也布不出，因为头发都没房间多。

那怎么办？继续织地毯啊。

第一步：图案设计

首先，这次你想要绞尽脑汁做一个复杂的图案吗？如果不想的话，那就不想吧。还是用我们最常见的小方块，然后让内部庭院变形，打破空间的均质（图 26）。

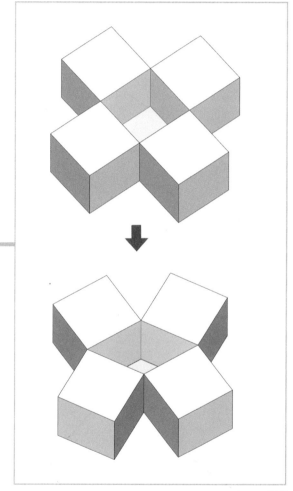

图 26

在这个方案里，建筑师选择了让小方块间的庭院由两个等边三角形组成。但其实你变成什么样都没有关系（图 27）。

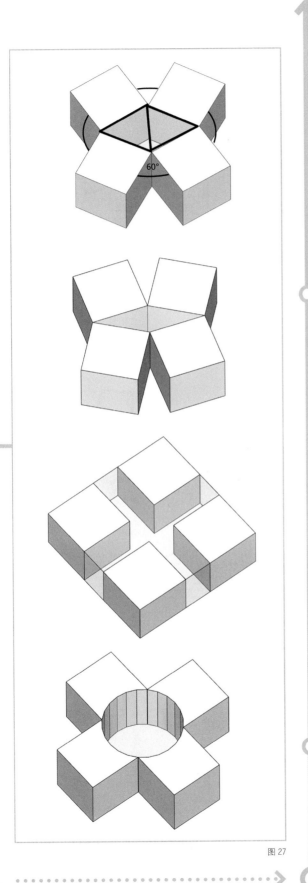

图 27

第二步：组织关系

把图案在场地中组织起来。在这个逻辑下，可以不动脑子地将平面无限延伸（图 28 ～ 图 32 ）。

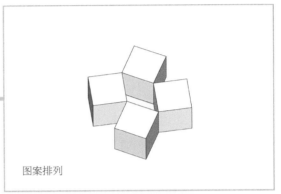

图案排列

图 28

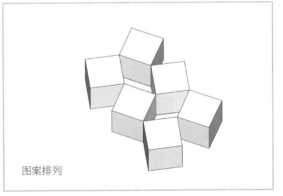

图案排列

图 29

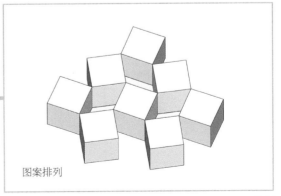

图案排列

图 30

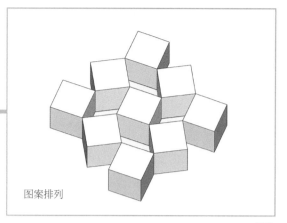

图案排列

图 31

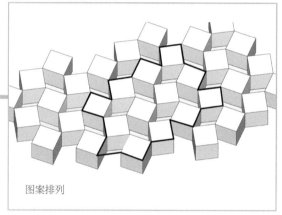

图案排列

图 32

根据场地面积，选择需要的部分（图 33）。

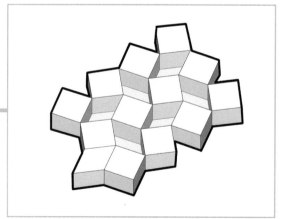

图 33

实体盒子加上住宅需要的内部功能（图 34）。

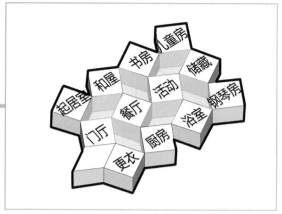

图 34

围合庭院作为住宅的附属空间，可灵活使用（图 35）。

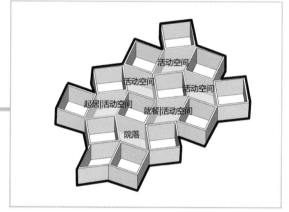

图 35

错动之后，在外部形成了三个小庭院（图 36）。

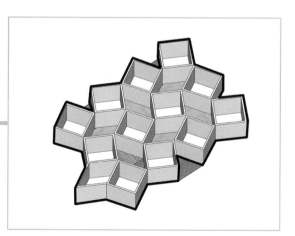

图 36

第三步：关系优化

大的框架结构有了，剩下的就是内部关系的调节了。在庭院空间里加入交通空间，把需要安静的卧室放到二层（图37、图38）。

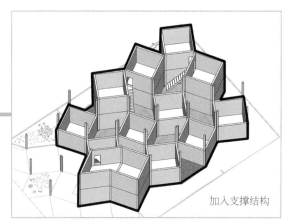

加入支撑结构

图 39

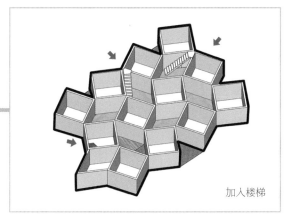

加入楼梯

图 37

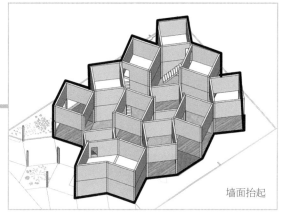

墙面抬起

图 40

加入楼梯

图 38

一层是家庭公共空间，那就让空间尽可能通透
（图39～图41）。

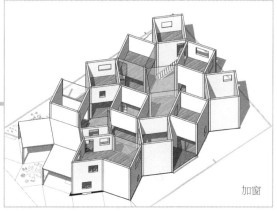

加窗

图 41

最后再加上带格栅的屋顶，这个四十室零厅一
卫的住宅就做好了（图42）。

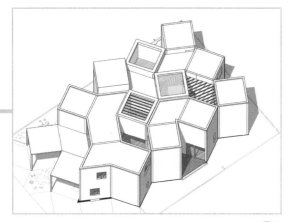

图42

这就是岛田阳建筑事务所设计的北斋之家（图
43～图47）。

图43

图45

图46

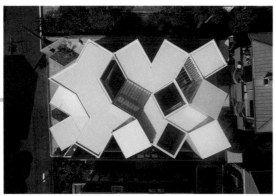

图44

图47

现在想一想，做毯式建筑是不是比抠抠搜搜地搞平立剖简单粗暴多了？只要默念以下口诀：我有一个基本图案（图48）。

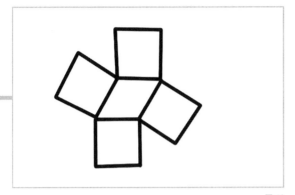

图 48

我有一个组织关系（图49）。

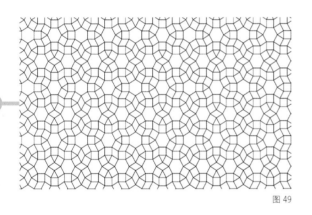

图 49

哇哦，好多个建筑就出现了呢（图50）。

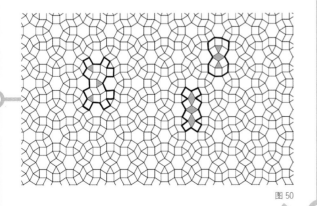

图 50

我们不愿做小建筑，因为小建筑不好发挥；我们又不敢做大建筑，因为大建筑不好控制。其实问题不在于小建筑还是大建筑，而是我们自以为会的很多设计手法其实都只适合做一种建筑——不大不小的建筑——与小建筑相比太大，与大建筑相比太小。

这个世界上有多少建筑师，大概就有多少种设计方法。牛气的方法是思考的起点不一样，而不仅仅是建筑的结果不一样。起点不一样才能看到不同的风景，结果不一样可能只是迷了路。

图片来源：

图1、图23～图25来源于https://www.archdaily.cn/cn/600282/chiyodanomori-ya-ke-zhen-suo-slash-xiao-chuan-bo-yang，图2、图43～图47来源于http://www.archcollege.com/archcollege/2019/5/44402.html，其余分析图为作者自绘。

END

建筑师的脑子里是有个过山车吗？

图 1

名　称：荷兰格罗宁根市多功能会议文化中心（图 1）
设计师：DREAM 事务所 + Nicolas Laisné 事务所
位　置：荷兰·格罗宁根
分　类：文化中心
标　签：行为复杂性，空间细分
面　积：17 000m²

美国大学界好像流传着一种说法：这个世界上最聪明的人都在玩政治，差一点儿的就玩金融，不太聪明的才学理工、搞技术。要是按照这个说法，咱们学建筑的这种处于理工科鄙视链末端的生物，肯定拉低了整条街的智商水平，毕竟只学高等数学上册的人不配拥有姓名。

建筑师的脑子聪不聪明不好论证，但建筑师的脑子一定会拐弯。况且，现在流行的甲方都是直接型的奇葩，拐着弯都绕不开，不拐弯估计早就灰飞烟灭了。

"青铜建筑师"的拐弯策略是把简单的问题搞复杂：甲方要个厂房，就要给他一个工业旅游综合体，不然设计费从哪儿来？"白银"级别以上的建筑师一般是把复杂的问题搞简单。在甲方一地鸡毛、一筹莫展的时候一针见血，雪中不送炭，送的是夏威夷直飞机票，不然凭什么设计费比别人贵？但真正的王者拐弯局，拐的不是一个弯，而是 n 个连续弯，过山车那种。基本可以理解成：把复杂的问题搞简单，再把简单的问题搞复杂。

荷兰格罗宁根市打算在市中心的古老教堂旁边建一个多功能会议文化中心。光听名字，心情就很复杂（图 2）。

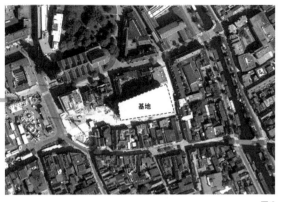

图2

真的很复杂，主要是比较杂。按照任务书要求，就包括电影院、会议中心、博物馆、餐厅、青少年活动中心、办公、商业、停车场等功能。就是一地鸡毛，哪儿和哪儿都不挨着。

明知道是一地鸡毛，你还要一根一根地去区分 A 鸡毛和 B 鸡毛，那就不是脑子不拐弯了，是脑子直接打结，还是个死结。所以，甭管什么毛，先全部扫起来才是王道。也就是复杂问题简单化。

先把各要求功能的体量相加，按基地轮廓建立起最简单的体块（图 3、图 4）。

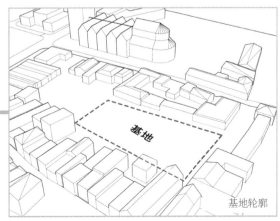

基地轮廓

图3

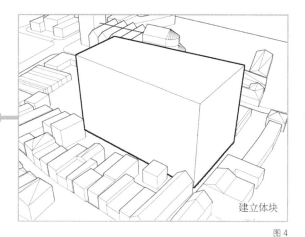

建立体块

图4

然后进行最简单的功能分区：地下两层做停车场，地面以上的功能按一层一个摞起来，中间再加个大中庭沟通各层，最后再在两端插入交通核（图5～图8）。

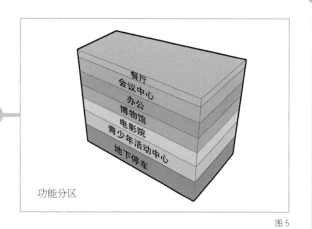

功能分区

图5

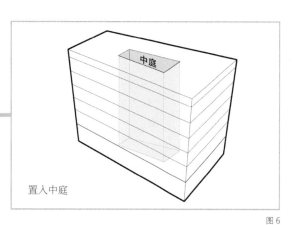

置入中庭

图6

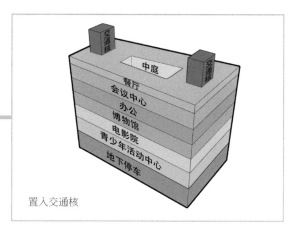

置入交通核

图7

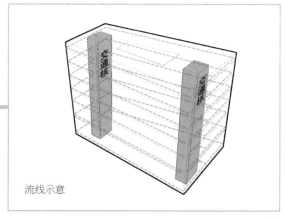

流线示意

图8

这样肯定不算个好方案，但要能凑合着用，咱们也省得折腾。很可惜，凑合着用也不行，因为行不通。

去餐厅吃饭的人要经过电影院也就算了，但去会议中心的衣冠楚楚的各界精英也要经过电影院和商场就有点儿尴尬了，而且各个功能区的使用时段和管理模式也不尽相同。会议中心肯定不可能天天有会，商场恨不得24小时营业，电影院深夜才是黄金档，而博物馆就闲散多了，朝九晚五，时不时地还要闭馆布展或者整理藏品，比穿过电影院去开会更尴尬的是穿过一个没开门的电影院。

既然互相之间有影响，那就尽可能让各功能体块分开。延伸中庭把建筑切分为两部分，把功能从平层处理变为独立的多层体块，也就是由平面思维转化为立体思维。重新规划流线，在中庭里加入交通系统，两端插入交通核（图9~图14）。

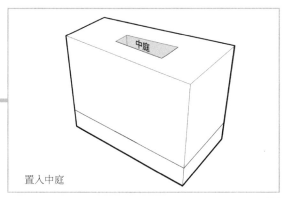

置入中庭

图 9

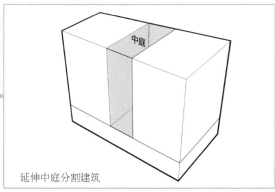

延伸中庭分割建筑

图 10

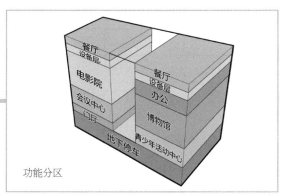

功能分区

图 11

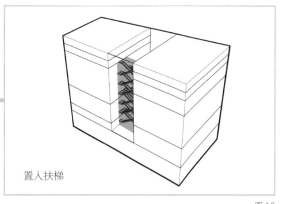

置入扶梯

图 12

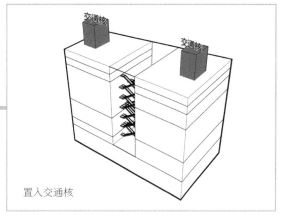

置入交通核

图 13

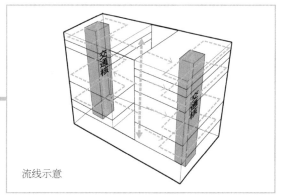

流线示意

图 14

至此，现在的交通系统已经减轻了流线不明确的干扰问题，可以作为一个普通的综合体建筑使用了。有追求的建筑师会再针对每个独立功能块设计不同的空间风格，或者错动各个功能块形成平台丰富的空间层次，这样也就差不多了。但王者局的建筑师脑子里都有个过山车，玩的就是刺激。所以他们还要继续拐弯，改变空间结构和行为秩序——把简单空间复杂化。

我们在做流线设计的时候基本都会默认一点：看电影的是一群人，开会的是一群人，参观博物馆的又是一群人，所以给他们分别规定了流线，划定了边界。但是，如果看电影、开会、逛博物馆的是同一个人呢？我就不能开完会顺便逛逛博物馆，一不小心到晚上了就约人吃饭又一起看了电影？

事实也是如此，人类的行为是自发的、主观的和随机的，换句话说，是复杂的。一个复杂建筑的使用人群肯定包括单一目的性强，只去某一部分，办完事就离开的人，但大部分都是没什么目的也没什么规划，行为随机的普通人。所以，真正复杂的空间是还原复杂行为的空间，而不仅仅是形式复杂的空间。

有没有被绕晕？没关系，我们可以继续把复杂问题简单化。

说是复杂行为，但概括来说无非也就是三种：只去某一区域的；要去两个以上的区域的；还没想好要去哪儿或者哪儿也不去只是闲逛的（图15）。

图 15

也就是说，假如我们能做到同时满足这三类人群的需求，就皆大欢喜，解决了所有问题。到这里，恭喜你答对了第一步。

行为已经确定，接下来便是要提供行为发生的空间。我们把每部分的空间进行细分，分为使用部分与开放部分。使用部分是正经功能用于办正事，开放部分用来休息和闲逛。那么，同一功能块就又出现了两种做法：左右型结构或者上下型结构（图16）。

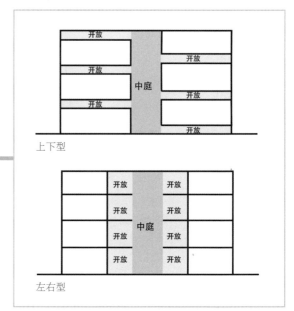

图 16

明显上下型布局更自由，层高更灵活，空间利用率也更高。所以我们就按照这种思路将各部分功能重新设计（图17～图21）。

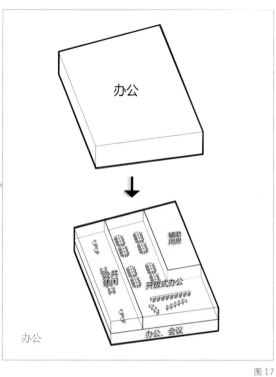

办公

图 17

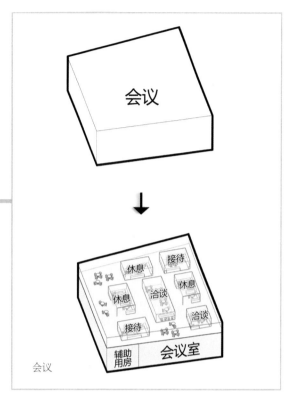

会议

图 19

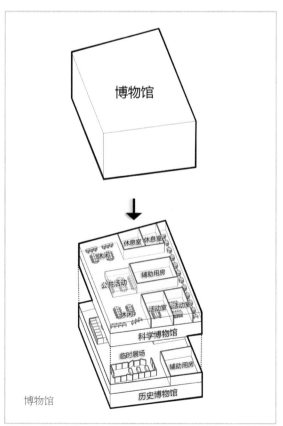

博物馆

图 18

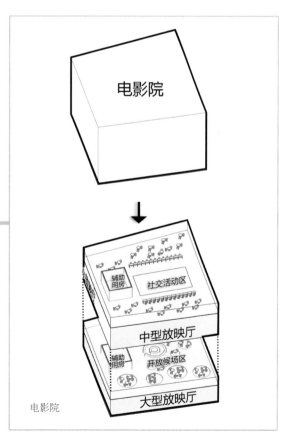

电影院

图 20

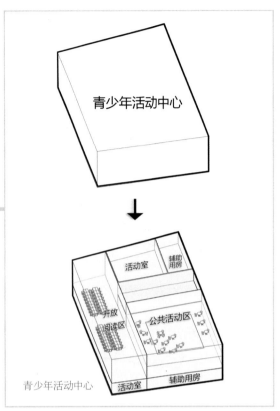

图 21

由于餐厅位于顶层，其开放部分可直接利用屋顶平台，只需要加一个公共通道进行连接就可以。通道放在中间，不占用景观面优秀的建筑外圈（图 22）。

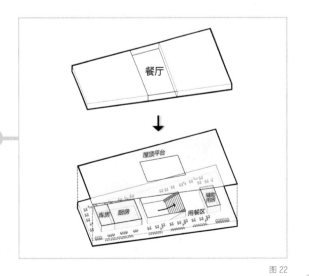

图 22

然后把重新设计的各部分功能组合归位到整体建筑中（图 23）。

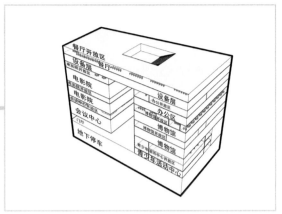

图 23

再用扶梯把所有的公共开放区域串联起来（图 24）。

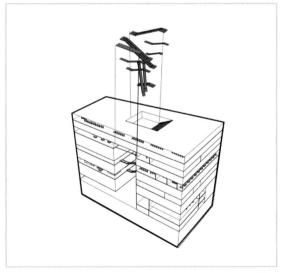

图 24

这样所有的开放区就形成了一个深度连接各部分的立体广场，使整个建筑基本没有活力死角（图 25）。

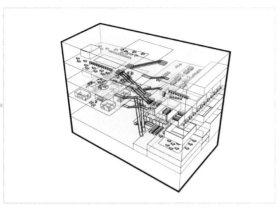

图 25

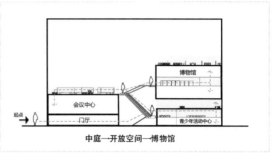

中庭→开放空间→博物馆

图 28

每部分功能都经由中庭再从开放空间进入。也就是说,融入公共交通空间的开放空间消解了强功能体块的强目的性,从而对随机复杂行为具有更强的适应性。说人话就是,你还没想好吃什么的时候,站在餐厅门口犹豫就很尴尬,但如果餐厅前面有个休息区,你就可以坐在那看着菜单慢慢想。如果不想在这儿吃,就直接抬腿走人,毫无负担(图 26 ~ 图 31)。

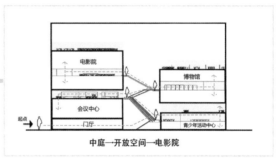

中庭→开放空间→电影院

图 29

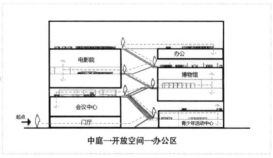

中庭→开放空间→办公区

图 30

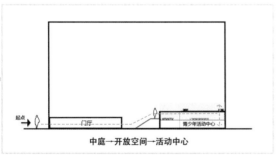

中庭→开放空间→活动中心

图 26

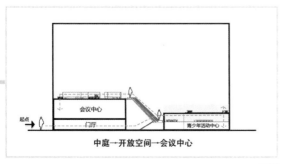

中庭→开放空间→会议中心

图 27

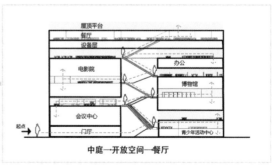

中庭→开放空间→餐厅

图 31

再对细节问题进行具体处理。将电影院、博物馆以及青少年活动中心的上下两部分与中间开放区域平台分别通过楼梯进行连接。博物馆通过类似剪刀梯的方式进行连接，有利于人流的疏导（图 32）。

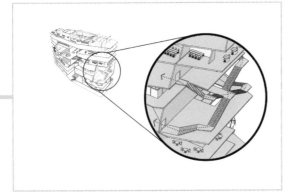

图 32

青少年活动中心的上下层通过一个双螺旋楼梯进行连接，提高空间的趣味性（图 33 ～ 图 35）。

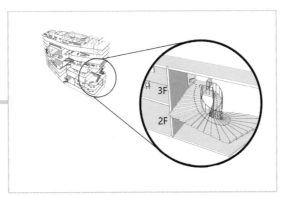

图 33

图 34

图 35

为位于二楼的会议室单独加一个从首层门厅直接进入的螺旋楼梯（图 36、图 37）。

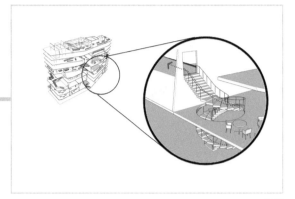

图 36

图 37

并削减电影院的起坡体块，以扩大平台空间高度（图 38）。

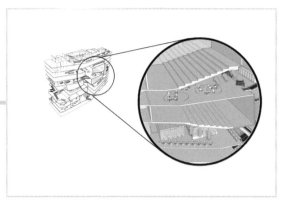

图 38

再简单处理一下门厅，设置阶梯形休闲区，把人流直接从入口引向二层公共活动区（图 39 ~ 图 41）。

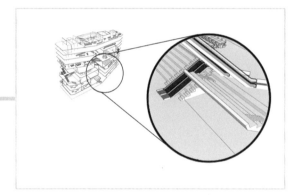

图 39

图 40

图 41

最后，插入交通核，从两端疏散人流（图 42、图 43）。

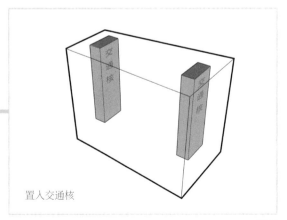

置入交通核

图 42

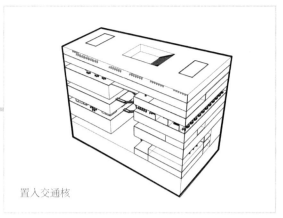

置入交通核

图 43

至此，建筑内部基本空间结构和行为秩序就被重新设计和界定了。下面继续对体块进行设计。

对建筑体块的操作在不妨碍内部空间使用的前提下，自然就是怎么好看怎么来。首先，在这种都是平房的老城区里，高层建筑略显突兀。所以收缩顶部体量，以减轻高体量建筑在城市中心对周围空间造成的压迫感（图 44、图 45）。

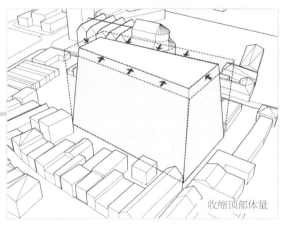

收缩顶部体量

图 44

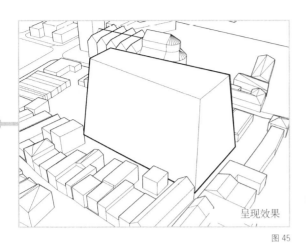

呈现效果

图 45

再根据主要人流来向，切割出入口广场（图 46、图 47）。

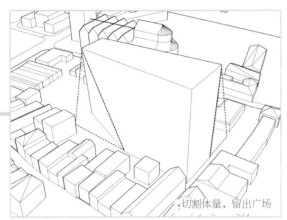

切割体量，留出广场

图 46

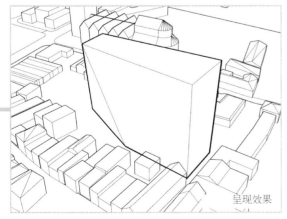

呈现效果

图 47

为避免影响周边正常采光，根据光线角度切割体块（图 48、图 49）。

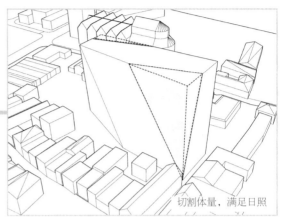

切割体量，满足日照

图 48

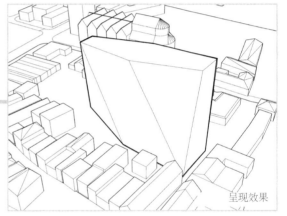

呈现效果

图 49

用得到的体块切割空间，并对体块进行微调（图 50）。

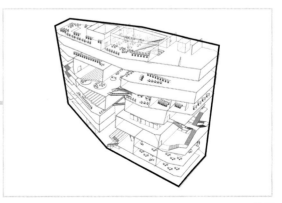

图 50

最后，加入外表皮。按照内部空间结构来开窗：开放程度高的完全打开为玻璃幕墙，开放程度低的开普通长条窗。表皮颜色则选取与周边建筑风格相呼应的浅褐色（图51）。

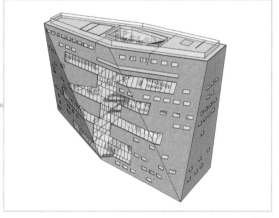

图51

这就是 DREAM 事务所 +Nicolas Laisné 事务所设计的荷兰格罗宁根市多功能会议文化中心，一个把复杂问题搞简单，又把简单空间再搞复杂的建筑（图52 ~ 图58）。

图52

图53

图54

图55

图56

图 57

图 58

图片来源：

图 1、图 34、图 35、图 37、图 40、图 41、图 52 ~图 58
来源于 https://www.archdaily.com/930102/forum-groningen-
multifunctional-building-nl-architects，其余分析图为作
者自绘。

END

画废的图纸不要撕，要揉

图1

名　称：西班牙 Valleaceron 礼拜堂（图1）
设计师：桑丘－马德丽德霍斯事务所
位　置：西班牙·雷阿尔城
分　类：纪念建筑
标　签：折叠空间
面　积：100m²

普通人一定觉得建筑师吃饱了撑得瞎讲究，画个草图还要买专门的纸（拷贝纸、硫酸纸）。但事实上，建筑师自己也这么觉得。

应该说，建筑师比想象的还不讲究，一切能随手写字的东西都在草图纸范围内，比如文件背面、书本空白处、广告传单、烟盒、快递袋等，实在不行面巾纸也能凑合着用。毕竟，灵感这玩意儿稍纵即逝。

你以为建筑师的草图是图2这样的，其实是图3这样的。

图 2

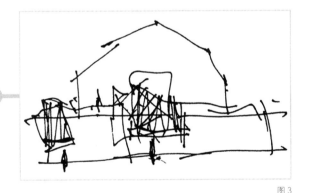

图 3

但更多时候是图 4 这样的。

图 4

那么，重点来了，一般人我都不告诉他！朋友们，画废的草图纸一定不要撕，要揉！因为揉过的草图纸每个面折叠受力的方向不同，在力学上矢量加和为零，会变成一个整体。而这个整体，就是你的新方案。

我没有在开玩笑。这就是西班牙桑丘－马德丽德霍斯事务所的"折叠盒子"理论。

339

褶皱包罗万象，空间是一个整体，将堆叠的褶皱置入空间，二者可融为一个整体。而桑丘老师致力于研究的所谓"无机折叠"就是源于外力的折叠，且用模型和参数化软件计算每一个折叠的受力情况，每个面受力的方向不同，在力学上矢量加和为零。

说白了就是把一个纸袋子揉成纸团（图5）。

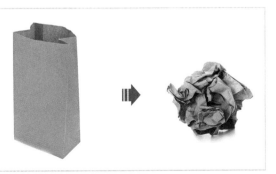

图 5

这个理论玄之又玄，对应"无机折叠"还有个"有机折叠"的概念，简单地说就是类似于地壳运动，是来源于内力的折叠。不管白猫黑猫，能抓到耗子的才是好建筑师。对理论感兴趣的学霸可以自己去慢慢研究，反正拆房部队翻了桑丘几本作品集只发现了一点：这玩意儿可以用来开窗。

简单来说，利用折叠盒子理论来开窗是这样的。

首先，我们要有个盒子（图6）。

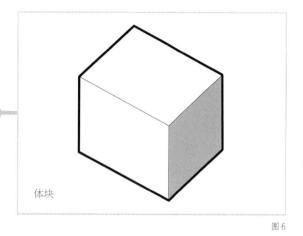

体块

图6

然后选择位置开窗（图7）。

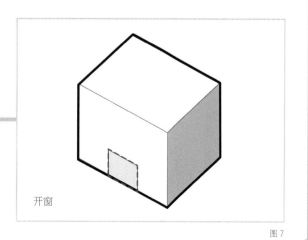

开窗

图7

定点连线，形成三维折叠线（图8）。

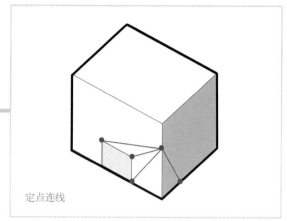

定点连线

图8

保持开窗面积不变进行折叠就行了（图9）。

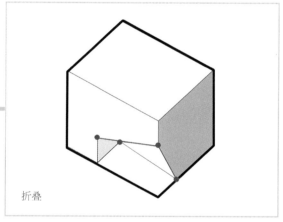

折叠

图9

当然应用到实际案例中会更复杂一些。我们拆了桑丘事务所首个成体系的折叠向代表作品——西班牙 Valleaceron 礼拜堂来具体分析一下（图10）。

图 10

基地位于西班牙雷阿尔城的巴耶阿塞隆，这片区域在卫星地图上就是一片茂密的森林，也是著名的狩猎场。项目据称是为皇家马德里足球队队长设计的住宅区，任务书包括一系列建筑：住宅、礼拜堂、狩猎亭以及警卫住所（图11）。

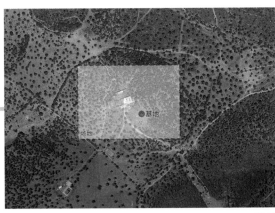

图 11

熟悉套路的我们知道，在这样一个场地上做建筑，除了少砍树，就没有其他任何环境要求了。于是桑丘选择在场地中的一小片空地上单独做这个 100m² 的礼拜堂，也就是个 10m×10m 的小盒子。

此时不折叠，更待何时（图12）？

图 12

第一步：确定空间焦点

从柯布西耶的朗香教堂到安藤忠雄的光之教堂，回想一下就知道，在礼拜堂中除了一成不变的十字架，还有一个重要因素就是光线。

因此先在盒子里放置固定的朝圣点——十字架，作为空间焦点（图13～图16）。

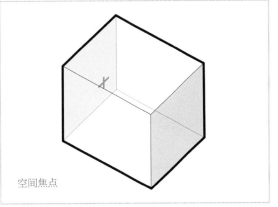

空间焦点

图 13

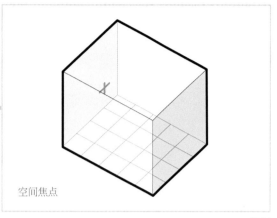

空间焦点

图 14

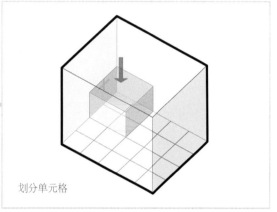

划分单元格

图 15

图 16

第二步：划分单元格

纵向以门窗尺度 2m 划分单元，横向以房间高度 3m 划分单元（图 17）。

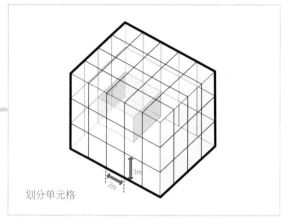

划分单元格

图 17

随后依据各面与空间焦点的相对位置在盒子的三个立面设置底窗、落地窗和角窗，让光线从各个洞口射入包围空间焦点（图 18 ～ 图 20）。

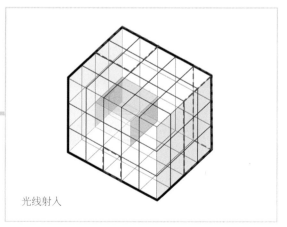

光线射入

图 18

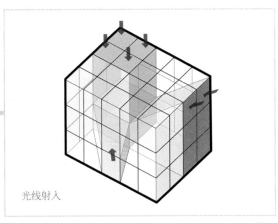

光线射入

图 19

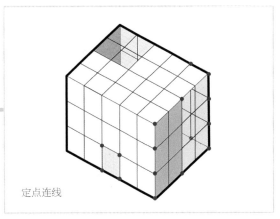

定点连线

图 21

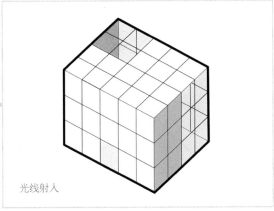

光线射入

图 20

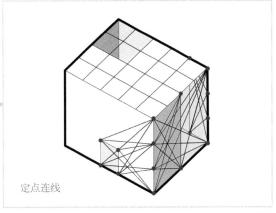

定点连线

图 22

第三步：定点连线

由三面窗各自的四个顶点向三面相交的三条交线上面的划分点连线，由此初步获得折叠线（图21、图22）。

第四步：确定立面折叠线

由于顶面与三个开窗立面都有关系，为使折叠线连续统一，先确定立面开窗折叠线。角窗跨度较小，只保留两条对角线作为折叠线。将窗1内部短线去掉（图23～图25）。

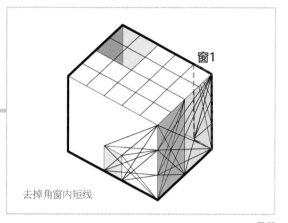

窗1

去掉角窗内短线

图 23

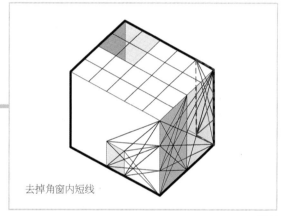

去掉角窗内短线

图 24

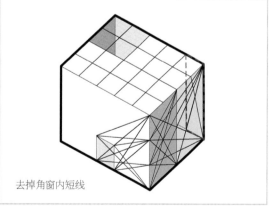

去掉角窗内短线

图 25

由于落地窗面积较大，为保证统一性，将内部大角度折叠线保留，去掉窗 2 外部短线（图 26 ～图 28 ）。

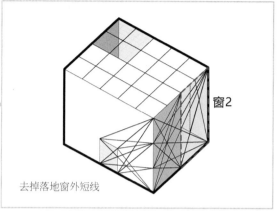

窗2

去掉落地窗外短线

图 26

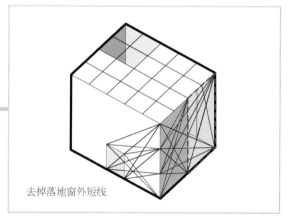

去掉落地窗外短线

图 27

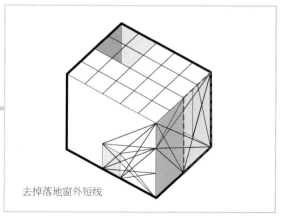

去掉落地窗外短线

图 28

由此得到各面的闭合折叠连线。底窗面积小，为保证小窗的完整性，选择保留外部折叠线，去掉窗 3 内部及外部短线（图 29 ~ 图 31 ）。

随后将窗 2 、窗 3 之间的折叠线进行取舍，保留立方体顶点作为折叠线交点，使落地窗及底窗折叠线与顶面存在交点（图 32、图 33 ）。

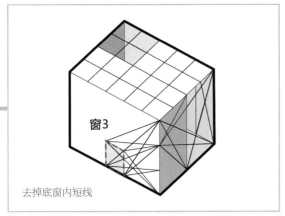

去掉底窗内短线

图 29

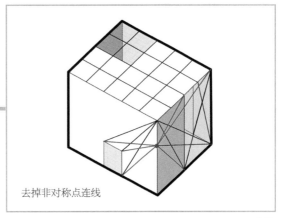

去掉非对称点连线

图 32

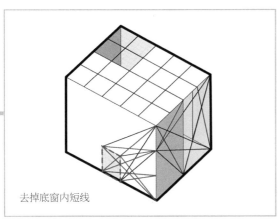

去掉底窗内短线

图 30

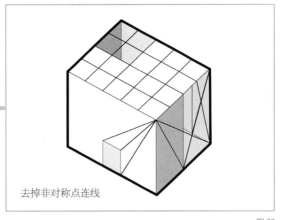

去掉非对称点连线

图 33

第五步：确定顶面折叠线

将顶面洞口定点及三个立面折叠线与顶面的交点作为折叠线定点，随后进行连线，确定折叠线后窗 4 形状也随之改变，但保持开窗面积不变（图 34 ~ 图 37 ）。

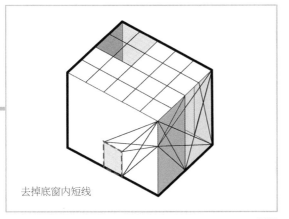

去掉底窗内短线

图 31

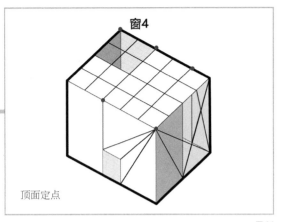

窗4

顶面定点

图 34

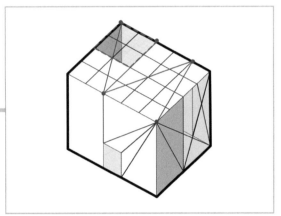

图 35

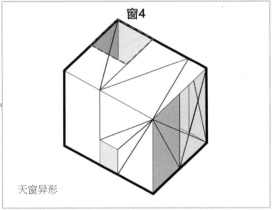

窗4

天窗异形

图 36

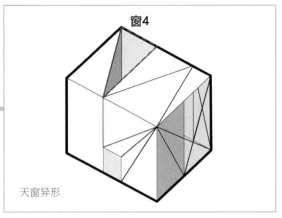

窗4

天窗异形

图 37

至此，立方体盒子形成 4 组折叠线（图 38 ~ 图 41 ）。

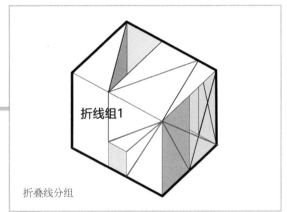

折线组1

折叠线分组

图 38

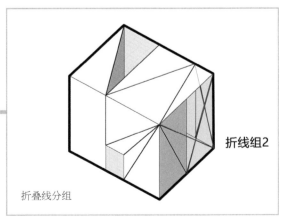

折线组2

折叠线分组

图 39

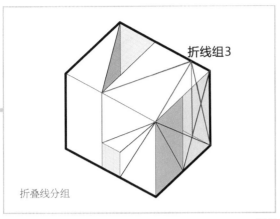

折线组3

折叠线分组

图 40

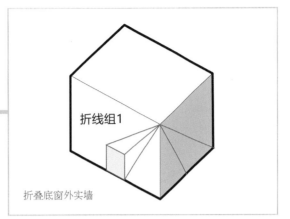

折线组1

折叠底窗外实墙

图 42

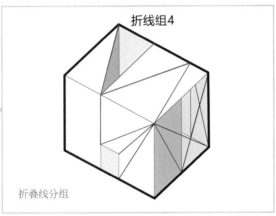

折线组4

折叠线分组

图 41

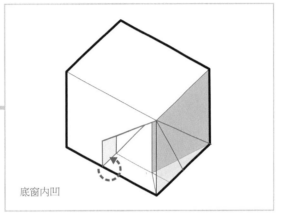

底窗内凹

图 43

第六步：折叠

<u>画重点：在折叠过程中要时刻注意保持开窗的
采光面积不变。</u>

切割底窗面的第一条折叠线，将窗 1 内折，随
后折叠窗外实墙（图 42 ~ 图 46）。

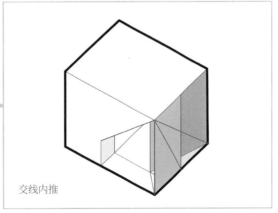

交线内推

图 44

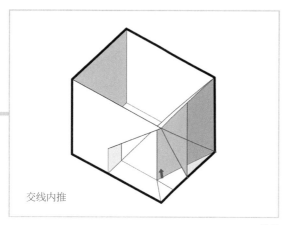

交线内推

图 45

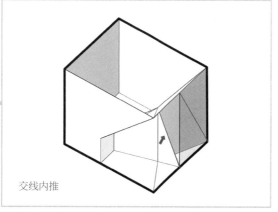

交线内推

图 46

完成一组后，将落地窗进行折叠，保持其开窗
面积不变，完成窗内折叠（图 47、图 48）。

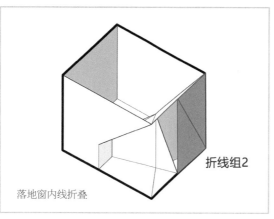

落地窗内线折叠

折线组2

图 47

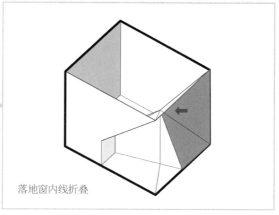

落地窗内线折叠

图 48

再折叠角窗，将窗内折叠线交点与已折好的顶
点重合，进行内推（图 49、图 50）。

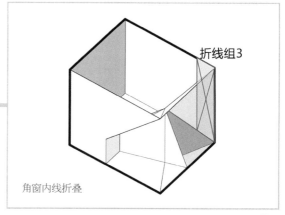

折线组3

角窗内线折叠

图 49

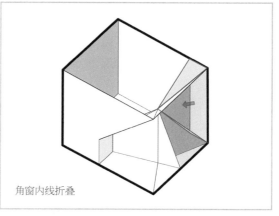

角窗内线折叠

图 50

由于折叠后原落地窗被内部的折叠面挡住，因此将落地窗内移，保持开窗面积不变，形成两面三角形的落地窗（图51、图52）。

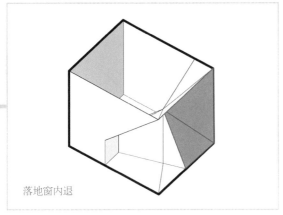

落地窗内退

图 51

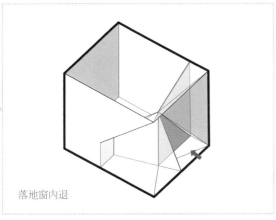

落地窗内退

图 52

根据三个立面折叠后的效果进行顶面天窗的折叠。先完成窗外实墙的折叠（图 53 ～ 图 55）。

折线组3

天窗外折叠

图 53

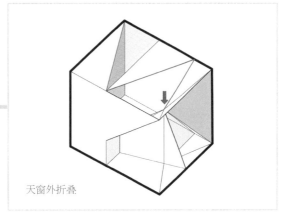

天窗外折叠

图 54

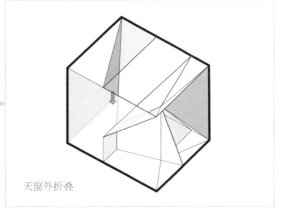

天窗外折叠

图 55

随后进行窗内折叠，时刻注意保持开窗面积不变（图56、图57）。

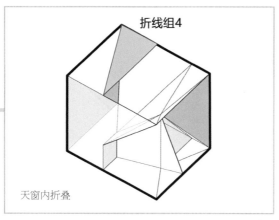

折线组4

天窗内折叠

图56

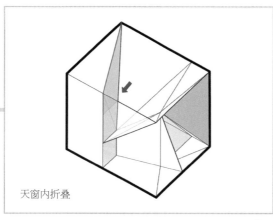

天窗内折叠

图57

第七步：整理造型，进一步突出形象

将立方体顶点进行拉伸，突出锐角形象（图58、图59）。

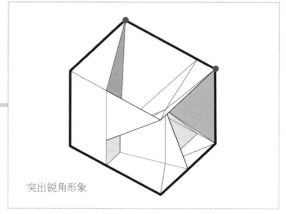

突出锐角形象

图58

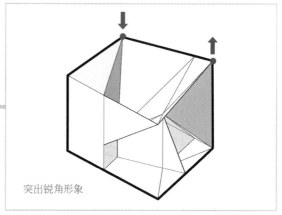

突出锐角形象

图59

附上混凝土外墙面，使建筑融于周围环境（图60）。

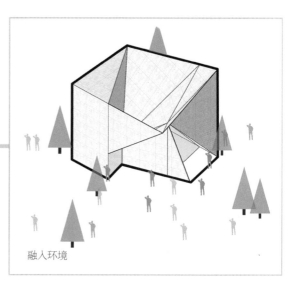

融入环境

图60

这就是桑丘－马德丽德霍斯事务所的折叠代表作品——西班牙 Valleaceron 礼拜堂（图61 ~图64）。

图 61

图 62

图 63

图 64

这个礼拜堂建成之后，一度受到当地人的追捧，而桑丘也因此名声大噪。于是他趁热打铁，搞了一系列折叠盒子的小房子。其中较为著名的平托教堂基本上也是折叠开窗的套路（图65～图67）。

图65

图66

图67

其实桑丘大爷绕这么半天又是有机又是无机的，抛开理论上的意义，就设计手法来说就是个纯形式主义手动参数化的操作，不过倒是挺有趣也挺实用的，特别是对本科二、三年级的课程设计……我只能帮你们到这儿了。

图片来源：

图1、图10、图16、图61～图67来源于http://www.sancho-madridejos.com/index.html，图2来源于https://www.xuejingguan.com/zyzx/article-235-1.html，图3来源于https://zhuanlan.zhihu.com/p/27696183，图4来源于https://time.com/3136510/failure-success-women-poll/，其余分析图为作者自绘。

END

我是建筑师，
也是您的心灵按摩师

图1

名　称：东京御徒町公寓楼（图1）
设计师：长谷川豪
位　置：日本·东京
分　类：公寓
标　签：缝隙中庭
面　积：701㎡

在芸芸学科当中，建筑学真真走的是高端国际路线。虽然专业本身还是很朴实的，毕竟与隔壁土木是一家，但奈何擅长抱大腿啊。只有学校开不了的课，没有建筑学选修不了的。选修历史可以学古建；选修哲学可以玩概念；选修数学可以写参数；选修社会心理可以重组功能；选修金融经济可以计算效率；选修动画传媒可以自己渲染视频；选修电影导演可以创造叙事性；就算你去选修个烹饪烘焙也可以激发设计灵感。

正所谓选修在手，天下我有。话虽这么说，但也不能总是现学现卖啊。你的设计周期绝对等不及你去系统学习完整的心理学课程。所以，其实你只需要知道你的方案能够产生心理影响就可以了。换句话说，作为建筑师，你不必成为专业的心理医生，你只需要做一个适时的心灵按摩师。

如果有人问你：有中庭的空间舒服还是没中庭的空间舒服？估计大部分人都会觉得还是有中庭的空间比较舒服（图2）。

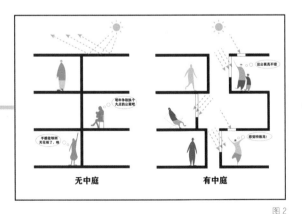

图2

可如果再问你：什么形状的中庭空间让人感觉最舒服？估计很多人都有点儿犯迷糊了吧（图3）。

图3

因为这个问题根本就没法回答。"人"的范围太广了，地球人还是火星人？亚洲人还是欧洲人？中国人还是美国人？不同生活背景的人肯定对空间的心理感受不一样啊，对不对？所以，不去界定使用群体、不去观察使用群体的生活，就算读再多心理学著作也没法回答这个问题。

与欧洲建筑通常的公用墙体不同，日本的法规要求建筑在用地范围内退线50cm，从而减少地震或火灾时产生的连带损失，所以东京高密度区的建筑中间往往有1m左右的缝隙。这些缝隙平日里不惹人注意，通常用来布置雨水管道或堆积杂物（图4、图5）。

图4

图 5

要叫咱们说，这基本上就和管道井或者杂物间的意思差不多嘛。

但是，作为一个土地私有的国家，在日本拥有这条缝就意味着是拥有自己的土地、住着独立住宅的有产阶级，而住公寓楼的通勤狗只配与邻居共用一道墙。所以，这个看起来毫不起眼，仅有 50cm 的缝就是日本人民捍卫自己领地、宣誓主权、表达优越感和安全感的心理界限！

说白了，早上推开窗看没看见太阳不重要，只要看见这条缝就能立刻感受到"原来我也是地主啊"的满满元气，全身都舒服。

敲黑板！请记住这条缝以及日本人民对此的执念，否则你会觉得下面这个项目的建筑师和甲方都是神经病！

话说 2012 年，日本新锐建筑师长谷川豪拿下了位于东京市御徒町的一个公寓楼项目。御徒町临近秋叶原和上野，是东京繁华商业区的一部分。基地位于该地一个十字路口的东北角，位置不错，就是有点儿挤得慌：基地北侧和东侧都紧邻其他建筑，且用地面积只有 8.8m×11.5m。

甲方的意思是至少开发 14 套单身公寓（千万别和我国住宅动辄十几万平方米的开发量比，要低调）（图 6）。

图 6

拿到任务书先心算一波：就这点儿可怜的基地面积，一梯两户是唯一选择。另外建筑限高 26m，按约 3.3m 层高算的话大概能做 8 层，除去首层的生活配套之外，剩下 7 层正好能做 14 套公寓（图 7）。

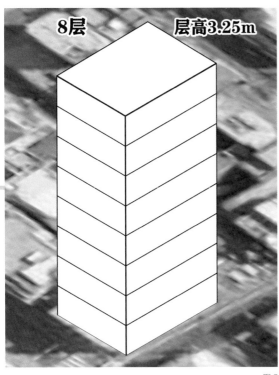

图 7

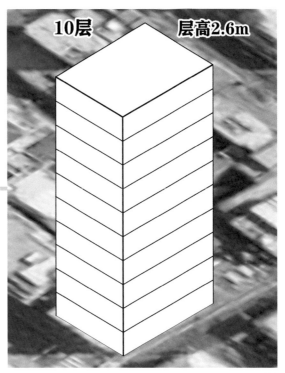

图 8

然而，初出茅庐的长谷川豪还是想表现得更好。为了能多排几套公寓增加甲方与自己的收益，跟结构和水电工程师软磨硬泡、好说歹说，才在他们的帮助下把层高降到了 2.6m（室内净高 2.2m），这样的话，在原有限高下就可以做出 10 层 18 套公寓啦（图 8）。

恭喜你获得一座 10 层高的平平无奇的公寓楼：一梯两户、套内面积 30 多平方米以及 2.2m 的室内净高，一个字——惨！

想想，住这个 30m² 单身公寓的会是什么人？很有可能是集"单身狗""程序猿""月光族"为一体的合成生物。人生已经如此艰难了，还要每天住在憋屈的小房子里浑浑噩噩，生活到底还有没有希望啊（图 9）。

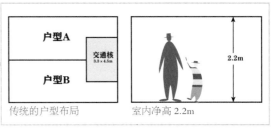

图 9

有！必须有！没有希望制造希望也要有！因为你的建筑师兼职心灵按摩师长谷川豪已上线。

还记得前面说的日本人对屋缝的执念吗？<u>画重点：长谷川豪按摩师就打算把这个代表着独立住宅有产阶级的屋缝移植到这个小公寓楼里，给住在这里的每个奋斗路上的年轻人打一剂梦想的强心针</u>（图10）！

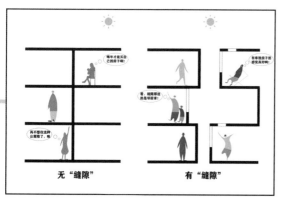

图10

为了方便开缝，先把碍事的交通核扔到东北角去。随后确定配套功能的位置：首层的商店自然是放在商业价值最高的街角，自行车停放区放在基地北侧，随后主入口和车库就定在较为宽敞的南侧（图11、图12）。

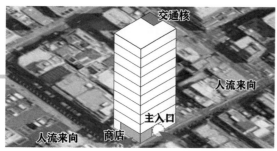

图11

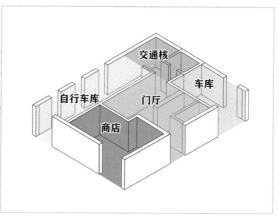

图12

住户层的平面布置，因为基地面积实在不丰满，排来排去也就只有两种形式（图13、图14）。

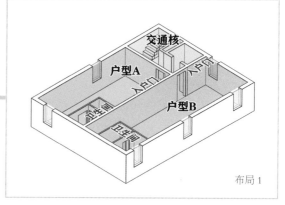

布局1

图13

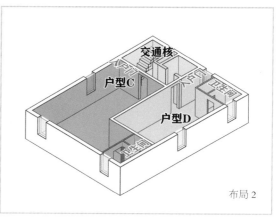

布局2

图14

下面就是见证梦想的时刻，代表奋斗目标的神奇缝隙要开在哪儿？

要知道，在这种紧凑型迷你公寓里几乎没有开普通中庭的可能，先不说浪费面积、暴露隐私，就算强行开了也真的是口深井（图 15 ~ 图18）。

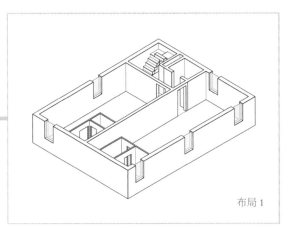

布局 1

图 15

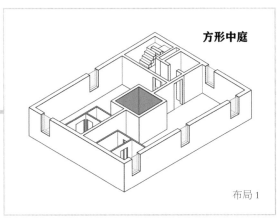

方形中庭

布局 1

图 16

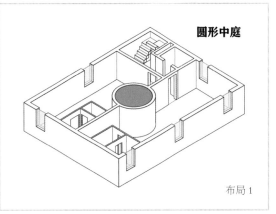

圆形中庭

布局 1

图 17

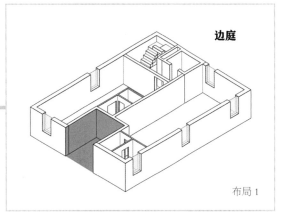

边庭

布局 1

图 18

况且，长谷川豪根本不想要中庭，也不关心通风采光，就想要一条安静承载梦想的神奇缝隙。所以，直接把两户之间的墙拉开一条 80cm 宽的缝，同时把疏散楼梯做成开敞式，使缝隙能贯穿整个建筑。当它们穿插着叠起来的时候，每一层都可以获得一个小小的露台，露台的使用权通常补偿给北侧用户所有（图 19 ~ 图 26）。

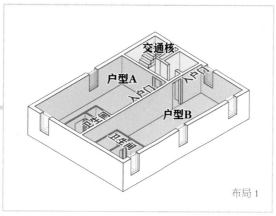

布局 1

图 19

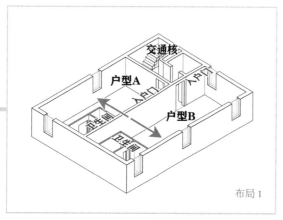

布局 1

图 20

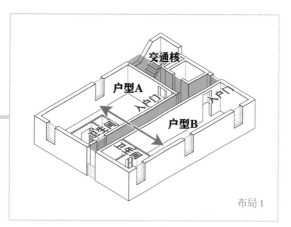

布局 1

图 21

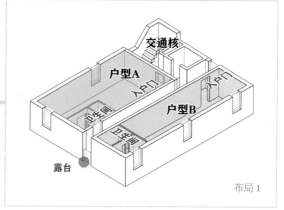

布局 1

图 22

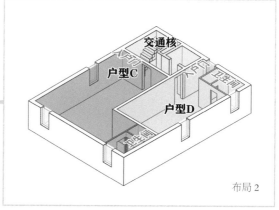

布局 2

图 23

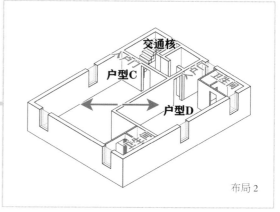

布局 2

图 24

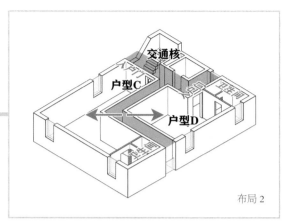

布局2

图25

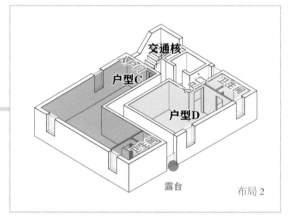

露台 布局2

图26

那么问题又来了：标准层到底是选择布局1、布局2，还是布局1+2？很显然，无论选择哪一种都会让这个10层的公寓楼秒变刀架。所以，问题的关键不是选择标准层，而是根本就没有标准层。

长谷川豪像对待艺术品般精雕细琢这条梦想缝隙，让每层的缝隙空间都根据上下层的需求产生变化并形成特色。

首先，我们穿插着把这两个布局叠起来。布局1放在2、4、6、8层；布局2放在3、5、7、9层；9层、10层一同构成了两套复式公寓，单独布置（图27～图30）。

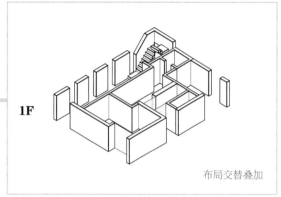

1F

布局交替叠加

图27

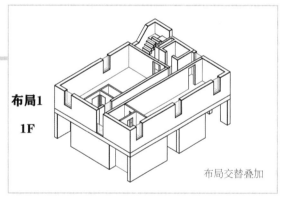

布局1
1F

布局交替叠加

图28

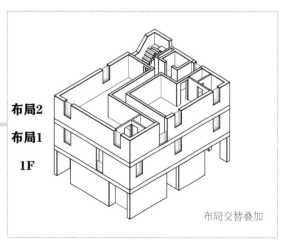

布局2
布局1
1F

布局交替叠加

图29

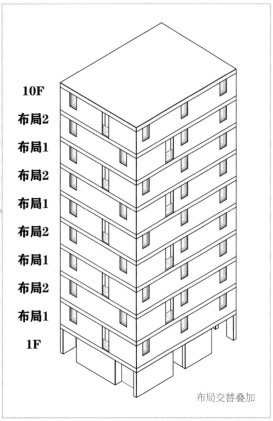

10F

布局2

布局1

布局2

布局1

布局2

布局1

布局2

布局1

1F

布局交替叠加

图 30

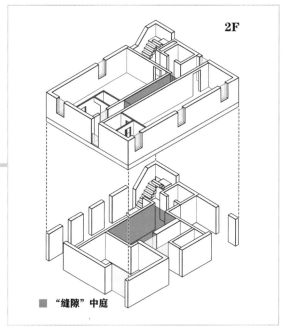

2F

■ "缝隙"中庭

图 31

下一步就是要逐层推敲精雕细琢缝隙的过程。首先从 2 层开始。

2 层的形式决定着首层门厅的空间感受。长谷川豪希望塑造类似住吉的长屋门厅那种明一暗一明的空间次序,因此将南侧一户的墙体向北突出,将缝隙大部分空间盖住,只留下一小部分向上开敞,产生光线洒下的效果,并选择使用弧线(图 31 ~ 图 36)。

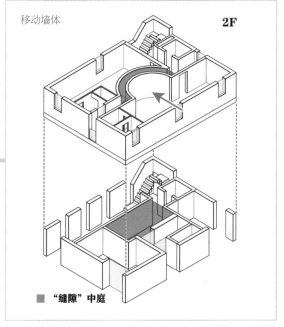

移动墙体

2F

■ "缝隙"中庭

图 32

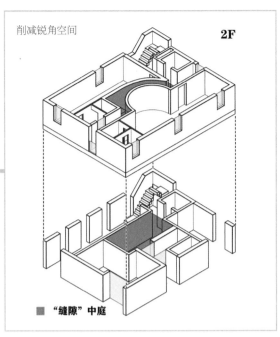

削减锐角空间

2F

■ "缝隙"中庭

图 33

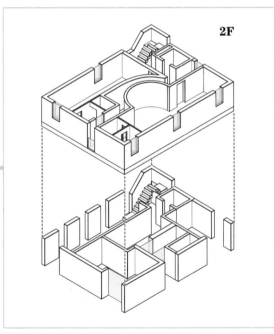

2F

图 34

门厅

图 35

2 层南户的弧形起居室

图 36

第 3 层在布局 2 的基础上无须挪动墙体就可保证光线贯穿。在缝隙中给本层北户开窗,使北侧住户能看到建筑南侧的风景,同时缝隙形成的露台也归北户所有。最后给 2 层南户开天窗(图 37 ~ 图 41)。

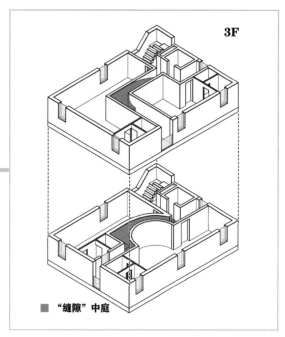

3F

■ "缝隙"中庭

图 37

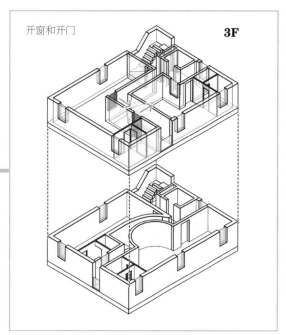

开窗和开门

3F

图 38

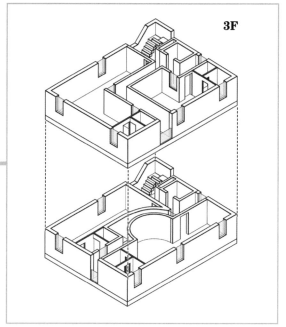

3F

图 39

图 40

图 41

第 4 层为了把采光最多的区域让出来，进行了墙体和卫生间的变动，顺便让北户可以方便地进入露台。随后在缝隙中给本层和楼下的南户开窗（图 42 ~ 图 46）。

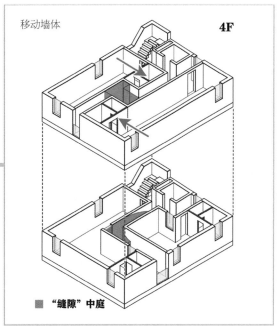

移动墙体　　4F

■ "缝隙"中庭

图 43

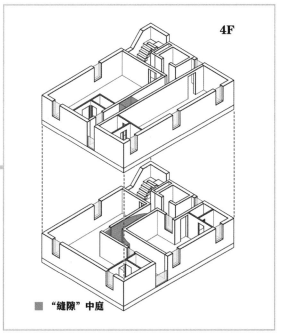

4F

■ "缝隙"中庭

图 42

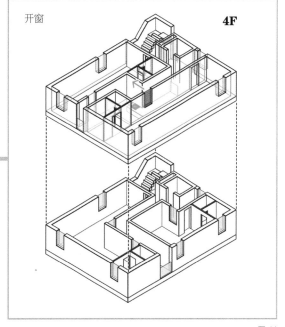

开窗　　4F

图 44

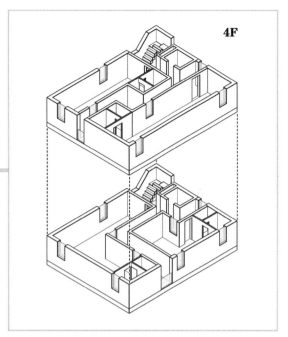

图 45

第 5 层开始求变，挪动墙体，将前面 4 层通高的中庭空间的采光遮住了一半。缝隙中的露台改为南户所有，然后给北户在西南角开了一个小露台。最后给 4 层北户开天窗（图 47 ～图 51）。

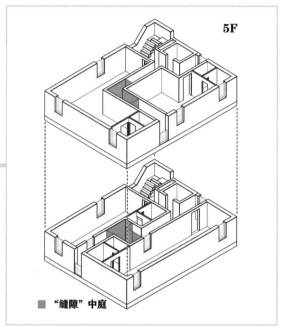

■ "缝隙"中庭

图 47

从 4 层看向缝隙

图 46

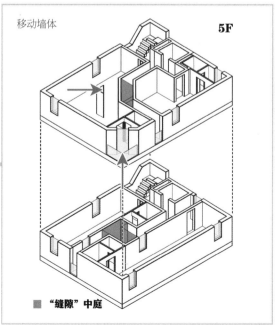

移动墙体

■ "缝隙"中庭

图 48

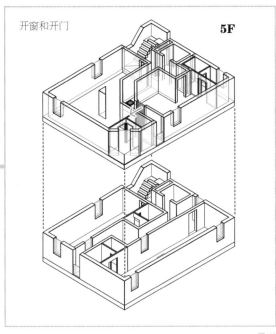

开窗和开门　　　　　　　　　　　　　　**5F**

图 49

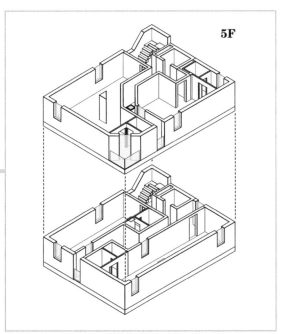

5F

图 50

从 1 层向上看通高 4 层的空间

图 51

第 6 层继续变化，把第 5 层遮住的一半采光区域又让出来，同时把另一半遮住了一部分。为了避免产生对视，缝隙中南户的窗开在东侧，在缝隙内间接获得自然采光。最后给 5 层北户开天窗（图 52 ~ 图 55）。

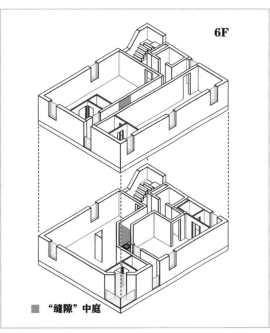

6F

■ "缝隙"中庭

图 52

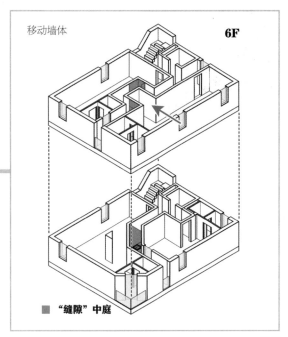

移动墙体　　　　　　　　　　　　　6F

■ "缝隙"中庭

图 53

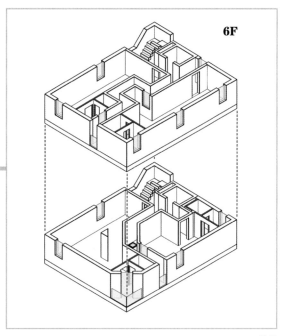

6F

图 55

第 7 层与第 3 层类似，无须对缝隙中的墙体进行操作，只是把缝隙的端部扩大并作为南户的露台，然后补偿性地给北户开一个小露台，缝隙内的开窗亦与第 3 层类似，最后给 6 层北户开天窗（图 56 ～ 图 60 ）。

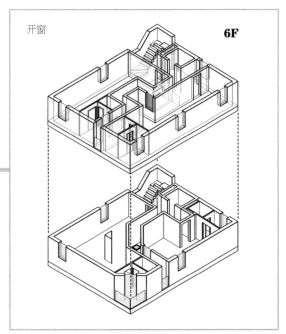

开窗　　　　　　　　　　　　　　6F

图 54

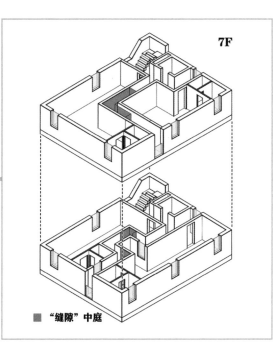

7F

■ "缝隙"中庭

图 56

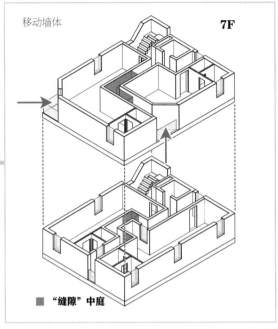

移动墙体   **7F**

■ "缝隙"中庭

图 57

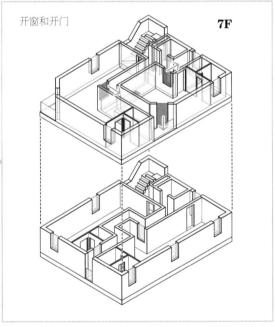

开窗和开门   **7F**

图 58

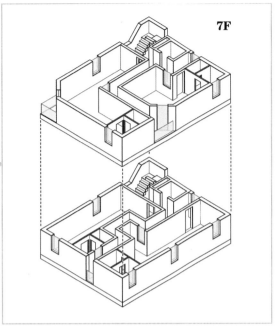

7F

图 59

369

图 60

至此，缝隙中部允许光线穿过的空间已经很小了，所以后面8～10层在缝隙中部都尽量开敞。

第 8 层挪动北户的墙体，扩大了缝隙中部空间，随后为了丰富长条形的南户空间的层次而开了一个露台以及一对南北通透的窗，最后给 7 层北户开天窗（图 61 ～图 65）。

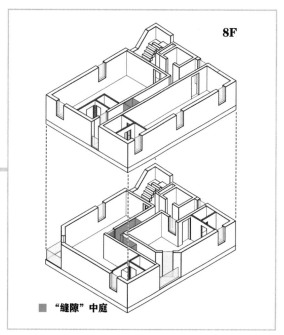

■ "缝隙"中庭

图 61

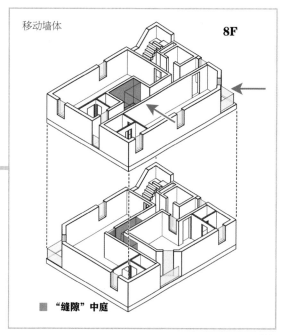

移动墙体

■ "缝隙"中庭

图 62

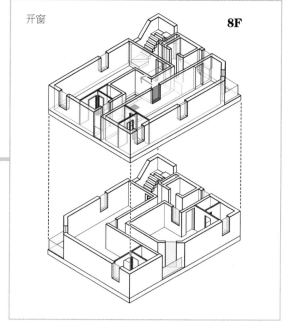

开窗

图 63

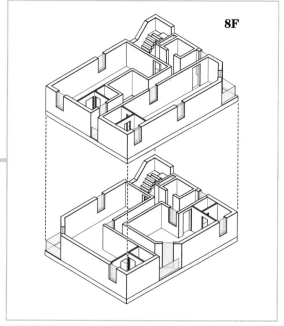

图 64

8 层北户的露台

图 65

第 9 层再次运用弧墙，与第 2 层不同，这次是为了扩大进光量。由于复式户型的卫生间位置有所变动，所以缝隙产生的露台归北户所有。最后给 8 层北户开天窗（图 66 ~ 图 71 ）。

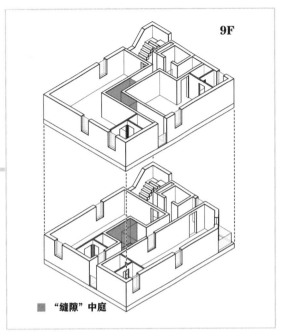

9F

■ "缝隙"中庭

图 66

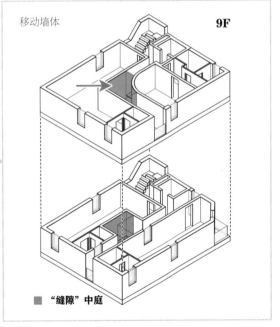

移动墙体

9F

■ "缝隙"中庭

图 67

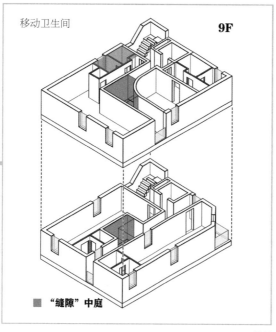

移动卫生间 **9F**

■ "缝隙"中庭

图 68

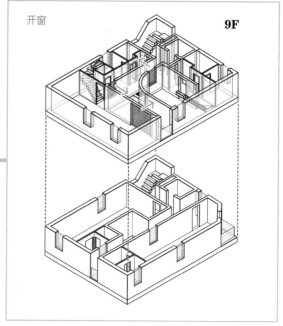

开窗 **9F**

图 70

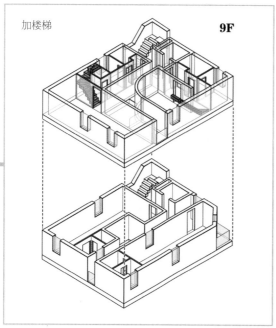

加楼梯 **9F**

图 69

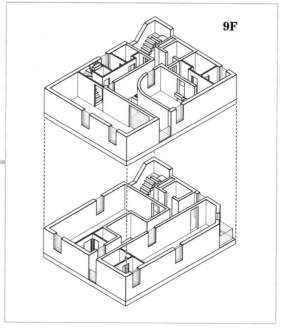

9F

图 71

第 10 层采用"回"字形布局，挪动墙体将前面 4 层通高空间的采光遮住了一半，位置换成了西南角，同时留出了一个两户共享的大露台供人活动。随后在缝隙内开窗（图 72 ~ 图 75）。

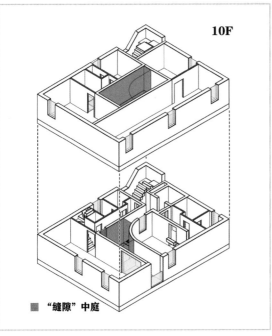

"缝隙"中庭

图 72

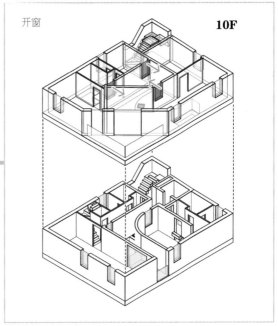

开窗

10F

图 74

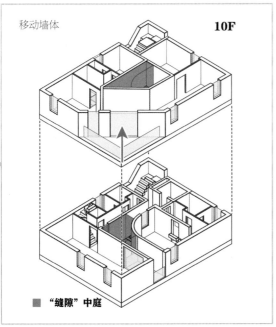

移动墙体　　　　　　　　　　　　**10F**

"缝隙"中庭

图 73

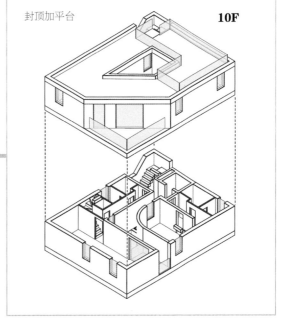

封顶加平台　　　　　　　　　　　**10F**

图 75

至此，完成了整个缝隙空间的变化操作（图76）。

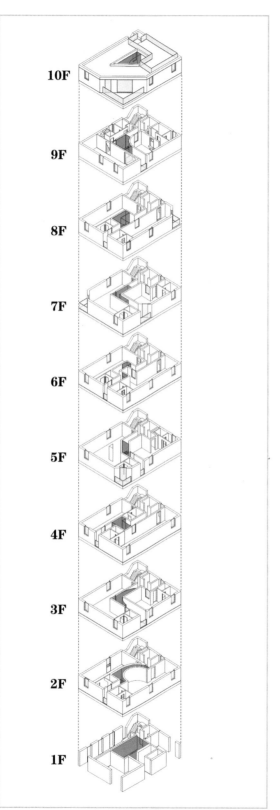

10F

9F

8F

7F

6F

5F

4F

3F

2F

1F

图 76

于是，一个外表朴实、内含乾坤的小公寓楼就完成了（图 77）。

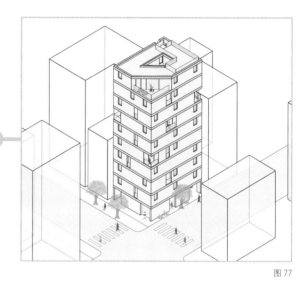

图 77

这就是长谷川豪设计的东京御徒町公寓楼（图78、图 79）。

图 78

图 79

图片来源：

图 1、图 51、图 79 来源于 El Croquis 191，图 3 来源于 https://www.flickr.com/photos/22551238@N06/7344134556/lightbox/ 以及 https://www.reddit.com/r/RoomPorn/comments/9iyoxj/a_bridge_to_the_kitchen_by_ong_ong_architects/，图 4 来源于 https://www.antoniotajuelo.com/en/gaps-between-buildings-in-japan，图 5 来源于 https://www.youtube.com/watch?v=8g5yj9UEh1I，图 35、图 36、图 40、图 41、图 46、图 60、图 65、图 78 来源于《新建筑 Shinkenchiku》2015 年 2 月刊第 48 ～ 57 页，其余分析图为作者自绘。

END

建筑学是一个社会学科，包罗万象，但包罗万象的应该是建筑空间，而不是建筑师自己。

设计不是用来被赞美的，而是用来被需要的。即使只是被很少很少的人需要，也是疏朗夜空中值得被珍藏的星光。

索 引

敬告图片版权所有者

为保证《非标准的建筑拆解书（神奇操作篇）》的图书质量，作者在编写过程中，与收入本书的图片版权所有者进行了广泛的联系，得到了各位图片版权所有者的大力支持，在此，我们表示衷心的感谢。但是，由于一些图片版权所有者的姓名和联系方式不详，我们无法与之取得联系。敬请上述图片版权所有者与我们联系（请附相关版权所有证明）。

电话：024-31314547

邮箱：gw@shbbt.com